“十二五”职业教育国家规划教材
经全国职业教育教材审定委员会审定

数控铣削（加工中心）加工技术与综合实训（FANUC系统）

主　编　于万成
副主编　高洪辉　王桂莲　张英臣
参　编　安　珂　乔建军　郑龙燕　刘玉东　刘奭奭
　　　　鲁米凯　范明明　张　静　贺永禄　薛德镇
主　审　庞继伟

机械工业出版社
CHINA MACHINE PRESS

本书是经全国职业教育教材审定委员会审定的“十二五”职业教育国家规划教材，是根据教育部有关“十二五”规划教材的要求，并参照国家“数控铣工”职业资格考核标准和有关的行业、企业标准编写的。本书在编写中坚持“教材对接技能”和“教学做”一体化的原则，便于开展理实一体化教学。本书选用了技术先进、市场份额最大的 FANUC 系统进行剖析，作为数控铣床（加工中心）操作、编程的依据。全书共分五个单元：数控铣床（加工中心）加工基础、单项技能训练、综合技能训练、数控铣工（中级）技能考试和数控铣工（中级）理论考试试题（含参考答案）。

本书可作为中职学校、技工院校数控、机械和模具等专业理实一体化课程教材以及参加“数控铣工”中级考试考证用书，也可作为机械工人的培训教材。

本书配套有教学资源，选择本书作为教材的教师可登录 www. cmpedu. com 网站，注册、免费下载。

图书在版编目（CIP）数据

数控铣削（加工中心）加工技术与综合实训：FANUC 系统/于万成主编．—北京：机械工业出版社，2015.6（2025.6 重印）
“十二五”职业教育国家规划教材
ISBN 978-7-111-51046-8

Ⅰ.①数…　Ⅱ.①于…　Ⅲ.①数控机床-铣削-职业教育-教材
Ⅳ.①TG547

中国版本图书馆 CIP 数据核字（2015）第 177756 号

机械工业出版社（北京市百万庄大街 22 号　邮政编码 100037）
策划编辑：汪光灿　责任编辑：齐志刚
责任校对：张晓蓉　封面设计：张　静
责任印制：刘　媛
北京富资园科技发展有限公司印刷
2025 年 6 月第 1 版第 9 次印刷
184mm×260mm · 18 印张 · 413 千字
标准书号：ISBN 978-7-111-51046-8
定价：53.00 元

电话服务
客服电话：010-88361066
010-88379833
010-68326294

网络服务
机　工　官　网：www. cmpbook. com
机　工　官　博：weibo. com/cmp1952
金　　书　　网：www. golden-book. com
机工教育服务网：www. cmpedu. com

前 言

本书是根据教育部《关于中等职业教育专业技能课教材选题立项的函》（教职成司［2012］95号），由全国机械职业教育教学指导委员会和机械工业出版社联合组织编写的“十二五”职业教育国家规划教材，是根据教育部于2014年公布的《中等职业学校数控技术应用专业教学标准》，同时参考“数控铣工”职业资格标准编写的。

近年来，随着我国职业教育的快速发展，教育教学改革如火如荼地向前推进，“以服务为宗旨，以就业为导向，以能力为本位，加强实践教学，着力促进知识传授与生产实践的紧密衔接；着力培养学生的职业道德、职业技能和就业创业能力”等观点已经成为人们的共识。编者在编写中按照“模拟工厂”基于工作过程导向的理实一体化模式，对于教学方法和过程进行了详细的设计。在总结教学经验和企业岗位标准、规范、企业文化和质量管理等基础上，以职业学校专业（技能）方向课程内容与职业标准相衔接，以及教材对接技能为切入点开展教材编写。本书主要特点如下：

1）在编写中选用目前市场份额最大的FANUC 0i数控系统作为数控铣床操作、编程等的依据。

2）按照职业技能形成的过程设计单元和任务，即按照数控铣床（加工中心）加工基础、单项技能训练、综合技能训练、中级技能考核的顺序进行。每个任务（项目）都包含学习目标、任务（项目）描述、任务（项目）准备、知识链接、任务（项目）实施、任务考评、综合训练等栏目。

3）按照相应职业岗位（群）的能力要求，强化理论实践一体化，突出“做中学、做中教”的职业教育教学特色；采用了分层次选学任务。“*”为选学任务。

4）理论教学以技能培训为宗旨，注意培养学生的动手能力、分析问题和解决问题的能力，以适应数控技术快速发展带来的职业岗位变化，为学生的可持续发展奠定基础。

5）教材内容对接职业标准和岗位能力要求，反映产业结构调整与技术升级，体现新知识、新技术、新工艺、新方法。

6）任务实施中不仅关注学生对知识的理解、技能的掌握和能力的提高，更重视规范操作、安全文明生产、职业道德等职业素质的形成，以及节约能源、节省原材料与爱护工具设备、保护环境等意识与观念的树立。

7）任务考评坚持结果评价和过程评价相结合，定量评价和定性评价相结合，教师评价和学生自评、互评相结合，注重学生的参与。

本书学时分配建议见下表。

单元序号	单元名称	任务/项目/模拟	建议学时
单元一	数控铣床（加工中心）加工基础	认识数控铣床和加工中心	4
		数控铣床（加工中心）的安全操作	4
		数控铣床（加工中心）的精度检测与验收	4
		数控铣床（加工中心）的日常维护与保养	4
		数控铣床（加工中心）的7S管理	2
单元二	单项技能训练	操作数控铣床	6
		数控铣床对刀	4
		铣削平面和沟槽	6
		铣削外轮廓	6
		铣削内轮廓	6
		孔的加工 *	6
单元三	综合技能训练	制作舵轮模型	24
		制作虎钳	24
单元四	数控铣工（中级）技能考试	中级考试实操试题一	5
		中级考试实操试题二	5
		中级考试实操试题三	5
		中级考试实操试题四	5
		中级考试实操试题五	5
		中级考试实操试题六	5
单元五	数控铣工（中级）理论考试试题（含答案）		
合计			130

注：1. 加“*”号为选学内容。

2. 单元二中加工中心的操作方法可参考数控铣床的操作。

3. 单元三中的任务可根据教学实际情况进行选择。

本书由青岛市工贸职业学校于万成担任主编，并负责统编、调整、修改各单元的内容。编写人员及具体分工如下：于万成和河南化工技师学院乔建军编写单元一，济南电子机械工程学校张英臣编写单元二，山东省齐河县职业中等专业学校高洪辉编写单元三和单元四部分内容，山东省轻工工程学校王桂莲和淄博信息工业学校安珂编写单元五，山东冶金技师学院郑龙燕、惠州市工程技术学校刘奭奭编写单元四部分内容。此外，参加编写的还有济南电子机械工程学校刘玉东，浙江省台州市椒江职业中专鲁米凯，浙江省台州职业技术学院范明明，烟台工程职业技术学院张静，陕西佳县第一职业中学贺永禄，青岛四方机车车辆技师学院薛德镇。本书由山东省职业技术学院庞继伟教授担任主审。本书经全国职业教育教材审定委员会审定，评审专家对本书提出了宝贵的建议，在此对他们表示衷心的感谢！

由于编者水平有限，书中难免有错误和不妥之处，敬请读者批评指正。

编　者

目 录

单元一 数控铣床（加工中心）加工基础

任务一　认识数控铣床和加工中心

学习目标

- 了解数控铣床（加工中心）的安装调试方法。
- 认识数控铣床（加工中心）的分类与结构特点。
- 熟悉车间安全规定，养成自我安全防范意识。

任务描述

数控铣床（图 1-1）是世界上最早研制出来的数控机床，是一种功能很强的金属切削机床。它加工范围广，工艺复杂，涉及的技术问题多，是数控加工领域中具有代表性的一种机床。与普通铣床相比，数控铣床的加工精度高，精度稳定性好，适用性强，操作劳动强度低，特别适用于板类、盘类、壳体类、模具类等复杂形状的零件或对精度保持性要求较高的中、小批量零件的加工。为了更好地学习和操作数控铣床，我们首先要熟悉数控铣床的结构组成、工作原理、加工特点等知识。

图 1-1　数控铣床

任务准备

（1）场地、设备准备　①数控车间；②数控铣床（加工中心）5 台。

（2）材料准备　劳动防护用品、常用医药器材。

（3）教学方法　行动导向教学、讲授、演示；任务驱动；分小组讨论等。

（4）劳动组织　将班级分成5个小组，每个工作组5～6人，其中包括1名组长和1名安全员。

知识链接

一、数控铣床和加工中心的分类

1. 数控铣床的分类

数控铣床的品种和规格繁多，通常可用两种方式进行分类。

（1）按主轴的轴线布置形式分类

1）数控立式铣床。如图1-2所示，数控立式铣床的主轴与机床工作台面垂直，一般采用固定式立柱结构，工作台不升降，主轴箱做上下运动，主轴中心线与立柱导轨面的距离不能太大，以保证机床的刚性。中型数控立式铣床的纵向和横向移动一般由工作台完成，且工作台还可手动升降，主轴除完成主运动外，还能沿垂直方向伸缩。数控立式铣床安装工件方便，加工时便于观察，但不便于排屑。

2）数控卧式铣床。如图1-3所示，数控卧式铣床的主轴水平布置，与机床工作台面平行。为了扩大加工范围和使用功能，通常采用增加数控转盘或万能数控转盘来实现4～5轴加工。这样不但工件侧面上的连续回转轮廓可以加工出来，而且可以实现在一次安装中，通过转盘改变工位，进行“四面加工”。尤其是万能数控转盘可以把工件上各种不同角度的加工面摆成水平面来加工，省去了许多专用夹具。目前，单纯的数控卧式铣床已比较少了。

图1-2　数控立式铣床

图1-3　数控卧式铣床

3）立、卧两用数控铣床。立、卧两用数控铣床目前正在逐渐增多，它的主轴方向可以变换，能实现在一台机床上既可以进行立式加工，又可以进行卧式加工。其使用范围更广、功能更全，选择的加工对象和余地更大，给用户带来很多方便，特别是当生产批量小、品种较多，又需要立、卧两种方式加工时，用户只需要一台这样的机床就可以满足所需，如图1-4所示。

立、卧两用数控铣床主轴方向的更换有手动与自动两种。采用数控万能主轴头的立、卧两用数控铣床，其主轴头可以任意转换方向，可以加工出与水平面呈各种不同角度的工件表面。当立、卧两用数控铣床增加数控转盘后，就可以实现对工件的“五面加工”，除了工件与转盘贴面的定位面外，其他表面都可以在一次安装中进行加工。因此，其加工性能非常优越。

4）数控龙门铣床。大型的数控铣床一般采用对称的双立柱式龙门铣床，以保证机床的整体刚性和强度，如图 1-5 所示。数控龙门铣床有工作台移动和龙门架移动两种形式，它适用于加工整体结构件零件、大型箱体零件和大型模具等。

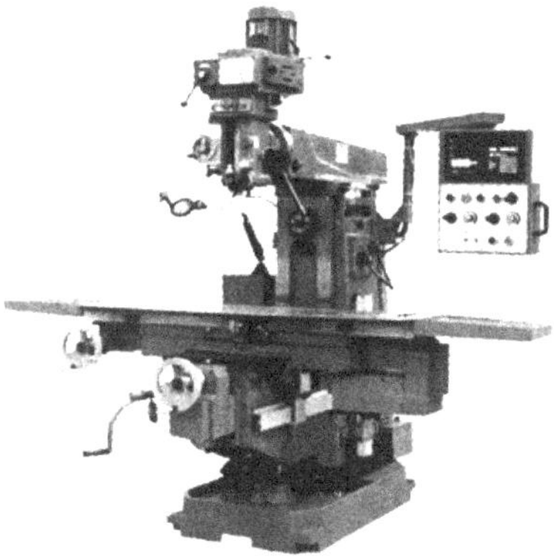

图 1-4　立、卧两用数控铣床

图 1-5　数控龙门铣床

（2）按数控系统控制的坐标轴数量分类

1）2.5 坐标联动数控铣床。该机床主轴只能沿 X、Y、Z 三个坐标轴中的任意两个坐标轴进行联动加工。

2）3 坐标联动数控铣床。该机床主轴能沿 X、Y、Z 三个坐标轴进行联动加工。目前，3 坐标数控立式铣床仍占大多数。

3）4 坐标联动数控铣床。该机床主轴可以绕 X、Y、Z 三个坐标轴回转和其中一个坐标轴作数控摆角运动。

4）5 坐标联动数控铣床。该机床主轴可以绕 X、Y、Z 三个坐标轴回转和其中两个坐标轴做数控摆角运动。

一般来说，机床控制的坐标轴越多，特别是要求联动的坐标轴越多，机床的功能、加工范围及可选择的加工对象也越多。但随之而来的是机床的结构更复杂，对数控系统的要求更高，编程的难度更大，设备的价格也更高。

2. 加工中心的分类

加工中心是在数控铣床的基础上加上刀库及自动换刀装置或多个工作台，集数控铣床、数控镗床、数控钻床的功能于一身的一种由计算机来控制的高效、高自动化程度的机床。

加工中心按照换刀的形式可分为带刀库的加工中心、带机械手的加工中心、无机械手的加工中心和回转刀架式的加工中心。按其运动坐标数和控制坐标的联动数可分为三轴二联动、三轴三联动、四轴三联动、五轴四联动和六轴五联动加工中心等。常用分类方法是按机床结构分，一般可分为立式加工中心、卧式加工中心、龙门式加工中心和五面体加工中心等。

（1）立式加工中心　立式加工中心是指主轴轴线为垂直状态设置的加工中心，其结构形式多为固定立柱式，工作台为长方形，无分度回转功能，主要适合加工板材类、壳体类工件，也可用于模具加工。一般具有 3 个直线运动坐标，如果在工作台上安装一个水平轴的数控回转台，还可加工螺旋线类零件，如图 1-6 所示。

立式加工中心装夹方便，便于操作，易于观察加工情况，调试程序容易，结构简单，占地面积小，价格相对较低，应用广泛。

（2）卧式加工中心　卧式加工中心是指主轴轴线为水平状态设置的加工中心，如图 1-7 所示。卧式加工中心一般具有 3 ~5 个运动坐标，常见的是 3 个直线运动坐标加一个回转运动坐标。它能够使工件在一次装夹后完成除安装面和顶面以外的其余 4 个面的加工，最适合加工箱体类零件及小型模具型腔。卧式加工中心与立式加工中心比较，加工时排屑容易，对加工有利，但结构复杂，占地面积大，价格也较高，适用于批量生产。

图 1-6　立式加工中心

图 1-7　卧式加工中心

（3）龙门式加工中心　图 1-8 所示为一种龙门式加工中心外形图。龙门式加工中心主轴多为垂直设置，除带有自动换刀装置以外，还带有可更换的主轴头附件，数控装置的软件功能比较齐全，能够一机多用，尤其适用于大型或形状复杂的工件，如航天工业中飞机的梁、框板及大型汽轮机上的某些零件的加工。

（4）五面体加工中心（复合加工中心）　它具有立式和卧式加工中心的功能，工件一次装夹后能完成除安装面外的所有侧面和顶面等 5 个面的加工，也称为万能加工中心。常见的五面体加工中心有两种形式，一种是主轴可以旋转 90°，既可以像立式加工中心那样工作，也可以像卧式加工中心那样工作；另一种是主轴不改变方向，而工作台可以带着工件旋转 90°，完成对工件 5 个表面的加工。

复合加工中心主要适用复杂外形、复杂曲线的小型工件的加工，如加工螺旋桨叶片及各种复杂模具。但是由于五面体加工中心存在着结构复杂，造价高，占地面积大等缺点，所以它的使用和生产在数量上远不如其他类型的加工中心，如图 1-9 所示。

图 1-8　龙门式加工中心

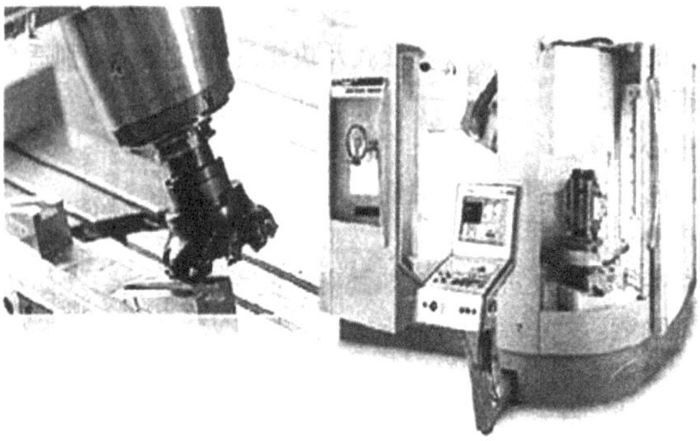

图 1-9　五面体加工中心

（5）虚轴加工中心 虚轴加工中心改变了以往传统机床的结构，通过连杆的运动，实现主轴多自由度的运动，完成对工件复杂曲面的加工，如图 1-10 所示。

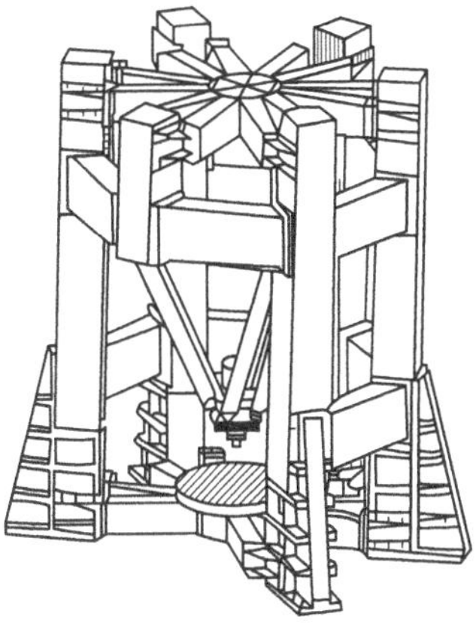

图 1-10 虚轴加工中心

二、数控铣床和加工中心的结构

1. 数控铣床的结构

数控铣床适合于各种箱体类和板类零件的加工。铣床基础件称为铣床大件，它是床身、底座、立柱、横梁、滑座、工作台等的总称。铣床的其他零部件，或固定在基础件上，或工作时在它的导轨上运动。它的机械结构，除基础部件外，还包括：主传动系统；进给传动系统；实现工件回转、定位的装置和附件；实现某些部件动作和辅助功能的系统和装置，如液压、气动、润滑、冷却等系统和排屑、防护等装置；特殊功能装置，如刀具破损监视、精度检测和监控装置；为完成自动化控制功能的各种反馈信号装置及元件。

数控铣床是由普通铣床发展而来的一种数字控制机床，其加工能力很强，加工灵活，通用性强，数控铣床的最大特点是高柔性，即具有灵活性、通用性、万能性，可以加工不同形状的工件。数控铣床能够铣削加工各种平面、斜面和立体轮廓零件，如各种形状复杂的凸轮、样板、模具、叶片、螺旋桨等。此外，配上相应的刀具还可进行钻孔、扩孔、铰孔、锪孔、镗孔、攻螺纹等。XK5040A 型数控铣床的结构如图 1-11 所示。

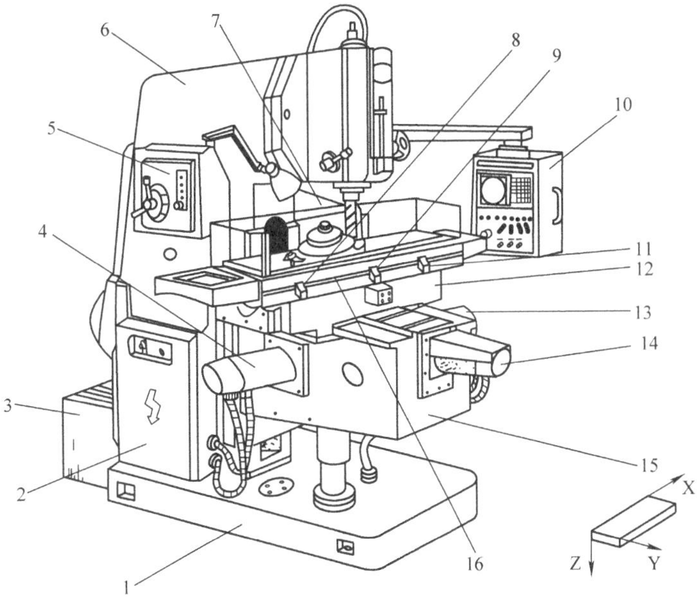

图 1-11 XK5040A 型数控铣床的结构

1—底座 2—强电柜 3—变压器箱 4—垂直升降进给伺服电动机 5—按钮板 6—床身 7—数控柜 8、11—保护开关 9—挡铁 10—操纵台 12—横向溜板 13—纵向进给伺服电动机 14—横向进给伺服电动机 15—升降台 16—纵向工作台

（1）主轴部件　主轴部件是切削加工的功率输出部件。它由主轴箱、主轴电动机、主轴、主轴轴承等零件组成。主轴的起、停和变转速等动作均由数控系统控制，并且通过装在主轴上的刀具参与切削运动。

（2）进给伺服系统　进给伺服系统由进给电动机和进给执行机构组成，按照程序设定的进给速度实现刀具和工件之间的相对运动，包括直线进给运动和旋转运动。

（3）控制系统　控制系统部分由 CNC 装置、可编程序控制器、伺服驱动装置、操作面板等组成。它是执行顺序控制动作和完成加工过程的控制中心。

（4）辅助装置　辅助装置包括润滑、冷却、排屑、防护、液压、气动和检测系统等部分。这些装置虽然不直接参与切削运动，但对数控铣床的加工效率、加工精度和可靠性起着保障作用，因此也是数控铣床中不可缺少的部分。

（5）机床基础件　机床基础件通常是指底座、立柱、横梁等，它是整个机床的基础和框架。它们主要承受机床的静载荷以及在加工时产生的切削负载，因此必须有足够的刚度。这些大件可以是铸铁件，也可以是焊接而成的钢结构件，它们是机床中体积和质量最大的部件。

2. 加工中心的结构

相对于数控铣床的结构，加工中心更加复杂，如图 1-12 所示。

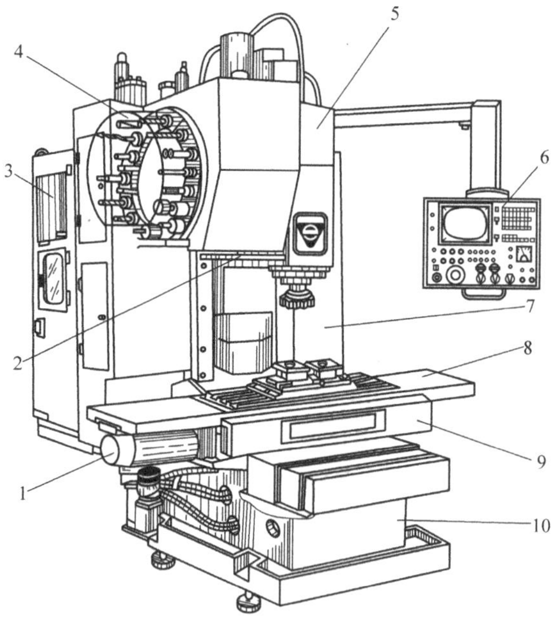

图 1-12　加工中心的结构

1—X 轴进给伺服电动机　2—换刀机械手　3—数控柜　4—盘式刀库　5—主轴箱
6—机床操作面板　7—驱动电源柜　8—工作台　9—滑座　10—床身

（1）基础部件　基础部件由床身、立柱和工作台等组成，它是加工中心的基础结构，主要承受加工中心的静载荷以及在加工时产生的切削负载，因此必须要有足够的刚度。这些大件可以是铸铁件，也可以是焊接而成的钢结构件，它们是加工中心体积和质量最大的部件。

（2）主轴部件　主轴部件由主轴箱、主轴电动机、主轴和主轴轴承等零件组成。主轴的起、停和变、转、进等动作均由数控系统控制，并且通过装在主轴上的刀具参与切削运动，是切削加工的功率输出部件。主轴是加工中心的关键部件，其结构优劣对加工中心的性能有很大的影响。

（3）伺服系统　伺服系统主要是进给传动系统，其作用是把来自数控装置的信号转换为机床移动部件的运动，其性能是决定机床的加工精度、表面质量和生产效率的主要因素之一。加工中心普遍采用半闭环、闭环和混合环三种控制方式。

（4）数控系统（CNC）　加工中心的数控部分由 CNC 装置、可编程序控制器、伺服驱动装置、操作面板等组成。它是执行顺序控制动作和完成加工过程的控制中心。

（5）自动换刀系统（ATC）　自动换刀系统由刀库、机械手等部件组成。当需要换刀时，数控系统发出指令，由机械手（或通过其他方式）将刀具从刀库内取出装入主轴孔中。

（6）辅助装置　辅助装置包括润滑、冷却、排屑、防护、液压、气动和检测系统等部分。这些装置虽然不直接参与切削运动，但对加工中心的加工效率、加工精度和可靠性起着保障作用，因此也是加工中心不可缺少的部分。

目前，加工中心的刀库容量越来越大，换刀时间越来越短，加工精度越来越高，功能不断增强，除了在数控铣床基础上发展起来的加工中心（铣镗加工中心）外，还出现了在数控车床基础上发展起来的车削加工中心。

3. 数控铣床（加工中心）的主传动系统

数控铣床（加工中心）的主传动系统一般采用直流或交流主轴电动机，通过带传动和主轴箱的变速齿轮带动主轴旋转。由于这种电动机调速范围广，又可无级调速，使得主轴箱的结构大为简化，也保证了加工时能选用合理的切削用量。主轴箱一般需要设置几档变速（2～4 档）。机械变速一般采用液压缸推动滑移齿轮实现，这种方法结构简单，性能可靠，一次变速只需 1s。有些小型的或者调速范围不需太大的数控铣床，也常采用由电动机直接带动主轴或用带传动使主轴旋转。

（1）主轴部件　下面以 YHA600 型立式数控铣床主轴部件结构为例介绍主轴部件的机械结构，如图 1-13 所示。

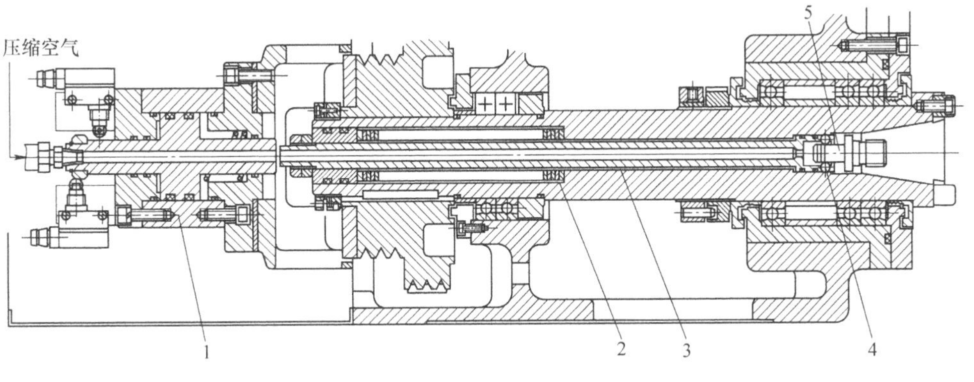

图 1-13　主轴结构

1—液压杠　2—碟形弹簧　3—拉杆　4—钢球　5—拉杆螺钉

1）主轴传动。主轴电动机通过同步带副将运动传递到主轴，主轴电动机为变频调速三相异步电动机，由变频器控制其速度的变化，从而使主轴实现无级调速，主轴转速范围为250～6000r/min。

2）主轴结构。主轴前端有7∶24的锥孔，用于装夹BT40刀柄或刀杆。主轴端面有一端面键，既可通过它传递刀具的转矩，又可用于刀具的轴向定位。

（2）主轴部件的支承　普通数控铣床的主轴都采用滚动轴承作为支承。双列圆柱滚子轴承的特点是滚子数量多，两列滚子交错排列，刚性好，允许转速高，承载能力强，但它只能承受径向载荷，对支承孔、轴颈的加工精度要求高。接触角为60°的双列推力角接触球轴承的球径小，数量多，允许的转速高，轴向刚性较高，可承受双向轴向载荷。双列圆锥滚子轴承的特点是内外列滚子数量相差一个，这就使其振动频率不同，从而可提高轴承的动态性能。

（3）主轴准停功能与控制　数控机床为了完成ATC（刀具自动交换）的动作过程，必须设置主轴准停机构。由于刀具装在主轴上，切削时切削转矩不可能仅靠锥孔的摩擦力来传递，因此在主轴前端设置一个凸键，当刀具装入主轴时，刀柄上的键槽必须与凸键对准，才能顺利换刀。为此，主轴必须准确停在某固定的角度上。由此可知主轴准停是实现ATC过程的重要环节。

4. 数控铣床（加工中心）的进给系统

数控铣床（加工中心）的进给传动系统常采用伺服进给系统，如图1-14所示。对数控铣床进给系统的设计要求除了具有较高的定位精度之外，还应具有良好的动态响应特性，系统跟踪指令信号的响应要快，稳定性要好。一个典型的数控机床闭环控制的进给系统通常由位置比较、放大元件、驱动单元、机械传动装置、检测反馈元件等几部分组成，其中，机械传动装置是将驱动源旋转运动变为工作台直线运动的整个机械传动链，包括减速装置、丝杠螺母副等中间传动机构。

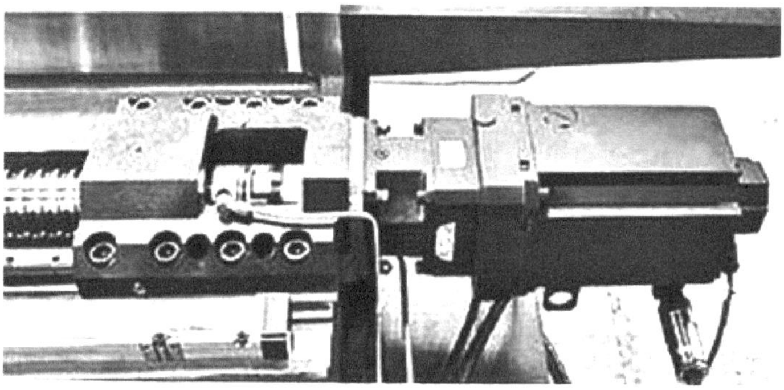

图1-14　数控铣床进给系统

5. 加工中心刀库及自动换刀装置

为进一步提高数控机床的加工效率，数控机床正向着工件在一台机床一次装夹即可完成多道工序或全部工序加工的方向发展，因此出现了各种类型的加工中心机床，如车削中心、镗铣加工中心、钻削中心等。这类多工序加工的数控机床在加工过程中要使用多种刀具，因此必须有自动换刀装置，以便选用不同刀具，完成不同工序的加工工艺。自动换刀装置应当具备换刀时间短、刀具重复定位精度高、足够的刀具储备量、占地面积小、安全可靠等特性。各类加工中心的自动换刀装置的结构取决于机床的类型、工艺范围、使用刀具的种类和数量。

（1）加工中心刀库形式　刀库有多种形式，加工中心常用的有盘式、链式两种刀库。

1）盘式刀库。盘式刀库结构如图1-15所示，刀具可以沿主轴轴向、径向、斜向安放，刀具轴向安装的结构最为紧凑，但为了换刀时刀具与主轴同向，有的刀库中的刀具需在换刀位置做90°翻转。在刀库容量较大时，为在存取方便的同时保持结构紧凑，可采取弹仓式结构。目前大量的刀库安装在机床立柱的顶面或侧面；在刀库容量较大时，也有安装在单独的地基上，以隔离刀库转动造成的振动。

2）链式刀库。链式刀库的基本结构如图1-16所示，通常刀具容量比盘式的要大，结构也比较灵活。可以采用加长链带方式加大刀库的容量，也可采用链带折叠回绕的方式提高空间利用率，在要求刀具容量很大时还可以采用多条链带结构。

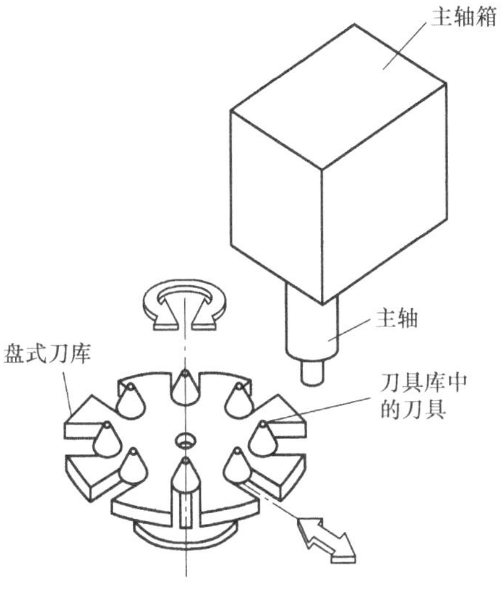

图1-15　盘式刀库的结构

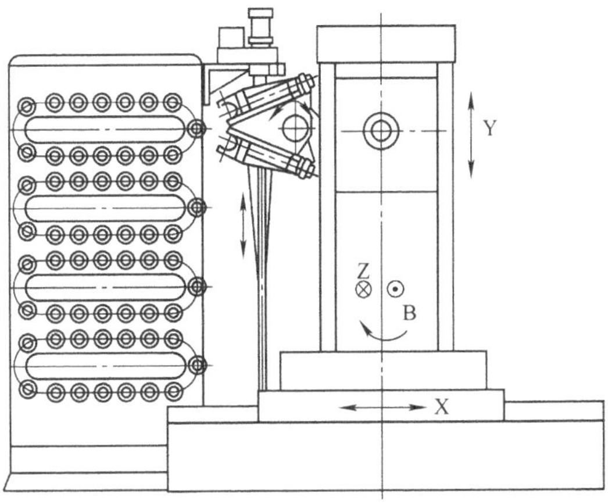

图1-16　链式刀库的基本结构

（2）加工中心自动换刀装置分类　加工中心自动换刀装置通常可以分为以下4类。

1）转塔头自动换刀装置。主轴数一般为6～12个，其换刀时间短，刀具数量少，主轴转塔头定位精度要求较高。一般在小型立式加工中心上采用转塔刀库形式，主要以孔的加工为主。

2）刀库+主轴自动换刀装置。其换刀是通过刀库和主轴箱的配合动作来完成的，并由主轴箱上下运动进行选刀和换刀，一般是采用把刀库放在主轴箱可以运动到的位置，整个刀库或某一刀位能移动到主轴箱可达到的位置，刀库中刀具的存放位置方向与主轴装刀方向一致。换刀时，主轴运动到刀位上的换刀位置，由主轴直接取走或放回刀具。

3）刀库+机械手自动换刀装置。换刀装置由刀库和机械手组成，换刀机械手完成换刀工作。由于机械手卡爪可同时分别抓住刀库上所选的刀和主轴上的刀，因此换刀时间短，并且选刀时间与机加工时间重合，因此得到广泛应用。

4）刀库+机械手+双主轴转塔头自动换刀装置。这种加工中心在主轴上的刀具进行切削时，通过机械手将下一步所用的刀具换在转塔头的非切削主轴上。当主轴上的刀具切削完毕后，转塔头即回转，完成换刀工作，换刀时间短。

6. 数控铣床（加工中心）的辅助装置

（1）润滑系统　机床润滑系统对于提高机床加工精度、延长机床使用寿命等都有着十分重要的作用。现代机床导轨、丝杠等滑动副的润滑，基本上都采用集中润滑系统，如图1-17所示。集中润滑系统由一个液压泵提供一定排量、一定压力的润滑油，为系统中所有的主、次油路上的分流器供油，分流器再将润滑油按所需油量分配到各润滑点。同时，由控制器完成润滑时间、次数的监控和故障报警以及停机等功能，以实现自动润滑的目的。集中润滑系统的特点是定时、定量、准确、效率高，使用方便、可靠，有利于提高机床寿命，保障使用性能。

（2）自动排屑装置　自动排屑装置（图1-18）是数控机床的必备附属装置，其主要作用是将切屑从加工区域排出数控机床之外。迅速、有效地排除切屑才能保证数控机床正常加工。

图1-17　集中润滑系统

图1-18　自动排屑装置

任务实施

一、学习车间安全标识

在实习指导教师的带领下进入数控车间，通过参观数控车间各处张贴的安全标识，找出数控车间存在的危险源所在位置，并填写在表1-1的空白处。

表1-1　车间安全标识

 ________	 ________	 ________	 ________

（续）

 ________	 ________	 ________	 ________

企业安全

加强安全管理，提升安全意识。加强安全技术培训，人人学会保护自己。

二、分辨数控铣床（加工中心）的种类

参观数控实训车间中的数控铣床，结合表1-2中的图例，分辨并填写它们的种类以及数量，实训车间内没有的只填写种类名称，数量一栏填“无”。

表1-2　数控铣床（加工中心）种类及数量

图　例	种　类	数　量

（续）

图例	种类	数量
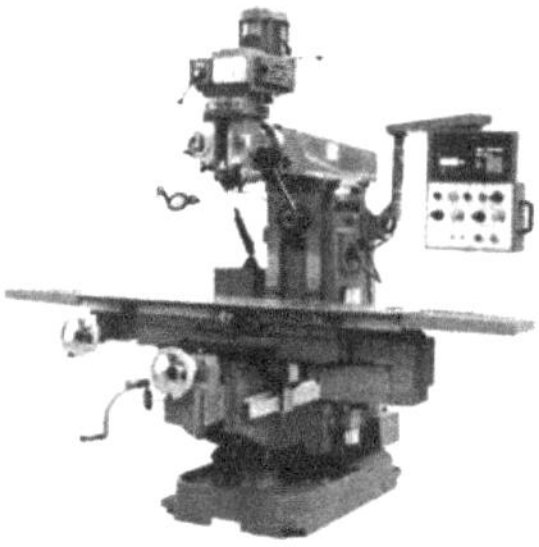		

三、识别立式数控铣床的结构

仔细观察立式数控铣床的结构，对应表1-3中的图例，找出数控铣床相对应的位置，并填写其名称。

表1-3　识别立式数控铣床的结构

图例	名称	图例	名称

（续）

图　例	名　称	图　例	名　称

任务考评

1. 自评和互评标准（40%）（见表 1-4）

表 1-4　自评和互评标准表

任务名称				任务编号			
班级		姓名		学号			
评价项目	评价标准	评价结果				分项评分	
		优	良	中	差		
职业素养（自评）（10%）	按照要求出勤，着装整齐规范，遵守课堂纪律，在工作中态度端正，精神面貌好，团结协作	10	8	5	0		
现场职业能力（互评）（20%）	正确识别数控铣床的种类及结构	20	15	10	0		
日常作业完成情况（自评）（10%）	按时、认真完成	10	8	5	0		
综合评价结果							
组长		时间					

2. 教师评价标准（50%）（见表1-5）

表1-5　教师评价标准表

任务名称					任务编号			
班级			姓名		学号			
评价项目		评价标准		评价结果				分项评分
				优	良	中	差	
考勤（15%）	迟到	无迟到、早退、旷课现象		5	4	3	0	
	早退			5	4	3	0	
	旷课			5	4	3	0	
现场职业能力（25%）	辨识数控铣床类别	正确分辨数控铣床类别，做好记录		10	8	5	0	
	识别数控铣床结构	正确识别数控铣床各部分结构		15	8	5	0	
任务报告（10%）	完成时间	按时完成		5	4	3	0	
	报告环节	内容正确，任务（项目）报告环节完整，书写整齐，字体工整		5	4	3	0	
综合评价结果								
教师				时间				

注：教师评价表由教师填写，学生不准填写。

3. 讨论评价标准（10%）（见表1－6）

表1-6　讨论评价标准表

评价项目	评价标准	评价结果				分项评分
		优	良	中	差	
参与程度（2%）	积极讨论、积极寻找解决方案	2	1	0.5	0	
是否完成一定的任务（2%）	担任一个角色促进任务的完成	2	1	0.5	0	
小组汇报情况（2%）	组内轮流派人汇报交流，汇报者口齿清楚、声音洪亮、条理清晰	2	1	0.5	0	
讨论结果（4%）	讨论结果思路清晰、理由充分、结果可行	4	3	2	1	
合计（总分）						

4. 实训鉴定（见表1-7）

表1-7 实训鉴定表

自我鉴定	通过本任务学习，同学们的收获有： 学生签名：________ ____年___月___日
指导教师鉴定	指导教师签名：________ ____年___月___日

知识拓展

安装和调试数控机床

一、数控机床对地基以及环境温度和湿度的要求

数控机床的正确安装和调试是保证数控机床正常使用，充分发挥其效益的首要条件。数控机床是高精度的机床，安装和调试的失误，往往会造成数控机床精度丧失、数控机床故障率增加，因而要引起操作者高度重视。数控机床的安装就是按照安装的技术要求将机床固定在基础上，使其具有确定的坐标位置和稳定的运行性能。

1. 数控机床对地基的要求

在确定购置某机床制造厂的数控机床后，即可根据该制造厂提供的机床安装地基图进行施工。在安装前要考虑机床重量和重心位置、与机床连接的电线和管道的铺设、预留地脚螺栓和预埋件的位置。一般小型数控机床的地基比较简单，只用支承件调整机床的水平，无需用地脚螺栓固定。中型、重型机床需要做地基，精密机床应安装在单独的地基上，并在地基周围设置防震沟。地基平面尺寸不应小于机床支承面积的外廓尺寸，并考虑安装、调整和维修所需尺寸。

2. 数控机床对环境温度和湿度的要求

机床的安装位置应远离各种干扰源，应避免阳光照射和热辐射的影响，其环境温度和湿度应符合说明书的规定。机床绝对不能安装在产生粉尘的车间里。数控机床对工作车间的洁净度也有一定的要求，必须保持车间空气流通与干净。油雾和金属粉末会使电子元器件之间的绝缘电阻下降，甚至短路，造成系统故障、元器件损坏。潮湿的环境会使数控机床的印制电路板、元器件、接插件、电气柜、机械零部件等锈蚀，造成接触不良、控制失灵、机床的机械精度降低。

数控机床的CNC装置、伺服驱动系统抗干扰能力还是有限度的，强电磁干扰会导致数控系统失控，所以数控机床要远离焊机、大型吊车和产生强电磁干扰的设备。为了安全和减少电磁干扰，数控机床要求良好的接地。

精密数控机床要求工作在恒温条件下，以保证机床的可靠运行，保持机床的精度与加工精度。普通数控机床虽不要求工作在恒温条件下，但是环境温度过高会导致机床故障率的增加，这是由于数控系统的电子元器件有工作温度的限制。电子元器件的工作温度最高在40～45℃。

电网供电要满足数控机床正常运行所需总容量的要求，电压波动按我国标准不能超过+10%～-15%，否则会造成电子元器件的损坏。

另外，机床旁应留有足够的工件运输和存放空间。机床与机床、机床与墙壁之间应留有足够的通道。

二、安装数控机床

1. 开箱

机床到达后，首先应进行开箱检查，查看外观有无损伤，在确保运输无损伤的情况下，按照附件箱所列的装箱清单一一清点各物件，若有不合格的地方应及时通知供货厂商。开箱前应仔细检查包装箱外观是否完好无损，若包装箱有明显的损坏，应通知发货单位，并会同运输部门查明原因，分清责任。开箱后，首先找出随机携带的有关文件，按清单清点机床零部件数量和电缆数量。

2. 机床就位与找平

机床的起吊应严格按说明书上的吊装方法进行。起吊时，必须在机床上升时使机床底座呈水平状态。在使用钢丝绳时，在钢丝绳下应垫上木块或垫板，以防打滑。待机床吊起离地面100～200mm时，仔细检查悬吊是否稳固。然后将机床缓缓地送至安装位置，并使垫铁、调整垫板、地脚螺栓对号入座。机床放在基础上，应在自由状态下找平，然后将地脚螺栓均匀地锁紧。

清洗各连接面、运动面上的防锈涂料。清洗时不能使用金属或其他坚硬刮具，不得用棉纱或砂布，要用浸有清洗剂的棉布或绸布。清洗后涂上机床规定使用的润滑油。此外也要做好各外表面的清洗工作。

按照机床说明书调整机床的水平精度。找正安装水平的基础面，应在机床的主要工作面（如机床导轨面或装配基面）上进行。在评定机床安装水平时，对于普通机床，水平仪读数应不大于0.04/1000mm；对于精密机床，水平仪读数应不大于0.02/1000mm。在测量安装精度时，应选取一天中温度恒定的时候。避免使用为了适应调整水平的需要而使机床产生强迫变形的安装方法。否则将引起机床基础件的变形，从而引起导轨精度和导轨相配件的配合与连接的变化，使机床精度和性能受到破坏。高精度数控机床可采用弹性支承进行调整，抑制机床振动。

3. 机床连接组装

（1）机床解体零件及电缆、油管和气管的连接　主机装好后即可连接电缆、油管和气管。在机床随机文件中，有电气连接图、气液压的管路图，每根电缆、油管、气管接头上都应有标牌，电气柜和各部件的插座也有相应的标牌，根据接线图、接管图把这些电缆、管道一一对号入座。在连接中，要注意清洁除污和可靠地插接及密封。在连接电缆的插头和插座时，必须仔细清洁并检查有无松动和损坏。这些工作必须事先做好，否则在调试中发生故障后再来检查清理，就需花费大量的时间。安装电缆后，一定要把紧固螺钉拧紧，保证接头插杆的接触完全可靠。在油管、气管连接中，要特别防止异物从接口进入管路，造成整个液压系统发生故障，每个接头必须拧紧，否则调试时，若在一些大的分油器上发现有油管渗漏，常常要拆卸一大批管子，使返修工作量加大。

（2）机床数控系统的连接　数控系统到货首先要检查系统本体及与之配套的进给速度控制单元和伺服电动机、主轴控制单元和主轴电动机的包装是否完整无损，实物和订单是否相符。其次，还应检查数控柜内各插接件有无松动，接触是否良好。并做好以下连接。

1）外部电缆的连接。数控系统外部电缆的连接，指数控装置与 MDI/CRT 单元、强电柜、机床操作面板、进给伺服电动机和主轴电动机动力线、反馈信号线的连接等，这些连接必须符合随机提供的连接手册的规定。最后还要进行地线的连接。数控机床地线的连接十分重要，良好的接地不仅对设备和人身的安全十分重要，同时能减少电气干扰，保证机床的正常运行。地线一般都采用辐射式接地法，即数控柜中的信号地、强电地、机床地等连接到公共接地点上，公共接地点再与大地相连。数控柜与强电柜之间的接地电缆要足够粗，截面积要在 $6mm^2$ 以上。地线必须与大地接触良好，机床设备接地电阻一般要求小于 4Ω。

2）电源线的连接。数控系统电源线的连接，指数控柜电源变压器输入电缆的连接和伺服变压器绕组抽头的连接。对于进口的数控系统或数控机床更要注意，由于各国供电制式不尽一致，国外机床生产厂家为了适应各国不同的供电情况，无论是数控系统的电源变压器，还是伺服变压器都有多个抽头，必须根据我国供电的具体情况，正确地连接。

各部分连接好之后，还要确认输入电源电压、频率及相序是否正确，确认短路棒的设定是否正确，确认数控系统各种参数设定、数控系统与机床间的接口是否正确等。

三、调试数控机床

1. 机床精度的调整

一般数控机床的绝对水平调整在 0.04/1000mm 的范围之内。对于车床，除了水平和不扭曲达到要求外，还应进行导轨直线度的调整，确保导轨的直线度为凸的合格水平。对于数控铣床、加工中心，应确保运动水平（工作台导轨不扭曲）也在合格范围内。水平调整合格后，才可以进行机床的试运行。

2. 机床功能的调试

（1）通电前的外观检查

1）机床电器检查。打开机床电控箱，检查继电器、接触器、熔断器、伺服电动机速度控制单元插座等有无松动，如有松动应恢复正常状态，有锁紧机构的接插件一定要锁紧，有转接盒的机床一定要检查转接盒上的插座、接线有无松动。

2）CNC 电箱检查。打开 CNC 电箱门，检查各类插座，包括各类接口插座、伺服电动机反馈线插座、主轴脉冲发生器插座、手摇脉冲发生器插座、CRT 插座等，如有松动要重新插好，有锁紧机构的一定要锁紧。

一般情况下 CNC 电箱无需重新设置，但用户一定要对短路端子的设置状态做好原始记录。

3）接线质量检查。检查所有的接线端子，包括强、弱电部分在装配时机床生产厂自行接线的端子及各电动机电源线的接线端子。每个端子都要用螺钉旋具紧固一次，直到拧不动为止（弹簧垫圈要压平），各电动机插座一定要拧紧。

4）电磁阀检查。推动所有电磁阀数次，以防止长时间不通电造成的动作不良。如发现异常，应做好记录，以备通电后确认修理或更换。

5）限位开关检查。检查所有限位开关动作的灵活性及固定是否牢固，发现动作不良或固定不牢的应立即处理。

6）操作面板上按钮及开关检查。检查操作面板上所有按钮、开关、指示灯的接线，发现有误应立即处理。检查 CRT 单元上的插座及接线。

7）地线检查。要求有良好的地线。外部保护导线端子与电器设备任何裸露导体零件和机床外壳之间的电阻数值不能大于 0.1Ω，机床设备接地电阻一般要求小于 4Ω。

8）电源相序检查。用相序表检查输入电源的相序，确认输入电源的相序与机床上各处标定的电源相序绝对一致。

（2）通电检查

1）接通机床总电源。检查 CNC 电箱、主轴电动机冷却风扇、机床电器箱冷却风扇的转向是否正确，润滑、液压等处的油标指示以及机床照明灯是否正常，各熔断器有无损坏，如有异常应立即停电检修，无异常可以继续进行。

2）测量强电各部分的电压。特别是供 CNC 及伺服单元用的电源变压器的一、二次电压，并做好记录。另外，要检查各部分有无漏油，如有漏油应立即停电修理或更换。

3）按 CNC 电源通电按钮，接通电源。观察 CRT 显示，直到出现正常画面为止。查看有无报警显示。

4）检查机床的数控系统及可编程序控制器的设定参数是否与随机表中的数据一致。

5）试验各主要操作功能、安全措施、运行行程及常用指令执行情况等，如手动操作方式、点动方式、编辑方式（EDIT）、数据输入方式（MDI）、自动运行方式（MEMORY）、行程的极限保护（软件和硬件保护）以及主轴各级转速指令等是否正确无误。

6）最后检查机床辅助功能及附件的工作是否正常，如机床照明灯、冷却防护罩和各种护板是否齐全；切削液箱加满切削液后，试验喷管能否喷切削液，在使用冷却防护罩时是否外漏；排屑器能否正常工作；主轴箱、恒温箱是否起作用及选择刀具管理功能和接触式测头能否正常工作等。

7）对于加工中心还应调整机械手的位置。调整时，让机床自动运行到刀具交换位置，以手动操作方式调整装刀机械手和卸刀机械手对主轴的相对位置，调整后紧固调整螺钉和刀库地脚螺钉。然后装上几把刀柄，进行多次从刀库到主轴位置的自动交换，以动作正确、不撞击和不掉刀为合格。

3. 机床试运行

数控机床安装调试完毕后，要求整机在带一定负载条件下经过一段时间的自动运行，较全面地检查机床功能及工作可靠性。运行时间一般采用每天运行 8h，连续运行 2～3 天，或者 24h 连续运行 1～2 天，这个过程称为安装后的试运行。试运行中采用的程序叫拷机程序，可以直接采用机床厂调试时用的拷机程序，也可自编拷机程序。拷机程序中应包括：数控系统主要功能的使用（如各坐标方向的运动、直线插补和圆弧插补等），自动更换取用刀库中 2/3 的刀具，主轴的最高、最低及常用的转速，快速和常用的进给速度，主要 M 指令的使用及宏程序、测量程序等。试运行时，机床刀库上应插满刀柄，刀柄质量应接近规定质量。在试运行中，除操作失误引起的故障外，不允许机床有故障出现，否则表示机床的安装调试存在问题。

对于一些小型数控机床，如小型经济数控机床，直接整体安装，只要调试好床身水平，检查几何精度合格后，经通电试车后就可投入运行。

任务二　数控铣床（加工中心）的安全操作

学习目标

- 能正确穿戴和使用劳动防护用品。
- 正确起动和关闭机床。
- 能按照安全操作规程独立操作数控铣床（加工中心）。
- 能及时有效处理意外事故发生，减少损失。

任务描述

数控铣床（加工中心）具有加工精度高、加工质量稳定可靠、生产自动化程度高、生产效率高的特点，数控铣床（加工中心）加工是发展现代高端装备制造业的重要组成部分，数控铣床（加工中心）安全操作是实现现代高端装备制造业的基础，只有在安全操作数控铣床（加工中心）的基础上，才能进一步加工出符合要求的产品。首先需要熟悉数控铣床（加工中心）的操作面板，掌握数控铣床（加工中心）的基本操作步骤。

任务准备

（1）场地、设备准备　①数控车间；②数控铣床（加工中心）5台（系统型号为FANUC 0i－MC），数控仿真软件30套；③学习资料：数控铣床（加工中心）操作说明书、数控铣床（加工中心）安全操作手册。

（2）材料准备　劳保用品。

（3）教学方法　讲授、演示、操作、任务驱动、小组讨论。

（4）劳动组织　将班级分成5个小组，每个工作组5～6人，其中包括1名组长和1名安全员。

知识链接

数控实训安全规章制度

1）工作时请穿好工作服、安全鞋，否则不允许进入车间。衬衫要系入裤内，工作服衣、领、袖口要系好；不允许穿凉鞋、拖鞋、高跟鞋、背心、裙子和戴围巾进入车间，以免发生烫伤；禁止戴手套操作机床，长发要戴帽子。

2）所有实训步骤必须在实训教师指导下进行，未经实训教师同意，不准开动机床。

3）机床运行期间严禁离开工作岗位做与操作无关的事情。严禁在车间内嬉戏、打闹，机床运行时，严禁在机床间穿梭。

4）应在指定的机床上进行训练。未经允许，其他机床设备、工具或电器开关等均不得乱动。

5）某一项工作如需要俩人或多人共同完成时，应注意相互间的协调一致。

6）加工零件时，必须关上防护门，严禁把头、手伸入防护门内，加工过程中严禁私自打开防护门。

7）禁止用手或其他任何方式接触正在旋转的主轴、工件或其他运动部位；禁止用手接触刀尖和铁屑，铁屑必须要用铁钩子或毛刷来清理。

8）数控铣床（加工中心）属于大型精密设备，除工作台上安放工装和工件外，机床上严禁堆放任何工、夹、刃、量具、工件和其他杂物。

9）加工过程中，操作者不得擅自离开机床，应保持思想高度集中，观察机床的运行状态。若发生不正常现象或事故时，应立即终止程序运行，切断电源并及时报告指导老师，不得进行其他操作。

10）操作人员不得随意更改机床内部参数。实训学生不得调用、修改非自己所编的程序。

11）正确选用铣削用量及刀具，严格按照实训指导书推荐的铣削用量及刀具进行操作。

12）刀柄插入主轴前，刀柄表面及主轴孔内，必须擦拭干净，不得有油污。

13）在程序运行中须暂停测量工件尺寸时，要待机床完全停止、主轴停转后方可进行测量，以免发生人身事故。

14）关机时，要等主轴停转 3min 后方可关机。

任务实施

一、通过学习数控实训安全规章制度，完成下面题目

1. 劳动保护用品的穿戴标准

（1）工作服的穿戴标准

____

____

____

（2）工作帽和眼镜的佩戴标准

____

____

（3）对比工作服正确穿戴标准，找出该同学工作服穿戴不合格之处

2. 找出下面四幅图中违反数控实训安全规章制度现象并阐述原因

二、数控铣床（加工中心）操作步骤

【引导问题】 任何设备的打开与关闭都有一个严格的操作步骤，同学们比较熟悉计算机它的正确开机、关机步骤是什么？以数控仿真用计算机为例，写下操作步骤：

开机：先打开________________________，再打开________________________。

关机：先关闭________________________，再关闭________________________。

1. 仔细阅读机床说明书

在机床操作之前，要仔细阅读机床操作说明书，如图 1-19 所示。只有在充分了解该机床操作规程后，方可进行机床操作。

图 1-19 阅读机床说明书

2. 数控铣床（加工中心）的开机和关机

开机：先____电，后____电。

打开机床总电源开关，如图 1-20 所示；再按机床操作面板上的“NC 启动”，如图 1-21 所示；等待显示器上出现坐标值后，旋开急停开关，如图 1-22 所示。

关机：先____电，后____电。

关机顺序和开机顺序相反。具体操作是：按下急停开关，关闭 NC 电源开关，最后关闭机床电源总开关。

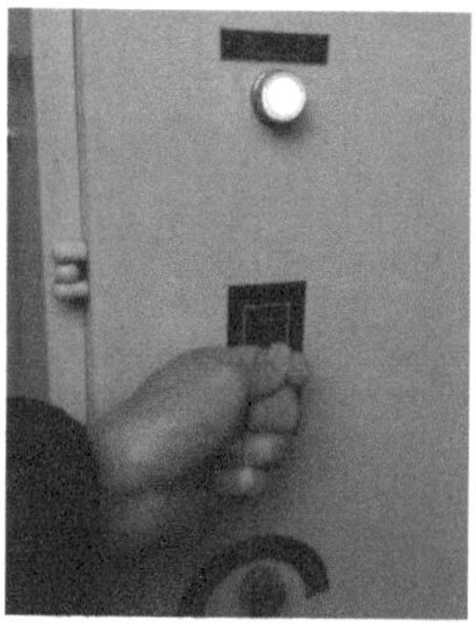

图 1-20 打开机床总电源

图 1-21 打开 NC 电源

图 1-22 旋开急停开关

3. 数控铣床（加工中心）常用工作模式的基本操作

（1）回零 也称为“回原点模式”或“返参”（REF）。

回零的次序是：先回____轴，然后再回____轴和____轴。

回零的目的：__________。

【注意】

回零操作时，应首先将 X 轴、Y 轴、Z 轴向负方向远离零点大约 100mm 后，再进行回零操作，这样可以避免回零过程中的超程现象。

（2）MDI 模式初始启动主轴 切换到 MDI 操作模式，输入“S400 M03 ;”，然后按“循环启动”。

【注意】

若要让主轴停止转动，可以在“手动 JOG”或“手轮 HNDL”模式下，按“主轴停”。

（3）手动模式　手动操作：点按坐标进给键，坐标轴实现点动手动连续进给。按住坐标进给键，坐标轴实现连续进给，速度由“进给倍率”调节。

【注意】

手动操作时，要密切观察坐标轴实际移动位置，防止碰撞。

（4）手轮模式　选择手轮模式，将机床控制模式选为“X 手轮模式”、Y 手轮模式“Z 手轮模式”，转动手轮实现手摇脉冲方式的进给，选择不同的“手轮倍率”调节手轮进给量。

手轮倍率为“×1”时，当转动手轮为一个刻度值，坐标轴移动距离为脉冲当量 0.001mm×1 的运动结果。

【注意】

手轮操作时，要正确判断坐标轴运动方向后，方可进行动作。

（5）编辑模式（EDIT）　可对程序进行管理，实现如下操作：①新建程序；②删除程序；③输入程序；④编辑程序。

【注意】

要灵活使用编辑键 <CAN>、<INSERT>、<DELETE>、<ALTER>，以提高编辑速度。

（6）自动模式（MEM）　实现调用程序的自动运行。

【注意】

在此阶段，同学们不要自行进行自动模式的操作！

三、发生意外时的紧急处理措施

在数控铣床（加工中心）自动加工过程中，可能会因为程序输入、对刀参数等错误引起撞刀事故，造成经济损失。

新编写的程序初次运行时，将进给倍率开关调的小一些，按下“单段”运行按钮，一只手始终放置在“急停”按钮的正前方，眼睛密切观察机床的运行情况，如图 1-23 所示。当发现机床运行路线异常时，立刻按下“急停”按钮，可以有效防止撞刀事故发生。

严禁双手远离“急停”开关，如图 1-24 所示。一旦碰到紧急情况，短时间不能触及“急停”按钮。

图 1-23　正确机床操作姿势

图 1-24　不正确机床操作姿势

小组活动

学习内容整理（在数控仿真软件中初步认识机床面板，学习机床的操作方法，教师检查学生掌握情况，然后在车间进行实际操作），并做相应记录填写至表 1-8 中。

表 1-8　检查记录表

学习内容		会	不会	问题记录
操作面板认识	LED 显示屏			
	MDI 面板			
	机床操作面板			
基本操作	开机			
	关机			
	回零模式			
	MDI 模式			
	手动模式			
	手轮模式			
	编辑模式			
	自动模式			
紧急情况处理	急停			

注：机床参考点的位置是由机床制造厂家在每个进给轴上用限位开关精确调整好的，坐标值已输入数控系统中。开机时，必须先确定机床原点，即 X、Y、Z 返回参考点的操作。只有机床参考点被确认后，刀具（或工作台）移动才有基准。

任务考评

1. 自评和互评标准（40%）（见表 1-9）

表 1-9　自评和互评标准表

任务名称				任务编号			
班级		姓名		学号			
评价项目	评价标准		评价结果				分项评分
			优	良	中	差	
职业素养（自评）（10%）	按照要求出勤，着装整齐规范、遵守课堂纪律，在工作中态度端正，精神面貌好，团结协作，遵守安全操作规程，无安全事故		10	8	5	0	
机床操作能力（互评）（20%）	机床操作规范，操作熟练，及时保养、维护和清扫设备		20	15	10	0	
日常作业完成情况（自评）（10%）	按时、认真完成		10	8	5	0	
综合评价结果							
组长			时间				

2. 教师评价标准（50%）（见表1-10）

表1-10　教师评价标准表

任务名称					任务编号			
班级		姓名			学号			
评价项目		评价标准	评价结果				分项评分	
			优	良	中	差		
考勤（15%）	迟到	无迟到、早退、旷课现象	5	4	3	0		
	早退		5	4	3	0		
	旷课		5	4	3	0		
工作任务完成情况（25%）	程序输入	能正确输入程序	10	8	5	0		
	操作规范	操作规范，无碰撞与干涉，对加工过程中出现的异常情况做出正确处理	10	8	5	0		
	职业素质	着装整齐规范、遵守课堂纪律，在工作中态度端正，精神面貌好，团结协作，遵守安全操作规程，无安全事故；及时保养、维护和清扫设备	5	3	2	0		
任务报告（10%）	完成时间	按时完成	5	4	3	0		
	报告环节	内容正确，任务（项目）报告环节完整，书写整齐，字体工整	5	4	3	0		
综合评价结果								
教师			时间					

注：教师评价表由教师填写，学生不准填写。

3. 讨论评价标准（10%）（见表1-11）

表1-11　讨论评价标准表

评价项目	评价标准	评价结果				分项评分
		优	良	中	差	
参与程度（2%）	积极讨论、积极寻找解决方案	2	1	0.5	0	
是否完成一定的任务（2%）	担任一个角色促进任务的完成	2	1	0.5	0	
小组汇报情况（2%）	组内轮流派人汇报交流，汇报者口齿清楚、声音洪亮、条理清晰	2	1	0.5	0	
讨论结果（4%）	讨论结果思路清楚、理由充分、结果可行	4	3	2	1	
合计（总分）						

4. 实训鉴定（见表1-12）

表1-12 实训鉴定表

自我鉴定	通过本节课学习，同学们的收获有： 学生签名：________ ____年__月__日
指导教师鉴定	指导教师签名：________ ____年__月__日

知识拓展

超程报警的解除

一、硬超程

系统显示报警为EMG表示硬超程，此时NC未准备好，所有操作无法进行。

解除方法：首先按下NC准备好，提示灯闪亮时，按住<限位释放>键不松手，判断正确的起程方向，用手轮（手轮倍率调到×100）摇回到有效行程范围内即可解除报警。

二、软超程

系统显示报警为ALM表示软超程，这种超程的位置由系统参数设定。

解除方法：判断起程方向，用手轮摇回到有效行程范围内，按<RESET>复位键即可解除报警。

任务三 数控铣床（加工中心）的精度检测与验收

学习目标

- 了解数控铣床（加工中心）的验收指标。
- 了解数控铣床（加工中心）精度检测内容。
- 掌握数控铣床（加工中心）常规精度检测的方法。

任务描述

数控铣床（加工中心）在安装调试到位后，需要对其进行相关的精度检测，根据检测结果判断机床是否达到出厂标准，并作为设备验收合格的依据。掌握数控铣床（加工中心）的常规精度检测方法，有助于对数控铣床（加工中心）的结构和特点有进一步了解，为深入学习数控铣削加工技术做好铺垫。

任务准备

（1）场地、设备准备　①数控车间；②数控铣床（加工中心）5 台（系统型号为 FANUC 0i 系列），数控仿真软件 30 套；③学习资料：数控铣床（加工中心）操作说明书、数控铣床（加工中心）安全操作手册。

（2）材料准备　劳保用品。

（3）教学方法　讲授、演示、操作、任务驱动、小组讨论。

（4）劳动组织　将班级分成 5 个小组，每个工作组 5～6 人，其中包括 1 名组长和 1 名安全员。

知识链接

一、数控机床的验收指标

数控机床的验收是指使用各种高精度仪器，对机床的机、电、液、气等各部分及整机进行综合性能、单项性能和静、动态精度的检测，最后得到对该机床的综合评价。

数控机床的验收主要包括机床几何精度、定位精度和切削精度的检测，以及机床综合性能的检验等。

1. 几何精度

数控机床的几何精度综合反映机床各关键零部件及其组装后的几何形状误差。机床几何精度的许多项目相互影响，必须在精调后一次性完成，若出现某一单项经重新调整才合格的情况，则整个几何精度的验收检测工作必须重做。

机床几何精度检测的主要内容包括直线运动的平行度、垂直度；回转运动的轴向及径向跳动；主轴与工作台的位置精度等。

2. 定位精度

机床定位精度是指数控机床各坐标轴在数控装置控制下达到的运动位置精度。机床的定位精度取决于数控系统和机械传动误差的大小，能够从加工零件达到的精度反映出来。

机床定位精度检测的主要内容如下。

1）直线运动的定位精度及重复定位精度。

2）回转运动的定位精度及重复定位精度。

3）直线运动反向误差（失动量）。

4）回转运动反向误差（失动量）。

5）原点复归精度。

3. 切削精度

机床切削精度是指受数控机床几何精度、定位精度、材料、刀具和切削条件等各种因素影响而形成的综合精度。

机床切削精度的检测可以是单项加工，也可以加工一个标准的综合性试件，如 NAS 试件（“圆形—菱形—方形” 标准），其中单项加工检查内容主要有孔加工精度、平面加工精度、直线加工精度、斜线加工精度、圆弧加工精度等。

4. 综合性能

机床综合性能主要包括主轴系统性能，进给系统性能，自动换刀系统、电气装置、安全装置、润滑装置、气液装置及各附属装置等性能。

二、几何精度的检验

由于数控机床的几何精度测试是在静态下进行的，因此必须在检验前预先运转机床，待升温、润滑等状态趋于稳定后才能进行。而在静态下对数控机床的几何精度的检验，只能通过试切的样件来进行。其中，振动对主轴回转精度和直线运动精度影响较大，这时的试切样件在设计时要力求避免试件本身、刀具、夹具等造成的影响，即试切件形状与结构应不易受力、热变形的影响。

三、定位精度的检验

数控机床定位精度是指机床各坐标轴在数控装置控制下运动所能达到的位置精度。它可以理解为机床的运动精度，精度的大小取决于数控系统和机械传动系统的综合误差，它将直接反映加工工件所能达到的精度。

定位精度检验项目主要有直线定位精度、分度定位精度、失动、重复定位精度、零点定位精度和脉冲步距精度等。检验项目应根据数控机床类型而选择，比如在某些数控机床中，没有回转工作台，或其旋转运动时，无须检验分度定位精度。

1. 对数控机床的直线定位精度检验方法和步骤

（1）直线运动定位精度　直线运动定位精度是在空载条件下测量的。测量仪器为激光干涉仪，对于一般用户也可采用标准刻度尺，配以光学读数显微镜进行比较测量。两种测量方法，如图 1-25 所示。按照标准规定：任意 300mm 测量长度上的定位精度，普通级为 0. 02mm，精密级为 0. 01mm。

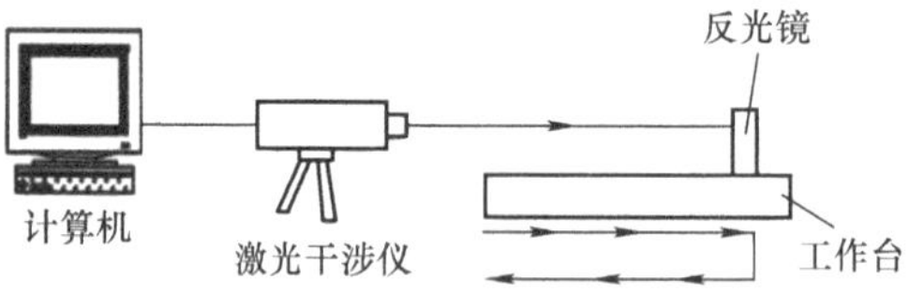

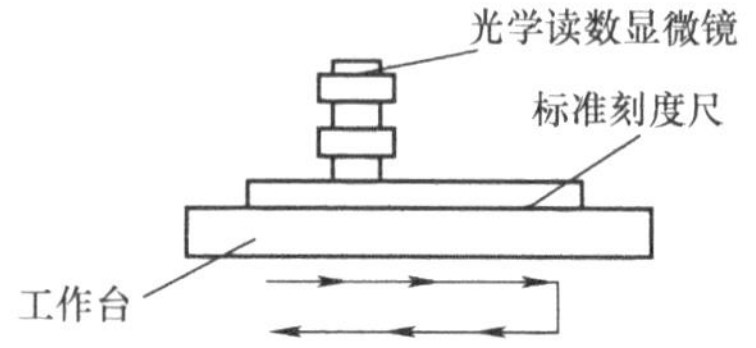

图 1-25　机床直线运动精度检测

a）激光测量　b）标准尺比较测量

（2）直线运动重复定位精度　重复定位精度是反映轴运动稳定性的一个基本指标，决定加工工件质量的稳定性和误差的一致性。重复定位精度普通级为 0.016mm，精密级为 0.010mm。

测量重复定位精度的具体步骤如下。

1）在行程全长上选若干测量点，一般行程在 500mm 以下者，每 50mm 为一测量点。行程在 500mm 以上者，每 100mm 为一测量点。若行程很长，则测量点的间隔可以取的更大一些。因此间隔范围可在 50 ~ 200mm 之间选取。

2）以不同的进给速度移动工作台，测量各测量点的精度，而后综合。各测量点的误差范围即可评价该机床的直线定位精度。

3）测量中重复次数越多时，则测量精度越高（比较准确）。但通常最多次数不超过 7 次（美国机床制造商协会标准）。因为次数过多，工作量太大。

4）一般数控机床的直线定位精度在 ±0.015 ~ 0.02mm 范围内。

2. 数控机床分度精度测量

分度精度就是回转运动的定位精度，其检验方法与直线定位精度的检验方法相同。一般数控机床的分度精度为 ±20"，对于特殊固定角度的转台为 ±5"。测量点的选择可以选 5° ~ 30°，也可以选取特殊角，如 15°、30°、45°、60°、75°、90°、…、360°，视机床实际工作情况的要求而定。

3. 数控机床重复定位精度的测量

重复定位精度是指对某一测量点的多次重复测量的结果，其测量方法如图 1-26 所示。对测量点进行 N 次反复测定，记录其实测值，与给定值比较后，得出每次测量的误差值 X_0，求出误差平均值 X_c 与均方根差值 σ，则 $X_c \pm 3\sigma$ 便是该测量点的重复定位精度。同样，重复定位精度也有直线和回转运动两类。重复定位精度可以说明精度的稳定性，是一项与定位精度同样重要的指标。

一般数控机床重复定位精度为 ±0.01mm 或 ±10″。重复定位精度检验时的测量次数一般为 25 ~ 50 次，并且应在不同条件下检查，如变化进给速度、负载、重量等，故检验的工作量相当大。一般选取在不同条件下检验的重复定位精度的最大值为整个机床的重复定位精度。也可以做出重复定位精度与进给速度的关系，以便进行选择。

4. 数控机床的零点复原精度的测量

由于数控机床的坐标原点（通常也称为原点）即为零点。每次加工完毕后，机床各项运动都归回零点。因此下一次加工时，也总是由零点开始运动的。这样，对编程来说就有了一个基准点。而当批量生产时，零点的复原精度将会影响刀具与工件的相对位置。零点复原精度测定是由 5 ~ 7 个不同位置，以快速进给进行试验，检测和记录下其定位精度，并对记录下的数据进行处理。

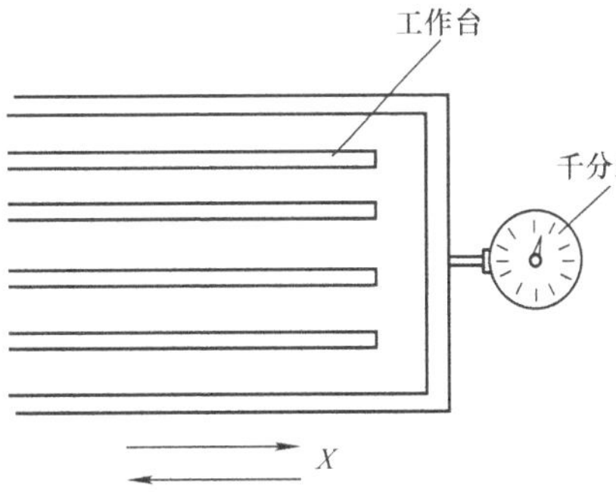

图 1-26　重复定位精度的测量方法

5. 数控机床的脉冲步距精度的测量

数控机床在早期产品中，以及在经济型的数控机床中都存在着步进系统。对这种伺服系统中的步距精度测量就是测量脉冲步距误差的大小。

由于步进电动机存在着步距误差，因此将点动脉冲数选得比步进电动机转一周的步距数还多，看是否有周期变化，如果恰好与步进电动机转一周的步距数成周期变化，就知道是步进电动机步距精度的影响。如果步距精度正好和丝杠转一周的步距数成周期变化，则知道是滚珠丝杠内螺距精度的影响。所以脉冲步距精度是测量进给系统作少量移动的精度。为了能测定全行程的脉冲步距精度，故应在行程两端及中央等处进行测量。

四、切削精度的检测

数控机床切削加工精度检验，又称动态精度检验，是在切削加工条件下，对机床几何精度和定位精度的一项综合考核。切削精度检验可分单项加工精度检验和加工一个标准的综合性试件精度检验两种。它不仅反映了机床的几何和定位精度，同时还包括了试件的材料、环境温度、刀具性能以及切削条件等各种因素造成的误差。故在加工过程中应尽量减少这些因素的影响。

加工精度检验项目是数控机床产品出厂时，必须进行的项目之一。检验方法通常是通过切削特殊试件来进行的。加工精度可以反映机床的定位精度、随机精度和几何精度等综合精度。在设计试件时，应能分别反映出误差则更佳，这样便于分析误差因素。

对于不同类型的数控系统，其检验项目将随其功能而异。因此下面以轮廓控制型数控系统为例说明加工精度的检验方法。

对于连续轮廓控制系统的数控机床，进行加工精度检验时，试件由多种几何体组成，如图 1-27 所示。

最上层是正菱形几何体，通过这一几何形体可以检验两坐标联动时，刀具移动形成的轨迹，得出直线位置精度结果，如平行度、垂直度、直线度等。此外，它还可以检查超程和欠程，如图 1-28 所示。

第 2 层是一个圆，通过这一几何形体可检验出机床的圆度（通过测量圆周和中心孔之间的距离）。

第 3 层是一个正方形，它是两个坐标交替运动所形成的，通过它可以检查平行度、垂直度和直线度等。同时也可以检查超程与欠程。正方形的四角有 4 个孔，通过它可以检查孔间距离以及孔的圆度（即孔直径变化量）。

第 4 层是小角度与小斜率面，面①是由 Y，Z 两个坐标形成的 5°斜面；面②是由 X，Z 两坐标形成的 5°斜面；面③是由 X，Y 两坐标形成的两个 5°斜面，其中，X 有反向面；面④是由 X、Y 两坐标所形成的两个 5°斜面，其中 Y 有反向面。小角度的切削是由两个坐标同时运动而形成的。其特点是一个坐标进给很快，而另一个坐标进给却很慢，条件比较严格。通过它可以检查平面度、斜度及定位精度中的周期误差。由于一个坐标运动极慢，有时甚至是单脉冲，故可以检验和考验工作台的灵敏度及可靠性，以及受力变形造成的失动、脉冲步距精度等。

试件一般采用铝合金或铸铁，主要是取其切削性能较好，当然采用钢件也可以，但切削起来比较费劲，造成其他（非主要因素）因素影响较多，误差分析比较困难。

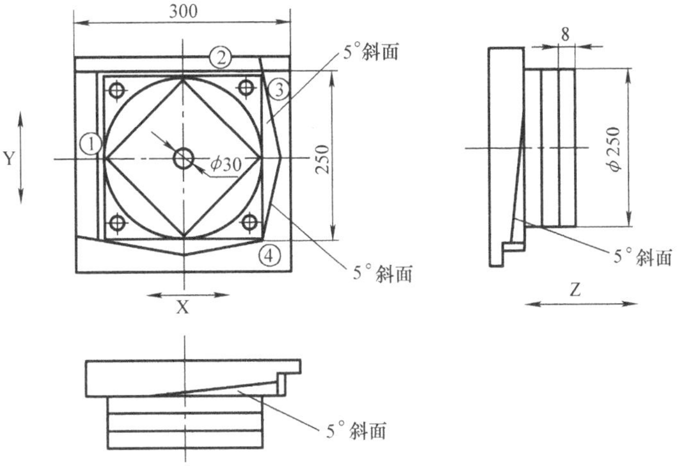

图 1-27　连续轮廓控制系统用的试件

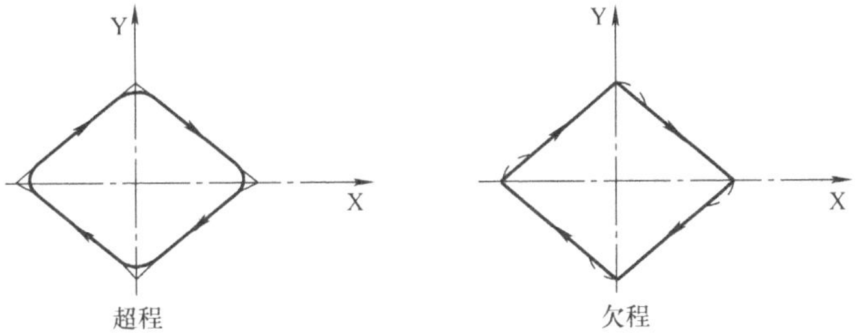

图 1-28　超程和欠程的检测

在数控机床生产厂中，机床出厂时的产品检验所采用的试件，其材料大多选用铝合金。有些连续控制系统的数控机床，对随动精度要求较高，设计了偏重于考验加速度误差、速度误差的影响的试件，并规定以不同的进给速度进行切削，试件材料采用钢件。在这个试件中，加了一个菱形和正方形的内槽加工，如图 1-29 所示，目的是检查超程与欠程，其中菱形是两个坐标移动合成直线时的情况，正方形是两个坐标交替移动而成，因此情况有所不同。

图 1-29　采用钢件测量检验加速度误差

五、综合性能的检验

数控机床性能实验除上述定位精度、加工精度外，一般还有十几项内容。现以一台立式加工中心为例说明一些主要项目。

（1）主轴系统性能　用手动方式试验主轴动作的灵活性。用数据输入方式，使主轴从低速到高速旋转实现各级转速。同时观察机床的振动和主轴的升温。试验主轴准停装置的可靠性。

（2）进给系统性能　分别对各坐标进行手动操作，试验正反方向不同进给速度和快速移动的开、停、点动的平稳性和可靠性。用数据输入方式测定点定位和直线插补下的各种进给速度。

（3）自动换刀系统性能　检查自动换刀系统性能的可靠性、灵活性，测定自动交换刀具的时间。

（4）数控装置及数控功能　检查数控柜的各种指示灯，检查操作面板，电控柜冷却风扇及数控柜的密封性，各种动作和功能是否正常可靠。按机床说明书，用手动或编程的方法，检查数控系统主要的使用功能，如定位、直线插补、圆弧插补、暂停、自动加减速、坐标选择、刀具补偿、固定循环、行程停止、程序结束、单段程序、程序暂停、进给保持、紧急停止、螺距误差补偿以及间隙补偿等功能的准确及可靠性。

（5）安全装置　检查对操作者的安全性和机床保护功能的可靠性，如安全防护罩，机床各运动坐标行程极限保护自动停止功能，各种电流电压过载保护和主轴电动机过热、超负荷时的紧急停止功能等。

（6）机床噪声　机床运转时的总噪声不得超过标准规定（80dB）。数控机床大量采用电气调速，主轴箱的齿轮往往不是噪声源，而主轴电动机的冷却风扇和液压系统液压泵的噪声等，可能成为噪声源。

（7）电气装置　在运转前后分别做一次绝缘检查，检查地线质量，确认绝缘的可靠性。

（8）润滑装置　检查定时定量润滑装置的可靠性，检查润滑油路有无渗漏，以及各润滑点的油量分配功能的可靠性。

（9）气、液装置及附属装置　检查压缩空气和液压油路的密封、调压功能、油箱正常工作的情况，检查机床各附件的工作可靠性。

（10）连续无载荷运转　用事先编制的功能比较齐全的程序使机床连续运转 8～16h，检查机床各项运动、动作的平稳性和可靠性，在运行中不允许出故障，对整个机床进行综合检查考核。达不到要求时，应重新开始运行考核，不允许累积运行时间。

任务实施

通过学习数控机床的精度检测与验收，在现有实训条件下，对数控铣床（加工中心）各项精度进行检测，并将检测结果填至表 1-13 中。

表 1-13　数控铣床（加工中心）精度检验表（部分）

<table>
<tr><th>序号</th><th>简图</th><th>检验项目</th><th>检验方法及检验工具</th><th>实测值</th></tr>
<tr><td>G1</td><td>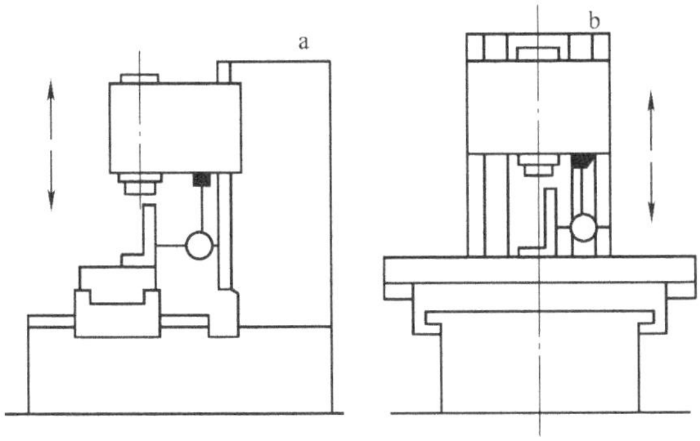

<table>
<tr><th colspan="4">允差/mm</th></tr>
<tr><th colspan="2">a</th><th colspan="2">b</th></tr>
<tr><td>普通级</td><td>精密级</td><td>普通级</td><td>精密级</td></tr>
<tr><td>0.016/300</td><td>0.010/300</td><td>0.016/300</td><td>0.010/300</td></tr>
</table></td><td>主轴箱垂向移动的直线度：
a 表示在机床的横向垂直平面内的允差
b 表示在机床的纵向垂直平面内的允差</td><td>角尺：工作台位于行程的中间位置
角尺放在工作台面上，固定指示器，使其测头触及角尺的检验面
调整角尺，使指示器读数在测量长度的两端相等。按测量长度，移动主轴箱进行检验
a、b 的误差分别计算，误差以指示器读数的最大差值计</td><td></td></tr>
<tr><td>G2</td><td>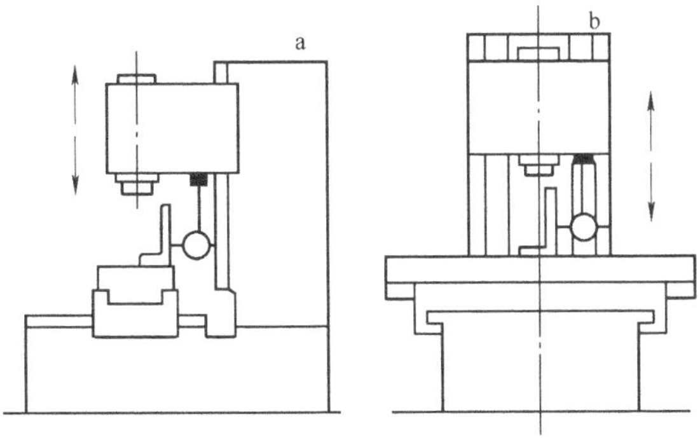

<table>
<tr><th colspan="4">允差/mm</th></tr>
<tr><th colspan="2">a</th><th colspan="2">b</th></tr>
<tr><td>普通级</td><td>精密级</td><td>普通级</td><td>精密级</td></tr>
<tr><td>0.016/300</td><td>0.010/300</td><td>0.016/300</td><td>0.010/300</td></tr>
</table></td><td>工作台面对主轴箱垂向移动的垂直度：
a 表示在机床的横向垂直平面内
b 表示在机床的纵向垂直平面内</td><td>角尺：工作台位于行程的中间位置
角尺放在工作台面上，固定指示器，使其侧头触及角尺的检验面。移动主轴箱进行检验
a、b 的误差分别计算，误差以指示器读数的最大差值计</td><td></td></tr>
</table>

（续）

<table>
<tr><th>序号</th><th>简图</th><th>检验项目</th><th>检验方法及检验工具</th><th>实测值</th></tr>
<tr><td>G3</td><td>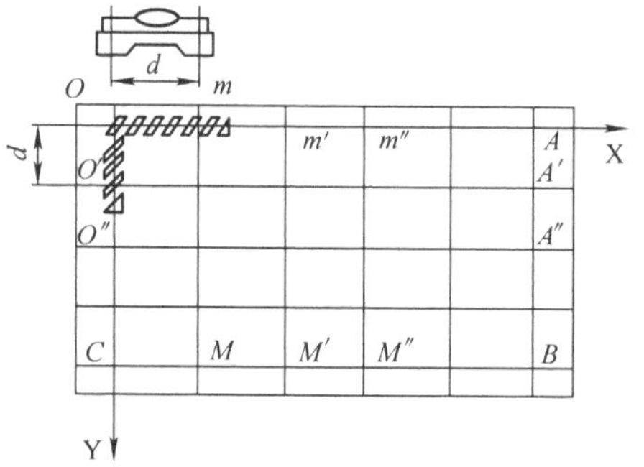

d——每次测量移动距离
<table>
<tr><th colspan="2">允差/mm</th></tr>
<tr><td>普通级</td><td>精密级</td></tr>
<tr><td>0.02/300</td><td>0.012/300</td></tr>
</table></td><td>工作台面的平面度</td><td>水平仪：工作台位于行程中间位置
用水平仪检验：如左图，在工作台面上选择由 O、A、C 三点所组成的平面作为基准平面，并使两条直线 OA 和 OC 互相垂直且分别平行于工作台面的轮廓边。将水平仪放在工作台面上，采用两点连锁法，分别沿 OX 和 OY 方向移动，测量台面轮廓 OA、OC 上的各点，然后使水平仪沿 OA、O′A′、…、CB 移动，测量整个台面轮廓上的各点。通过作图或计算，求出各测点相对于基准平面的偏差，误差以其最大与最小偏差的代数差值计</td><td></td></tr>
<tr><td>G4</td><td>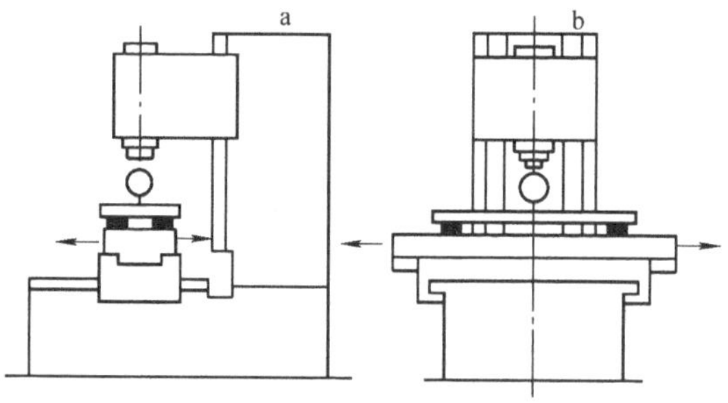

<table>
<tr><th colspan="2">最大允差/mm</th></tr>
<tr><td>a</td><td>b</td></tr>
<tr><td>0.025/300</td><td>0.016/300</td></tr>
<tr><td>0.025/300</td><td>0.016/300</td></tr>
<tr><td>0.05/300</td><td>0.03/300</td></tr>
</table></td><td>工作台面对工作台（立柱、滑枕）移动的平行度：
a 表示横向
b 表示纵向</td><td>平尺：在工作台面上放两个等高块，平尺放在等高块上，在主轴中央处固定指示器，使其测头触及平尺的检验面。按测量长度，横向移动工作台（立柱、滑枕）和纵向移动工作台进行检验
a、b 的误差分别计算。误差以指示器读数的最大差值计
当工作台长度大于 1600mm 时，则将平尺逐次移动进行检验</td><td></td></tr>
</table>

（续）

<table>
<tr><th>序号</th><th>简图</th><th>检验项目</th><th>检验方法及检验工具</th><th>实测值</th></tr>
<tr><td>G5</td><td>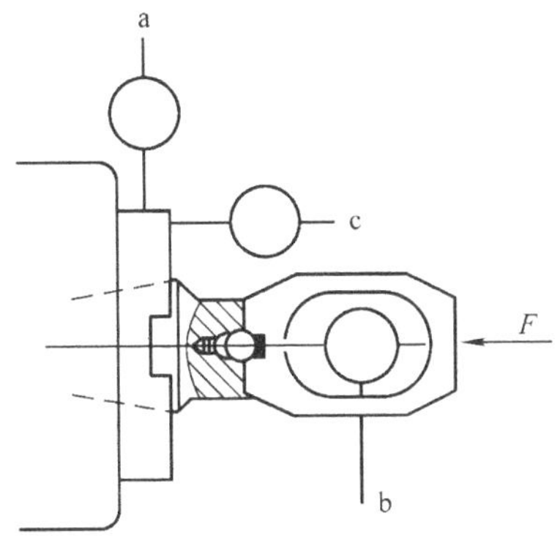

<table>
<tr><th colspan="3">允差/mm</th></tr>
<tr><td></td><td>普能级</td><td>精密级</td></tr>
<tr><td>a</td><td>0.01</td><td>0.006</td></tr>
<tr><td>b</td><td>0.01</td><td>0.006</td></tr>
<tr><td>c</td><td>0.02</td><td>0.012</td></tr>
</table></td><td>主轴端部的跳动：
a 表示主轴定心轴颈的径向跳动（用于有定心轴颈的铣床）
b 表示主轴的轴向窜动
c 表示主轴轴肩支承面的跳动</td><td>专用检验棒：固定指示器，使其测头分别触及：
a. 主轴定心轴颈表面；b. 插入主轴锥孔中的专用检验棒端面中心处；c. 主轴轴肩支承面靠近边缘处，旋转主轴进行检验
a、b、c 的误差分别计算。跳动或窜动误差以指示器读数的最大差值计
b、c 项检验时，应通过主轴中心线加一个由制造厂规定的轴向力 F（对已消除轴向游隙的主轴，可不加力）</td><td></td></tr>
<tr><td>G6</td><td>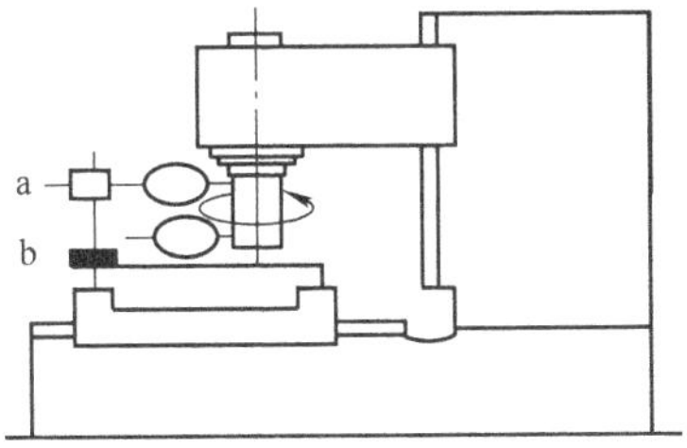

<table>
<tr><th colspan="3">允差/mm</th></tr>
<tr><td></td><td>普通级</td><td>精密级</td></tr>
<tr><td>a</td><td>0.010</td><td>0.006</td></tr>
<tr><td>b</td><td>0.020</td><td>0.012</td></tr>
</table></td><td>主轴锥孔轴线的径向跳动：
a 表示靠近主轴端面
b 表示距主轴端面 300mm 处</td><td>指示器和检验棒：在主轴锥孔中插入检验棒，固定指示器，使其测头触及检验棒的表面 300mm 处。旋转主轴进行检验
拔出检验棒，相对主轴旋转 90°，重新插入主轴锥孔中，依次重复检验三次
a、b 的误差分别计算。径向跳动误差以四次测量结果的算术平均值计</td><td></td></tr>
</table>

（续）

<table>
<tr><th>序号</th><th>简图</th><th>检验项目</th><th>检验方法及检验工具</th><th>实测值</th></tr>
<tr><td>G7</td><td>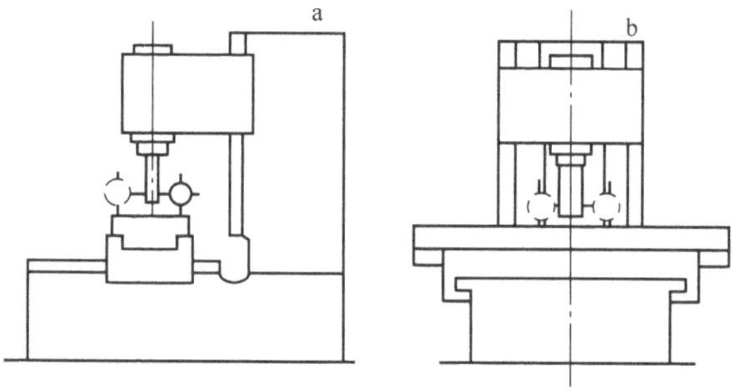

<table>
<tr><td colspan="3">允差/mm</td></tr>
<tr><td></td><td>普通级</td><td>精密级</td></tr>
<tr><td>a</td><td>0.016/300</td><td>0.010/300</td></tr>
<tr><td>b</td><td>0.016/300</td><td>0.010/300</td></tr>
</table></td><td>主轴旋转轴线对工作台面的垂直度：
a 表示在机床的横向垂直平面内
b 表示在机床的纵向垂直平面内</td><td>专用检验棒：工作台位于纵向行程的中间位置，将指示器装在插入主轴锥孔中的专用检验棒上，使其测头触及工作台面。按测量长度，旋转主轴进行检验
拔出检验棒，旋转 180°，插入主轴锥孔中，重复检验一次
a、b 的误差分别计算。误差以两次测量结果的代数和之半计</td><td></td></tr>
</table>

任务考评

1. 自评和互评标准（40%）（见表 1-14）

表 1-14 自评和互评标准表

<table>
<tr><td>任务名称</td><td colspan="3"></td><td colspan="2">任务编号</td><td colspan="2"></td></tr>
<tr><td>班级</td><td></td><td>姓名</td><td></td><td colspan="2">学号</td><td colspan="2"></td></tr>
<tr><td rowspan="2">评价项目</td><td rowspan="2" colspan="3">评价标准</td><td colspan="4">评价结果</td><td rowspan="2">分项评分</td></tr>
<tr><td>优</td><td>良</td><td>中</td><td>差</td></tr>
<tr><td>职业素养（自评）（10%）</td><td colspan="3">按照要求出勤，着装整齐规范，遵守课堂纪律，在工作中态度端正，精神面貌好，团结协作，遵守安全操作规程，无安全事故；及时保养、维护和清扫设备</td><td>10</td><td>8</td><td>5</td><td>0</td><td></td></tr>
<tr><td>机床精度检测能力（互评）（20%）</td><td colspan="3">机床操作规范，工量具使用正确，数据记录及时准确</td><td>20</td><td>15</td><td>10</td><td>0</td><td></td></tr>
<tr><td>日常作业完成情况（自评）（10%）</td><td colspan="3">按时、认真完成</td><td>10</td><td>8</td><td>5</td><td>0</td><td></td></tr>
<tr><td colspan="4">综合评价结果</td><td colspan="5"></td></tr>
<tr><td>组长</td><td colspan="3"></td><td>时间</td><td colspan="4"></td></tr>
</table>

2. 教师评价标准（50%）（见表1-15）

表1-15　教师评价标准表

任务名称					任务编号				
班级			姓名		学号				
评价项目		评价标准			评价结果				分项评分
					优	良	中	差	
考勤（15%）	迟到	无迟到、早退、旷课现象			5	4	3	0	
	早退				5	4	3	0	
	旷课				5	4	3	0	
工作任务完成情况（25%）	程序输入	能正确输入程序			10	8	5	0	
	操作规范	操作规范，无碰撞与干涉，对加工过程中出现的异常情况做出正确处理			10	8	5	0	
	职业素质	着装整齐规范、遵守课堂纪律，在工作中态度端正，精神面貌好，团结协作，遵守安全操作规程，无安全事故；及时保养、维护和清扫设备			5	3	2	0	
任务报告（10%）	完成时间	按时完成			5	4	3	0	
	报告环节	内容正确，任务（项目）报告环节完整，书写整齐，字体工整			5	4	3	0	
综合评价结果									
教师					时间				

注：教师评价表由教师填写，学生不准填写。

3. 讨论评价标准（10%）（见表1-16）

表1-16　讨论评价标准表

评价项目	评价标准	评价结果				分项评分
		优	良	中	差	
参与程度（2%）	积极讨论、积极寻找解决方案	2	1	0.5	0	
是否完成一定的任务（2%）	担任一个角色促进任务的完成	2	1	0.5	0	
小组汇报情况（2%）	组内轮流派人汇报交流，汇报者口齿清楚、声音洪亮、条理清晰	2	1	0.5	0	
讨论结果（4%）	讨论结果思路清晰、理由充分、结果可行	4	3	2	1	
合计（总分）						

4. 实训鉴定（见表1-17）

表1-17 实训鉴定表

自我鉴定	通过本任务学习，同学们的收获有： 学生签名：________ ______年___月___日
指导教师鉴定	指导教师签名：________ ______年___月___日

任务四 数控铣床（加工中心）的日常维护与保养

学习目标

- 能按照数控铣床（加工中心）操作规程进行安全操作。
- 能按照数控铣床（加工中心）要求正确进行日常维护与保养。
- 能根据数控铣床（加工中心）说明书要求，定时、定点进行维护与保养。
- 能正确处理数控铣床（加工中心）维护与保养的注意事项。

任务描述

在实际生产中，数控机床能否达到加工精度高、产品质量稳定、提高生产效率的目标，这不仅取决于机床本身的精度和性能，很大程度上也与操作者在生产中能否正确地对数控机床进行维护与保养有密切关系，因此需要掌握数控铣床（加工中心）日常维护与保养的方法。

任务准备

（1）场地、设备、工具准备 ①数控车间；②数控铣床（加工中心）5台，FANUC 0i系统或华中系统；③工具：内六角扳手、十字螺钉旋具、一字螺钉旋具、油枪、棉纱等。

（2）资料准备 数控铣床（加工中心）说明书、数控系统维修说明书。

（3）教学方法 讲授、演示、任务驱动、小组讨论。

（4）劳动组织 将班级分成5个小组，每个工作组5~6人，其中包括1名组长和1名安全员。

知识链接

1. 数控铣床（加工中心）日常维护和保养

1）操作者在每班加工结束后，应清扫干净散落于工作台、导轨等处的切屑、油垢；在工作结束前，应将各伺服轴回归原点后停机。

2）检查确认各润滑油箱的油量是否符合要求。各手动加油点按规定加油。

3）注意观察机器导轨与丝杠表面有无润滑油，使之保持润滑良好。

4）检查确认液压夹具、主轴运转情况。

5）工作中随时观察积屑情况，切削液系统工作是否正常，有积屑严重应停机清理。

6）如果离开机器时间较长要关闭电源，以防非专业者操作。

2. 数控铣床（加工中心）每周的维护和保养

1）每周要对机器进行全面的清理。各导轨面、滑动面、丝杠加注润滑油。

2）检查和调整传动带、压板及镶条松紧适宜。

3）检查并扭紧滑块、走刀传动机构、手轮、工作台支架等部位的螺钉、顶丝。

4）检查滤油器是否干净，若较脏，必须洗净。

5）检查各电气柜过滤网，清洗粘附的尘土。

3. 数控铣床（加工中心）每月或季度的维修保养

1）检查各润滑油管是否畅通无阻、油窗明亮，并检查油箱内有无沉淀物。

2）清扫机床内部切屑、油垢。

3）各润滑点加油。

4）检查所有传动部分有无松动，检查齿轮与齿条啮合的情况，必要时可调整或更换。

5）检查强电柜及操作平台，各紧固螺钉是否松动，用吸尘器或吹风机清理柜内灰尘。

6）检查所有按钮和选择开关的性能，各接触点是否良好，确保不漏电，如有损坏的情况应更换。

4. 数控铣床（加工中心）每年的维修保养

1）检查滚珠丝杠润滑脂，换新润滑脂。

2）更换 X、Y、Z 轴进给部分的轴承润滑脂，更换时，一定要把轴承清洗干净。

3）清洗各类阀、过滤器，清洗油箱底，按规定换油。

4）清洗主轴润滑箱，更换润滑油。

5）检查电动机换向器表面，去除毛刺，吹净炭粉，磨损过多的炭刷应及时更换。

6）调整电动机传动带松紧。

7）清洗离合器片，清洗冷却箱并更换冷却液，更换冷却油泵过滤器。

任务实施

通过前面提示，填写部分机床维护保养的保养内容至表 1-18 中。

表 1-18　部分机床维护保养内容

序号	检查周期	保养部位	保养内容
1	每天	导轨润滑油箱	
2	每天	主轴润滑恒温油箱	
3	每天	压缩空气气源压力	
4	每天	X、Y 轴导轨面	
5	每天	各防护装置	
6	每天	电气柜散热通风装置	
7	每周	各电气柜过滤网	
8	不定期	切削液箱	
9	半年	主轴驱动传动带	
10	一年	电动机碳刷	
11	一年	液压油路	
12	一年	主轴润滑恒温油箱	
13	一年	冷却油泵过滤器	

小组活动

以小组为单位实施数控铣床（加工中心）的日常维护保养，并做相应记录。

1. 检查机床润滑油箱里的润滑油是否充足

当油面处于最高和最低标示线之间时为正常，当油面低于最低标示线时，需要加注润滑油，如图 1-30 所示。加注时，油面不能超过最高标示线。

2. 检查气泵气压是否正常

每一类气泵都有正常工作压力范围。气泵正常工作时，仔细检查气泵压力表盘示数是否正常，如图 1-31 所示。

图 1-30　加注润滑油

图 1-31　检查气泵气压

3. 清洁防尘罩

用一字螺钉旋具轻轻撬开防尘罩的外壳，取出过滤海绵，如图 1-32 所示。然后用清水清洗，晾干后，方可进行安装。

图 1-32　清洁防尘罩

4. 清洁工作台

先用毛刷清理工作台上的铁屑及切削液，如图 1-33 所示，然后用干净的棉纱布擦拭干净，如图 1-34 所示，最后涂上一层防锈油。

5. 清洁导轨

先用毛刷清理导轨上的铁屑及切削液，如图 1-35 所示，然后用干净的棉纱布擦拭干净，如图 1-36 所示，最后涂上一层防锈油。

6. 清洁机床附件

机床附件的清洁要求与工作台及导轨的要求一致。机床夹具的清洁示意图如图 1-37 所示。手摇脉冲发生器的清洁示意图如图 1-38 所示。

图 1-33　清扫工作台

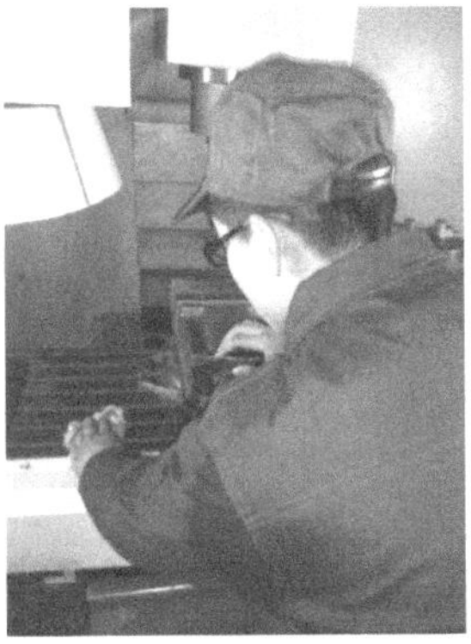

图 1-34　擦拭工作台

图 1-35　清扫导轨

图 1-36　擦拭导轨

图 1-37　机床夹具的保养

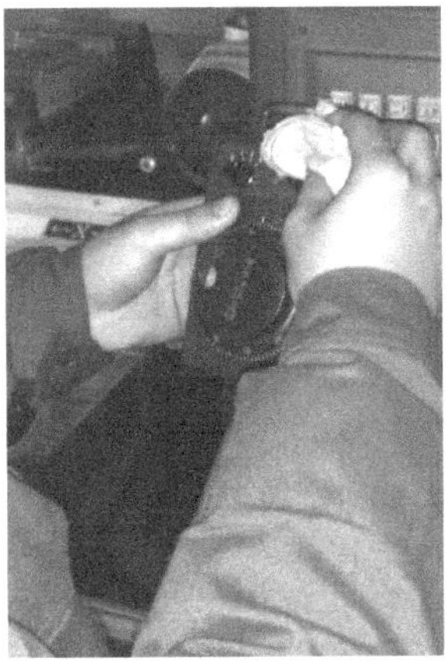

图 1-38　手轮的保养

7. 刀柄的保养

从主轴上取出刀柄后，先用干净的棉纱布把刀柄上面的油污及铁屑擦拭干净，如图1-39所示，然后涂上一层防锈油，最后将刀架放置到存刀架上。

8. 主轴锥孔的保养

主轴上的刀具取出后，先用干净的棉纱布把主轴锥孔里面的油污及铁屑擦拭干净，如图1-40所示，最后涂上一层防锈油。

图1-39　刀柄的保养

图1-40　主轴锥孔的保养

9. 清理铁屑

如图1-41所示。

图1-41　清理铁屑

图1-42　整理工具台

10. 整理工具台

工具台整理的要求是工具摆放整齐、合理、有序，如图1-42所示。

任务考评

1. 自评和互评标准（40%）（见表1-19）

表1-19　自评和互评标准表

<table>
<tr><td>任务名称</td><td colspan="3"></td><td colspan="2">任务编号</td><td colspan="3"></td></tr>
<tr><td>班级</td><td></td><td>姓名</td><td></td><td colspan="2">学号</td><td colspan="3"></td></tr>
<tr><td rowspan="2">评价项目</td><td colspan="3" rowspan="2">评价标准</td><td colspan="4">评价结果</td><td rowspan="2">分项评分</td></tr>
<tr><td>优</td><td>良</td><td>中</td><td>差</td></tr>
<tr><td>职业素养（自评）（10%）</td><td colspan="3">按照要求出勤，着装整齐规范，遵守课堂纪律，在工作中态度端正，精神面貌好，团结协作，遵守安全操作规程，无安全事故；及时保养、维护和清扫设备</td><td>10</td><td>8</td><td>5</td><td>0</td><td></td></tr>
<tr><td>机床操作能力（互评）（20%）</td><td colspan="3">工件安装和找正方法正确，对刀操作规范，机床操作熟练，及时保养、维护和清扫设备</td><td>20</td><td>15</td><td>10</td><td>0</td><td></td></tr>
<tr><td>日常作业完成情况（自评）（10%）</td><td colspan="3">按时、认真完成</td><td>10</td><td>8</td><td>5</td><td>0</td><td></td></tr>
<tr><td colspan="4">综合评价结果</td><td colspan="4"></td><td></td></tr>
<tr><td>组长</td><td colspan="3"></td><td colspan="2">时间</td><td colspan="3"></td></tr>
</table>

2. 教师评价标准（50%）（见表1-20）

表1-20　教师评价标准表

<table>
<tr><td colspan="2">任务名称</td><td colspan="3"></td><td colspan="2">任务编号</td><td colspan="3"></td></tr>
<tr><td colspan="2">班级</td><td></td><td>姓名</td><td></td><td colspan="2">学号</td><td colspan="3"></td></tr>
<tr><td colspan="2" rowspan="2">评价项目</td><td colspan="3" rowspan="2">评价标准</td><td colspan="4">评价结果</td><td rowspan="2">分项评分</td></tr>
<tr><td>优</td><td>良</td><td>中</td><td>差</td></tr>
<tr><td rowspan="3">考勤（15%）</td><td>迟到</td><td colspan="3" rowspan="3">无迟到、早退、旷课现象</td><td>5</td><td>4</td><td>3</td><td>0</td><td rowspan="3"></td></tr>
<tr><td>早退</td><td>5</td><td>4</td><td>3</td><td>0</td></tr>
<tr><td>旷课</td><td>5</td><td>4</td><td>3</td><td>0</td></tr>
<tr><td rowspan="3">工作任务完成情况（25%）</td><td>操作规范</td><td colspan="3">能熟练操作机床</td><td>10</td><td>8</td><td>5</td><td>0</td><td rowspan="3"></td></tr>
<tr><td>保养规范</td><td colspan="3">能正确保养机床</td><td>10</td><td>8</td><td>5</td><td>0</td></tr>
<tr><td>职业素质</td><td colspan="3">着装整齐规范、遵守课堂纪律，在工作中态度端正，精神面貌好，团结协作，遵守安全操作规程，无安全事故；及时保养、维护和清扫设备</td><td>5</td><td>3</td><td>2</td><td>0</td></tr>
<tr><td rowspan="2">任务报告（10%）</td><td>完成时间</td><td colspan="3">按时完成</td><td>5</td><td>4</td><td>3</td><td>0</td><td rowspan="2"></td></tr>
<tr><td>报告环节</td><td colspan="3">内容正确、任务（项目）报告环节完整，书写整齐、字体工整</td><td>5</td><td>4</td><td>3</td><td>0</td></tr>
<tr><td colspan="5">综合评价结果</td><td colspan="4"></td><td></td></tr>
<tr><td colspan="2">教师</td><td colspan="3"></td><td colspan="2">时间</td><td colspan="3"></td></tr>
</table>

注：教师评价表由教师填写，学生不准填写。

3. 讨论评价标准（10%）（见表1-21）

表1-21　讨论评价标准表

评价项目	评价标准	评价结果				分项评分
		优	良	中	差	
参与程度（2%）	积极讨论、积极寻找解决方案	2	1	0.5	0	
是否完成一定的任务（2%）	担任一个角色促进任务的完成	2	1	0.5	0	
小组汇报情况（2%）	组内轮流派人汇报交流，汇报者口齿清楚、声音洪亮、条理清晰	2	1	0.5	0	
讨论结果（4%）	讨论结果思路清晰、理由充分、结果可行	4	3	2	1	
合计（总分）						

4. 实训鉴定（见表1-22）

表1-22　实训鉴定

自我鉴定	通过本任务学习，同学们的收获有： 学生签名：____________ ________年____月____日
指导教师鉴定	指导教师签名：____________ ________年____月____日

知识拓展

数控系统的维护与保养注意事项

1. 应尽量少开数控柜和强电柜的门

在机加工车间的空气中一般都会有油雾、灰尘甚至金属粉末，一旦它们落在数控系统内的电路板或电子器件上，容易引起元器件间绝缘电阻下降，甚至导致元器件及电路板损坏。有的用户在夏天为了使数控系统能超负荷长期工作，采取打开数控柜的门来散热，这是一种极不可取的方法，其最终将导致数控系统的加速损坏。

2. 定时清扫数控柜的散热通风系统

应该检查数控柜上的各个冷却风扇工作是否正常。每半年或每季度检查一次风道过滤器是否有堵塞现象。若过滤网上灰尘积聚过多，不及时清理，会引起数控柜内温度过高。

3. 直流电动机电刷的定期检查和更换

直流电动机电刷的过渡磨损，会影响电动机的性能，甚至造成电动机损坏。为此，应对电动机电刷进行定期检查和更换。数控车床、数控铣床、加工中心等，应每年检查一次。

4. 定期更换存储用电池

一般数控系统内对 CMOSRAM 存储器件设有可充电电池维护电路，以保证系统不通电期间能保持其存储器的内容。在一般情况下，即使尚未失效，也应每年更换一次，以确保系统正常工作。电池的更换应在数控系统供电状态下进行，以防更换时 RAM 内信息丢失。

5. 备用电路板的维护

备用的印制电路板长期不用时，应定期装到数控系统中通电运行一段时间，以防损坏。

任务五　数控铣床（加工中心）的 7S 管理

学习目标

- 能根据 7S 管理内容要求进行实训。
- 能根据数控铣床 7S 管理要求进行操作。

任务描述

7S 活动是企业现场各项管理的基础活动，它有助于消除企业在生产过程中可能面临的各类不良现象。7S 活动在推行过程中，通过开展整理、整顿、清扫等基本活动，使之成为制度性的清洁，最终提高员工的职业素养。因此，7S 活动对企业的作用是基础性的，也是不可估量的。7S 活动是环境与行为建设的管理文化，它能有效解决工作场所凌乱、无序的状态，有效提升个人行动能力与素质，有效改善文件、资料、档案的管理，有效提升工作效率和团队业绩，使工序简洁化、人性化、标准化。

任务准备

（1）场地、设备准备　①数控车间；②数控铣床（加工中心）5 台。

（2）资料准备　7S 管理手册。

（3）教学方法　讲授、演示、任务驱动、小组讨论。

（4）劳动组织　将班级分成 5 个小组，每个工作组 5 ~ 6 人，其中包括 1 名组长和 1 名安全员。

知识链接

一、7S 管理由来

5S 起源于日本，是指在生产现场对人员、机器、材料、方法、信息等生产要素进行有效管理。

因为整理（Seiri）、整顿（Seiton）、清扫（Seiso）、清洁（Seiketsu）、素养（Shitsuke）

在罗马文拼写中，第一个字母都为S，所以称之为5S。

近年来，随着人们对这一活动认识的不断深入，有人又添加了“安全（Safety）、节约（Save）”等内容，分别称为6S、7S。

二、7S管理对现代企业的重要意义

1）工作场所干净而整洁。员工的工作热情提高了，忠实的顾客也越来越多了，企业的知名度不断很高，很多人慕名而来参观学习，结果扩大了企业的声誉和销路。

2）员工能够具有很强的品质意识。按要求生产，按规定使用，尽早发现质量隐患，生产出优质的产品。

3）能减少库存量。降低设备的故障发生率，减少工件的寻找时间和等待时间，结果降低了成本，提高了效率，缩短了加工周期。

4）人们正确地执行已经规定了的事项。在任何岗位都能立即上岗作业，有力地推动了标准化工作的开展。

5）“人造环境，环境育人”。员工通过对整理、整顿、清扫、清洁、素养的学习遵守，使自己成为一个有道德修养的公司人，整个公司的环境面貌也随之改观。

6）培养员工的安全意识和节约意识。不论何时，都应以安全第一的态度来工作，在工作中养成自我节约的好习惯。

任务实施

1. 7S管理内容及要求

（1）整理（sort）　区分要用与不要用的物资、把不要的清理掉。

整理：就是彻底的将要与不要的东西区分清楚，并将不要的东西加以处理，它是改善生产现场的第一步。需对“留之无用，弃之可惜”的观念予以突破，必须挑战“好不容易才做出来的”、“丢了好浪费”、“可能以后还有机会用到”等传统观念。经常对“所有的东西都是要用的”观念加以检讨。整理的目的是：改善和增加作业面积；现场无杂物，行道通畅，提高工作效率；消除管理上的混放、混料等差错事故，防止误用等。有利于减少库存、节约资金。

（2）整顿（straighten）　要用的物资依规定定位、定量摆放整齐、标明识别。

整顿：把经过整理出来的需要的人、事、物加以定量、定位，简而言之，整顿就是人和物放置方法的标准化。整顿的关键是要做到定位、定品、定量。

抓住了上述几个要点，就可以制作看板，做到目视管理，从而提炼出适合本企业的东西放置方法，进而使该方法标准化。

整顿活动的目的是工作场所整洁明了，一目了然，减少取放物品的时间，提高工作效率，保持井井有条的工作秩序。

（3）清扫（sweep）　清除职场现场内的脏污、垃圾、杂物、并防止污染的发生。

清扫：就是彻底地将自己的工作环境四周打扫干净，设备异常时马上维修，使之恢复正常。

清扫活动的重点是必须按照决定清扫对象、清扫人员、清扫方法、准备清扫器具，实施清扫的步骤实施，方能真正起到作用。

清扫活动应遵循下列原则：

1）自己使用的物品如设备、工具等，要自己清扫而不要依赖他人，不增加专门的清扫工。

2）对设备的清扫，着眼于对设备的维护保养，清扫设备要同设备的点检和保养结合起来。

3）清扫的目的是为了改善，当清扫过程中发现有油水泄露等异常状况发生时，必须查明原因，并采取措施加以改进，而不能听之任之。

清扫的目的是使员工保持一个良好的工作情绪，并保证稳定产品的品质，最终达到企业生产零故障和零损耗。

（4）清洁（sanitary） 将前3S实施的做法制度化、规范化、执行并维持良好成果。

清洁：是指对整理、整顿、清扫之后的工作成果要认真维护，使现场保持完美和最佳状态。清洁是对前三项活动的坚持和深入。清洁活动实施时，需要秉持以下三个观念：

1）只有在“清洁的工作场所才能产生高效率，高品质的产品”。

2）清洁是一种用心的行为，千万不要在表面下功夫。

3）清洁是一种随时随地的工作，而不是上下班前后的工作。

清洁的要点原则：坚持“3不要”的原则——即不要放置不用的东西，不要弄乱，不要弄脏；不仅物品需要清洁，现场工人同样需要清洁；工人不仅要做到形体上的清洁，而且要做到精神的清洁。清洁活动的目的：使整理、整顿和清扫工作成为一种惯例和制度，是标准化的基础，也是一个企业形成企业文化的开始。

（5）素养（sentiment） 人人依规定行事、养成好习惯。

素养：素养即教养，努力提高人员的素养，养成严格遵守规章制度的习惯和作风，这是“7S”活动的核心。没有人员素质的提高，各项活动就不能顺利开展，开展了也坚持不了。所以，抓“7S”活动，要始终着眼于提高人的素质。

素养的目的是通过素养让员工成为一个遵守规章制度，并具有一个良好工作素养习惯的人。

（6）安全（safety） 人人都为自身的一言一行负责的态度、杜绝一切不良隐患。

安全：就是要维护人身与财产不受侵害，以创造一个零故障，无意外事故发生的工作场所。实施的要点是：不要因小失大，应建立健全各项安全管理制度；对操作人员的操作技能进行训练；勿以善小而不为，勿以恶小而为之，全员参与，排除隐患，重视预防目的是保障员工的人身安全，保证生产的连续、安全、正常的进行，同时减少因安全事故而带来的经济损失。

（7）节约（save） 对时间、空间、原料等方面合理利用，以企业主人的心态发挥它们的最大效能。

节约：就是对时间、空间、能源等方面合理利用，以发挥他们的最大效能，从而创造一个高效率的、物尽其用的工作场所。

实施时应该秉持三个观念：能用的东西尽可能利用；以自己就是主人的心态对待企业的资源；切勿随意丢弃，丢弃前要思考其剩余的使用价值。

节约是对整理工作的补充和指导，在企业中秉持勤俭节约的原则。就是对时间、空间、能源等方面合理利用，以发挥它们的最大效能，从而创造一个高效率的，物尽其用的工作场所。

2. 数控铣床（加工中心）的7S管理

（1）整理

1）清除掉数控铣床（加工中心）周围的垃圾、废物及与实训操作无关的一切物品。

2）将暂时不用的材料、工具、量具、刃具等物品统一放到仓库内规定位置。

（2）整顿

1）数控铣床（加工中心）、仪表清洁无油污，标识醒目。

2）工具、量具、刃具、工装夹具的摆放位置方式要合理统一。

3）零件、毛坯摆放固定位置，摆放整齐，严禁摆放在危险地带及位置高的地方，应放在便于加工、运转的区域。

4）现场无裸露的闸盒、电线，配备灭火器材，有专人负责管理。

（3）清扫

1）数控铣床加工区域地面及工作台面应干净、整洁、有序。

2）安全警示线、区域线要清晰可见，安全通道通畅。

3）周边墙面、玻璃保持干净、明亮。

4）操作结束，对场地、铣床工作台面等进行清扫，为下次实训做好准备。

（4）清洁

1）场地内7S标识、验收标准显眼醒目。

2）定期检查、养护设备，使之保持良好状态。

3）统一着装，在指定场所喝水、挂放衣物。

4）形成管理制度，养成良好操作习惯。

（5）素养

1）遵守车间管理规定和数控铣床（加工中心）安全操作规程，做到文明礼貌、文明操作。

2）按照规定穿戴使用劳保用品。

3）图样、工艺、参考书等与操作有关资料准备齐全，并按照规定严格执行有关操作。

4）养成良好职业习惯，人走时带走饮料瓶、教科书等随身物品，关闭机床电源、数控车间照明灯、水龙头等。

（6）安全

1）有常规的三级安全教育（实训前教育、车间教育和实训中教育），掌握安全急救常识和方法。

2）严格遵守数控铣床（加工中心）安全操作规范，做好操作失误时安全保障及措施。

3）明确安全责任人，及时检查铣床并排除操作中的安全隐患。

4）保证操作现场人员自身安全及产品质量安全，预防意外事故的发生。

（7）节约

1）做到实训守时，不迟到、早退和串岗。

2）操作前合理安排工艺，节约原材料，操作规范，避免碰刀，减少刀片的磨损和刀柄的损坏。

3）按规定及时添加和更换润滑油、切削液。

4）根据加工需要及时处理切屑，并根据类别分开堆放。

5）合理使用水、电、气、油、料，做到不随意浪费。

小组活动

以小组为单位，参照7S检查表，查找数控车间不达标之处，由小组的安全员做记录表（见表1-23）。

表1-23 数控车间7S检查表

检查项目	发现安全隐患	极易造成后果	建议改进措施	发现者姓名

任务考评

1. 自评和互评标准（40%）（见表1-24）

表1-24 自评和互评标准表

任务名称				任务编号			
班级		姓名		学号			
评价项目	评价标准			评价结果			分项评分
				优	良	中	差	
职业素养（自评）（10%）	按照要求出勤，着装整齐规范、遵守课堂纪律，在工作中态度端正，精神面貌好，团结协作，遵守安全操作规程，无安全事故；及时保养、维护和清扫设备	10	8	5	0	
7S管理（互评）（20%）	熟悉7S管理内容和规范	20	15	10	0	
日常作业完成情况（自评）（10%）	按时、认真完成	10	8	5	0	
综合评价结果						
组长		时间				

2. 教师评价标准（50%）（见表 1-25）

表 1-25　教师评价标准表

任务名称					任务编号			
班级		姓名			学号			
评价项目		评价标准	评价结果				分项评分	
			优	良	中	差		
考勤（15%）	迟到	无迟到、早退、旷课现象	5	4	3	0		
	早退		5	4	3	0		
	旷课		5	4	3	0		
工作任务完成情况（25%）	检查内容	检查到位	10	8	5	0		
	整改措施	熟悉数控铣床（加工中心）7S 管理方法，能针对存在的问题及时整改	10	8	5	0		
	职业素质	着装整齐规范、遵守课堂纪律，在工作中劳动态度端正，精神面貌好，团结协作	5	3	2	0		
任务报告（10%）	完成时间	按时完成	5	4	3	0		
	报告环节	内容正确、任务（项目）报告环节完整，书写整齐、字体工整	5	4	3	0		
综合评价结果								
教师			时间					

（教师评价表由教师填写，学生不准填写）

3. 讨论评价标准（10%）（见表 1-26）

表 1-26　讨论评价标准表

评价项目	评价标准	评价结果				分项评分
		优	良	中	差	
参与程度（2%）	积极讨论、积极寻找解决方案	2	1	0.5	0	
是否完成一定的任务（2%）	担任一个角色促进任务的完成	2	1	0.5	0	
小组汇报情况（2%）	组内轮流派人汇报交流，汇报者口齿清楚、声音洪亮、条理清晰	2	1	0.5	0	
讨论结果（4%）	讨论结果思路清晰、理由充分、结果可行	4	3	2	1	
合计（总分）						

4. 实训鉴定（见表1-27）

表1-27　实训鉴定表

自我鉴定	通过本任务学习，同学们的收获有： 学生签名：＿＿＿＿＿＿ ＿＿＿＿年＿＿月＿＿日
指导教师鉴定	指导教师签名：＿＿＿＿＿＿ ＿＿＿＿年＿＿月＿＿日

知识拓展

企业三级安全教育内容及目的

1）企业三级安全教育是指新入厂职员、工人的厂级安全教育、车间级安全教育和岗位（工段、班组）安全教育，是企业安全生产教育制度的基本形式。

2）三级安全教育制度是企业安全教育的基本教育制度。三级安全教育是入厂教育、车间教育和班组教育。

3）企业必须对新工人进行安全生产的入厂教育、车间教育、班组教育；对调换新工种，采用新技术、新工艺、新设备、新材料的工人，必须进行新岗位、新操作方法的安全卫生教育，受教育者，经考试合格后，方可上岗操作。

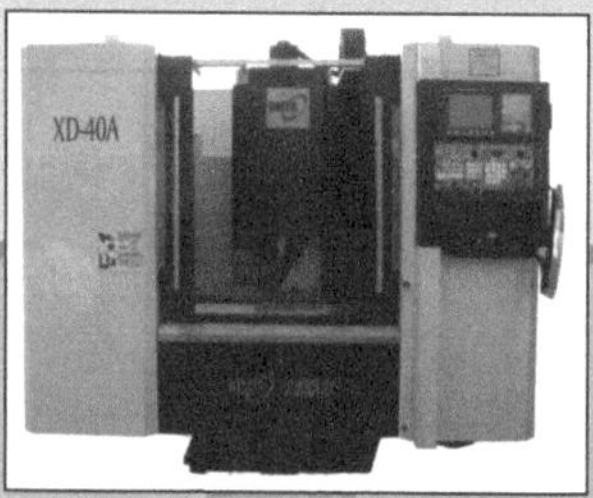

单元二

单项技能训练

任务一　操作数控铣床

学习目标

- 能熟悉数控系统操作面板和机床控制面板上常用功能键的用途。
- 能掌握数控铣床显示页面的切换与六种常用工作模式的使用方法。
- 能熟练使用机床控制面板各按钮和手轮对数控铣床进行操作。
- 能够清楚数控铣床的机床原点、参考点和工件原点的概念和位置。
- 能使用 MDI 模式改变主轴转速。
- 能熟练使用“编辑”模式进行程序的编辑和修改。
- 能掌握程序的空运行模拟方法，能够验证程序是否正确。

任务描述

学校数控实训车间的数控铣床系统为 FANUC 0i，要求同学们用 6 课时的时间熟悉该批数控铣床的操作面板，学会数控铣床的基本操作，分别完成以下几项任务。

1）完成机床的开机、回零、关机。

2）练习 X、Y、Z 方向手动、手轮的使用。

3）在手动、手轮模式下，实现主轴的正转、停止、反转，练习使用 MDI 模式改变主轴转速。

4）在使用手动、手轮移动工作台或刀具时，练习快速、准确地判断移动方向。

5）练习使用手轮进行 X、Y、Z 方向的精确定位。

6）车间编程员编了一个程序，请同学们将这个程序输入到数控系统中，按要求进行编辑和修改，并进行程序模拟，画出走刀轨迹。

任务准备

（1）场地、设备、夹具、工具准备　①数控实训车间或仿真室；②数控铣床 6 台，

FANUC 系统；③夹具：机用虎钳；④工具：机用虎钳扳手、内六角扳手等；⑤学习资料：针对本任务的学习指南、工作页；FANUC 0i 数控系统操作面板说明书、数控铣床控制面板说明书、数控铣床编程手册、评价表等。

（2）教学方法 讲授、演示、角色扮演、小组讨论交流、任务引领、理实一体化、操作训练。

（3）劳动组织 将班级分成 6 个小组，每个小组 5 ~6 人，其中 1 人担任组长。小组成员各自承担相应的角色，如操作员、材料员、记录员、工艺员、检验员、安全员等。

知识链接

一、铣削加工中的切削运动

在切削加工中，切削的过程是刀具和工件之间相互作用的过程，刀具要从工件上切除多余的材料，刀具和工件之间必须要有相对运动，即切削运动。根据在切削过程中起的作用，切削运动可分解为主运动和进给运动。

1. 数控铣削的主运动

主运动是使刀具切削刃切入工件材料，使被切削层转变为切屑，从而形成新的加工表面所需要的最基本的运动。在切削运动中主运动的速度最高，消耗的功率最大。主运动只有一个，在铣削时刀具的旋转运动为主运动，如图 2-1 所示。

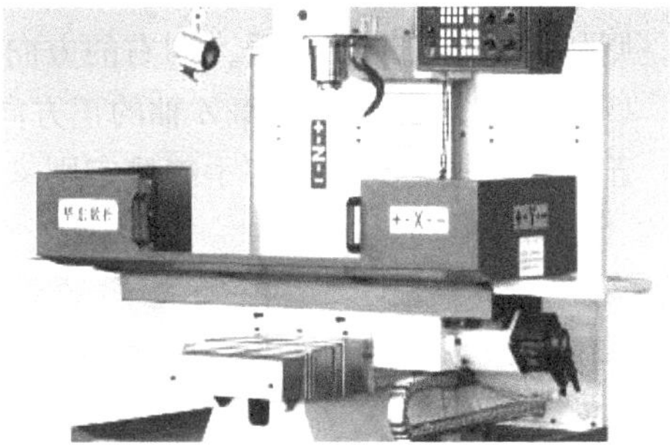
图 2-1 立式数控铣床的主运动和进给运动

2. 数控铣削的进给运动

进给运动是配合主运动，不断地将多余材料投入切削，从而形成完整的已加工表面所需要的运动。进给运动可以有一个或几个。在铣削加工中，刀具相对于工件的移动为进给运动。有的是由工作台运动来实现的，如工作台带动工件完成的前后左右的运动，有的是由主轴箱的运动来实现的，如主轴箱带动刀具完成的垂直方向的运动。如图 2-1 所示。

二、数控机床的坐标系

数控机床的坐标系采用右手直角笛卡儿坐标系，该坐标系包括三个移动坐标（X、Y、Z）和三个转动坐标（A、B、C），如图 2-2 所示。

1）伸出右手的大拇指、食指和中指，并互为 90°，则大拇指指向代表 X 坐标及正方向，食指指向代表 Y 坐标及正方向，中指指向代表 Z 坐标及正方向。

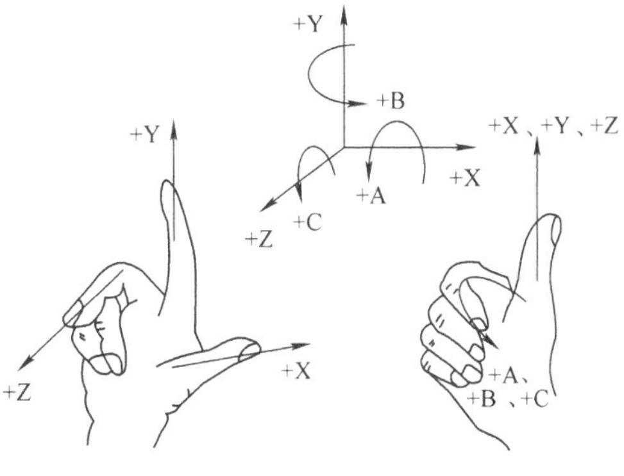

图 2-2 右手直角笛卡儿坐标系

2）围绕 X、Y、Z 坐标的旋转坐标分别用 A、B、C 表示，根据右手螺旋定则，大拇指的指向为 X、Y、Z 坐标中任意一轴的正向，则其余四指的旋转方向即为旋转坐标 A、B、C 的正向。

笛卡儿坐标系只表明了六个坐标之间的关系，对数控机床的坐标方向的判断则有如下规定。

原则一：永远假定工件不动，刀具相对于静止的工件作运动的原则。

无论数控机床的运动形式如何，是刀具运动、工件运动还是刀具工件都在运动，为了统一编程规则，永远假定刀具相对于静止的工件运动。

原则二：标准统一规定，以增大刀具和工件之间的距离的方向为坐标轴的正方向。

原则三：坐标轴及正方向判断顺序是先 Z 后 X 再 Y。

1. 数控铣床的坐标系

机床坐标系又称机械坐标系，用以确定工件、刀具等在机床中的位置，是数控机床上固有的坐标系。数控铣床的坐标系确定如下。

（1）Z 轴　规定传递切削动力的主轴作为 Z 轴，且刀具远离工件的方向为正方向。

（2）X 轴　规定 X 轴为水平方向，垂直于 Z 轴并平行于工件的装夹面。对刀具旋转的数控铣床规定：若 Z 轴垂直，则面对主轴向立柱看，向右的方向为 X 的正方向。若 Z 轴水平，则从主轴后端向工件看，向右的方向为 X 轴的正方向，如图 2-3 所示。

（3）Y 轴　根据 X 轴和 Z 轴的正方向，按照右手直角笛卡儿坐标系来确定。

若有回转轴，则根据右手螺旋定则来确定 A、B、C 坐标的正方向。

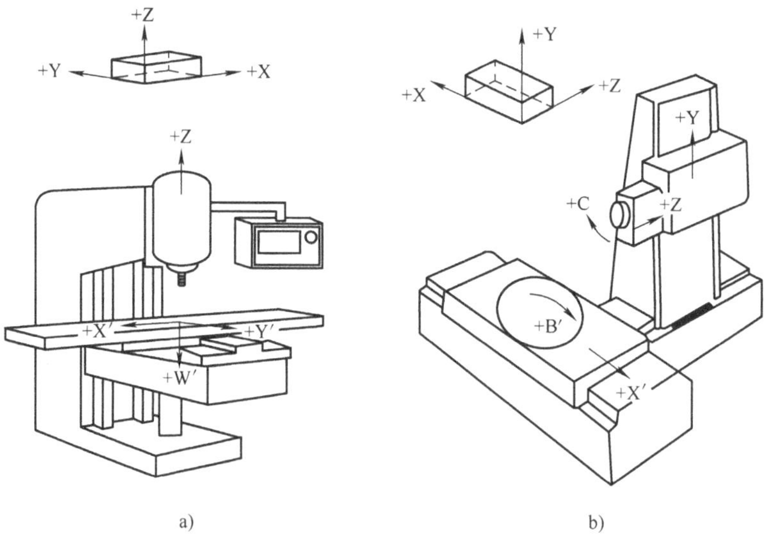

图 2-3　数控铣床的坐标系

a）立式数控铣床的坐标系　b）卧式数控铣床的坐标系

（4）机床原点　机床坐标系的原点叫机床原点，也叫机床零点，它是一个固定点，一般由机床导轨上一固定点作参考点来确定，它在机床装配、调试时就已确定下来，是数控机床进行加工运动的基准参考点，不能随意改变。

在数控铣床上，机床原点一般取在X、Y、Z轴的正方向极限位置的交点上，如图2-4中O_1所示。

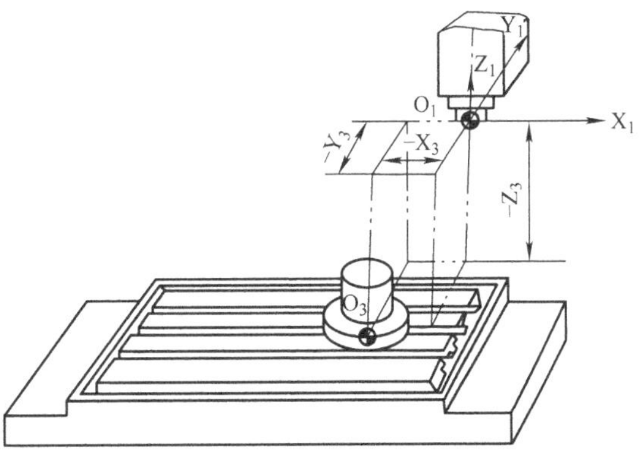

图2-4 数控铣床的机床原点

2. 机床参考点

机床参考点是机床位置测量系统的基准点，其位置由机床制造厂家在每个进给轴上用行程开关精确调整，通常位于机床正向极限位置。机床参考点与机床原点的距离由系统参数设定，如果其值为零则表示机床参考点和机床原点重合；如果其值不为零，则机床开机回参考点后显示的机床坐标系的值即为系统参数中设定的距离值，也就是参考点在机床坐标系中的坐标值。

对于采用增量式位置测量系统的铣床来说，开机后必须回参考点。因为这类机床关机断电时，并不保存坐标系信息，必须通过开机后回参考点，使机床找到自己的机床坐标系，并确定机床原点的位置。

3. 工件坐标系

工件坐标系也叫编程坐标系，是编程人员根据零件图样及加工工艺等在工件上建立起来的坐标系，是编程时的坐标依据。为保证编程与机床加工的一致性，工件坐标系也应符合右手直角笛卡儿坐标系。工件装夹到机床上时，应使工件坐标系与机床坐标系的坐标轴的方向保持一致。

工件坐标系的原点叫工件原点，也叫编程原点，其位置是由编程人员确定的，不同的编程人员根据编程目的不同，可以对同一工件定义不同的编程原点，而不同的编程原点也会造成程序坐标值的不同。

工件原点的设置一般应遵循下列原则。

1）工件原点应尽可能选择在工件的设计基准和工艺基准上，以方便编程。

2）工件原点应尽量选在尺寸精度高、表面粗糙度值小的工件表面上。

3）工件原点最好选在工件的对称中心上。

4）要便于测量和检验。

如图2-5所示，在数控铣床中，Z轴的原点一般设定在工件的上表面。对于对称工件，X、Y轴的原点一般设定在工件的对称中心。对于非对称工件，X、Y轴的原点一般设定在工件的某个棱角上。

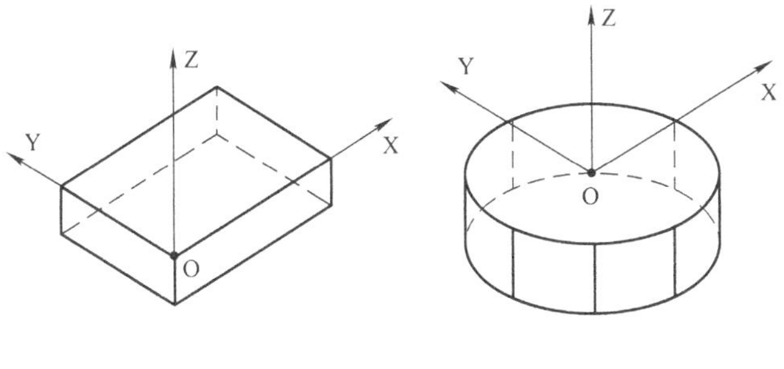

图2-5 数控铣床工件坐标系的原点

三、数控铣床的控制面板

一般数控铣床的控制面板都由数控系统操作面板和铣床操作面板两部分组成。

1. 数控系统操作面板

数控系统操作面板由 CRT 显示器和 MDI 键盘两部分组成，如图 2-6 所示。

（1）CRT 显示器　CRT 显示器用于显示机床的各种参数和功能。屏幕最下面一行是软键，与位于屏幕下方的软键按钮一一对应，按下软键按钮，将执行该按钮对应的软键的功能。

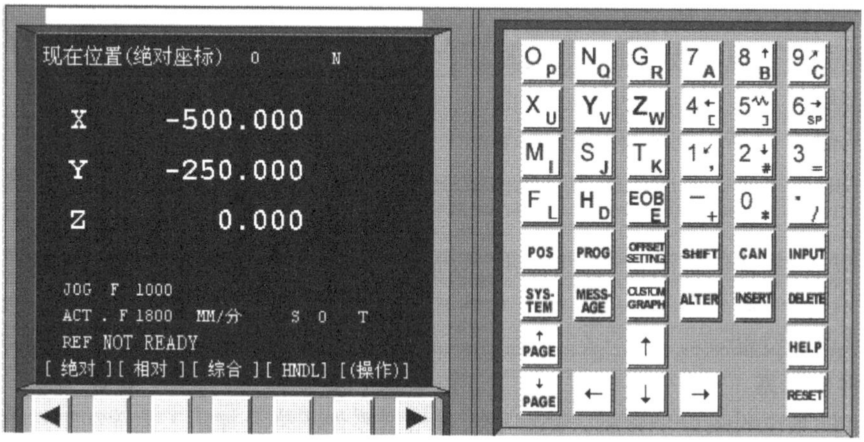

图 2-6　FANUC 0i 数控系统操作面板

（2）MDI 键盘　MDI 键盘上主要键位的名称和用途见表 2-1。

表 2-1　MDI 键盘的功能

按键图标	名称	功　能
	数据输入键	用于输入字母、数字和各种符号。按键中的左上方字母和数字直接输入，右下方字母和符号输入时需先按编辑键中的 SHIFT 键，EOB E 为程序段结束符，屏幕上显示为“；”
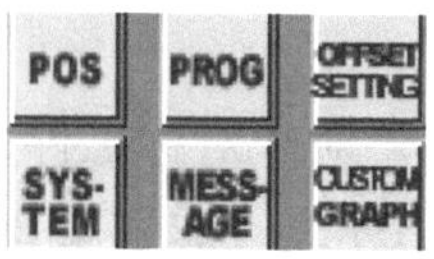	功能键	位置显示键 POS　用于显示当前坐标值 程序编辑键 PROG　在“编辑”状态下，用于编辑、显示存储器里的程序；在“MDI”方式下，用于输入、显示 MDI 程序；在“自动”方式下，显示程序指令的运行状态 刀偏设置键 OFFSET SETTING　用于设定、查看刀具补偿值、工件坐标系等 系统参数键 SYS-TEM　用于显示、查看和修改系统设定参数 报警信息键 MESS-AGE　用于查看报警信息 图形模拟键 CUSTOM GRAPH　用于查看刀具运动轨迹图形
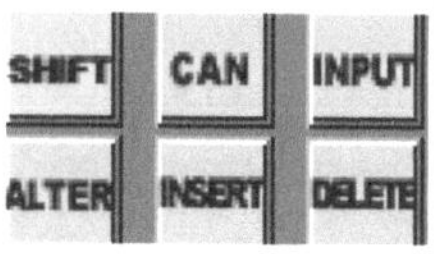	程序编辑键	上挡键 SHIFT　用于输入数据键中的右下方字符 取消键 CAN　用于删除缓冲区中的最后一个字符 替换键 ALTER　用于替换程序中的一个字 插入键 INSERT　用于插入程序段或字；新编程序时也用此键 删除键 DELETE　用于删除存储区内的程序字、程序段或整个程序 输入键 INPUT　用于把缓冲区内的数据输入参数界面

（续）

按键图标	名称	功　能
↑PAGE ↓PAGE	翻页键	用于向上翻页或向下翻页
↑ ← ↓ →	光标移动键	用于将光标向上、向下、向前、向后移动
HELP	帮助建	用于获取系统帮助
RESET	复位键	编辑程序时按下此键，光标移至程序头；出现非机床原因报警时，按下此键可消除报警；机床自动运行时按下此键，可停止机床运行

2. 数控铣床控制面板

数控铣床控制面板主要用于控制机床的运动和选择机床运行状态，如图 2-7 所示。

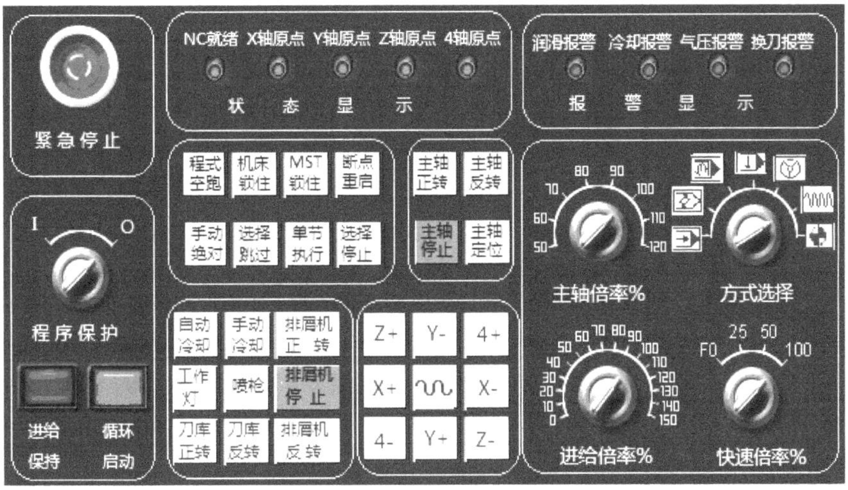

图 2-7　数控铣床控制面板

1）工作方式选择旋钮常用的有六种工作方式，见表 2-2。

表 2-2　常用工作方式选择旋钮

方式图标	名称	用　途
	自动（AUTO）	用于自动运行数控程序
	编辑（EDIT）	用于编辑和修改数控程序
	MDI	用于编辑 MDI 程序，或手动输入数据
	回零（REF）	按下此键，配合坐标轴及移动方向，可完成回零

（续）

方式图标	名称	用　途
	手动（JOG）	手动连续移动主轴箱和工作台
	手轮（HND）	使用手轮模式移动主轴箱和工作台

2）程序运行控制按钮见表2-3。

表2-3　常用程序运行控制按钮

按钮图标	名称	用　途
	单节执行	按下此键，灯亮，程序执行一个程序段即停止
	选择跳过	按下此键，灯亮，开头有“/”符号的程序段被跳过不执行
	选择停止	按下此键，灯亮，当程序执行到M01指令时，暂停运行，主轴停转，冷却停止；否则M01代码无效
	程式空跑	按下此键，灯亮，加快程序执行速度。主要用于图形模拟时进给锁定状态
	机床锁住	按下此键，灯亮，机床M、S、T功能有效，但铣床各轴被锁住
	循环启动	在“自动”或“MDI”方式下，按下此按钮，可运行数控存储器程序或MDI程序
	进给保持	在程序运行过程中，按下此键停止程序运行，但M、S、T功能有效；按下“循环起动”按钮继续运行

3）手动控制按钮见表2-4。

表2-4　手动控制按钮

按钮图标	名称	用　途
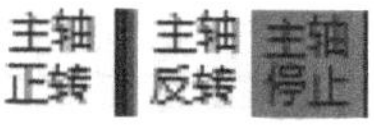	主轴手动控制	在手动或手轮方式下，使主轴正转、反转或停止
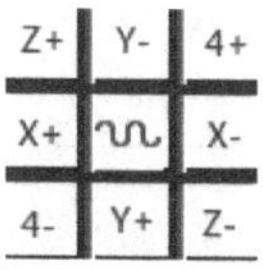	手动移动铣床各轴	手动移动X轴、Y轴或Z轴，若按下 ∿ ，再选择移动坐标轴，主轴将快速移动
	进给速度（F）调节旋钮	调节进给速度，调节范围为0～150%

（续）

按钮图标	名称	用　　途
	主轴转速调节旋钮	调节主轴速度，调节范围为 50% ~120%
	紧急停止旋钮	按下此旋钮，可使机床和数控系统紧急停止，旋钮释放后需重新执行回参考点的操作
	快速倍率调节旋钮	调节 G00 的速度，分为四档

4）手摇脉冲发生器如图 2-8 所示。

图 2-8　手摇脉冲发生器（手轮）

四、数控程序的编辑和修改

1. 数控程序的组成和格式

（1）程序名　所有数控程序都要取一个程序名，用于存储、调用。不同的数控系统有不同的取名规则，FANUC 数控系统的程序名由英文大写字母“O”和四位数字组成。

（2）程序内容　程序内容是整个程序的核心，由多个程序段组成，用于表述数控机床加工动作和运行状态。程序段与程序段之间用“EOB”（；）分隔。

（3）程序结束　用指令 M02 或 M03 结束程序。M02 程序结束，光标停在程序结束处；M30 程序结束，光标自动返回程序初始位置。

（4）程序段格式　程序段是由一个或多个程序字组成，程序字又由字母（又称地址符）、符号和数字组成，如　N20　M03　S1000　X-55.793 等。

程序段格式是指程序段中的程序字的安排形式。现在一般使用字地址可变程序段格式，如下所示。

N__　G__　X__　Y__　Z__　F__　S__　T__　M__　D__　；

程序段号　　　　　　　　指令　　　　　　　　段结束标志

例如：N40　G42　G01　X50　Y30　F100　S500　M03　D01；

2. 输入数控程序

选择“编辑”工作方式；按 PROG 键，显示程序画面或程序目录画面；输入新程序名，如 O0011，按 INSERT 键，开始输入程序。

注意：输入程序时，可单个程序字输入，然后按 INSERT 键存储；也可一个程序段一次输入，字之间不需带空格，系统显示时自动分隔。如需输入双字符键的下面字符，须先按功能键 SHIFT，在按字符键，按一次 SHIFT 键只能输入一个下面字符；如连按两次 SHIFT，则取消下面字符的输入状态。如在缓冲区中输入错误字符，可用功能键 CAN 删除已在缓冲区输入的最后一个字符。

3. 程序的编辑和修改

（1）打开一个已存在的程序　选择“编辑”工作方式；按PROG键，显示程序画面或程序目录画面；在缓冲区输入要打开的程序名，再按↓键便可打开该程序。

（2）查找字　按→、←、↓、↑、PAGE↓、PAGE↑键，可使光标移动至所选的程序字上。

（3）插入字　查找字要插入的位置；输入要插入的字；按INSERT键即可。

（4）替换字　查找将要被替换的字；输入替换的字；按ALTER键即可。

（5）删除字　查找将要被删除的字；按DELETE键即可删除。

（6）程序的删除

1）一次删除一个程序。选择“编辑”方式，按功能键PROG，进入程序画面；在缓冲区输入要删除的程序号，如O3027；按DELETE键，程序O3027被删除。

2）同时删除多个程序。选择“编辑”方式，按功能键PROG，进入程序画面；在缓冲区输入要删除的一批程序的起始程序号和终止程序号，程序号之间用“，”分隔，如O0001，O0005；按编辑键DELETE，1号至5号程序被删除。

3）删除全部程序。选择“编辑”方式，按功能键PROG，进入程序画面；在缓冲区输入0—9999；按DELETE键，按“执行”软键，存储器中所有程序被删除。

4. 程序空运行模拟

选择“自动”方式，按下机床操作面板上的“空运行”、“机床锁住”，在MDI面板上按下功能键CUSTOM GRAPH，按“图形”软键，屏幕上显示图形画面，按下机床操作面板上的“循环启动”，画面上可以看到刀具的移动。

注意：使用“机床锁住”后，机床必须重新回参考点。

任务实施

一、模拟仿真

操作步骤及过程见表2-5。

表2-5　仿真操作步骤及过程

步骤	操作过程	图　示
选择系统和机床	打开数控仿真软件，按键打开“选择机床”对话框，依次选择“FANUC”系统→“FANUC 0i”→“铣床”→“北京第一机床厂”，然后按确定键进入仿真界面	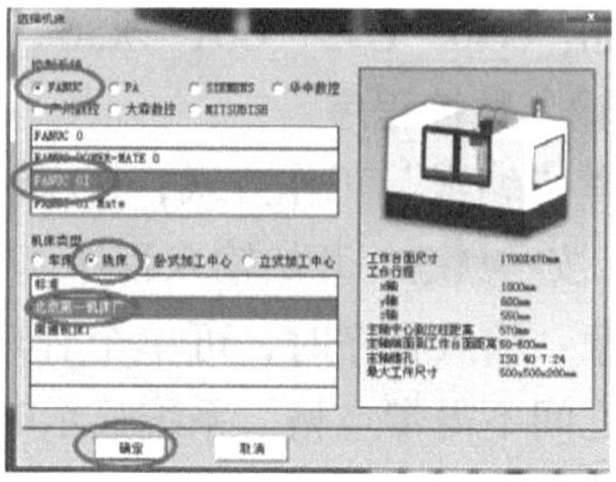

（续）

步骤	操作过程	图　示
开机回零	按旋钮取消急停状态，按键启动数控系统，数控系统自动处于“回零”状态，分别按+Z、+X、+Y键完成机床回零 注意：先回Z轴，再回X、Y轴	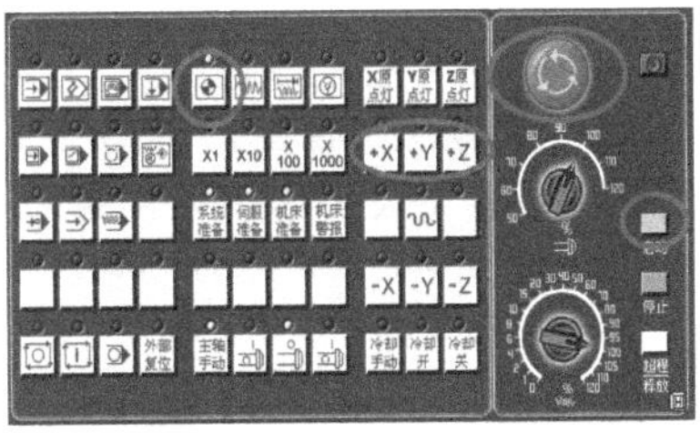
手动进给	按下，数控系统处于“手动”工作方式，配合+X、+Y、+Z、、-X、-Y、-Z等键，按要求的轴和方向移动工作台或主轴 注意：先判断轴及方向，再按住相应按钮	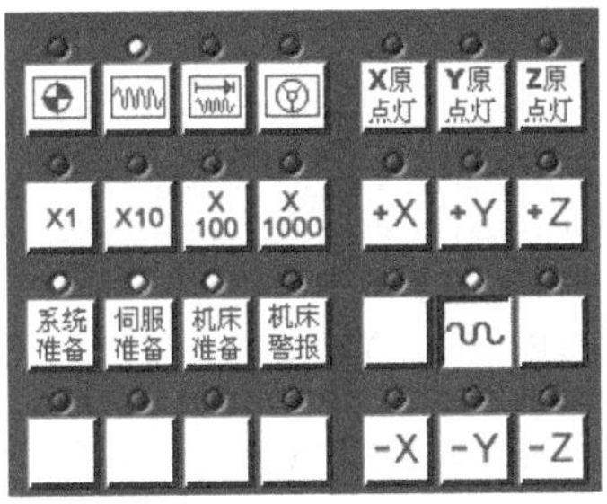
手轮进给	按下，数控系统处于“手轮”工作方式，选择要移动的轴，如X、Y、Z，选择手轮进给速率，准确判断要移动的方向，然后旋转手轮 注意：先选择轴，再从大到小选择倍率，准确判断移动方向，最后转手轮	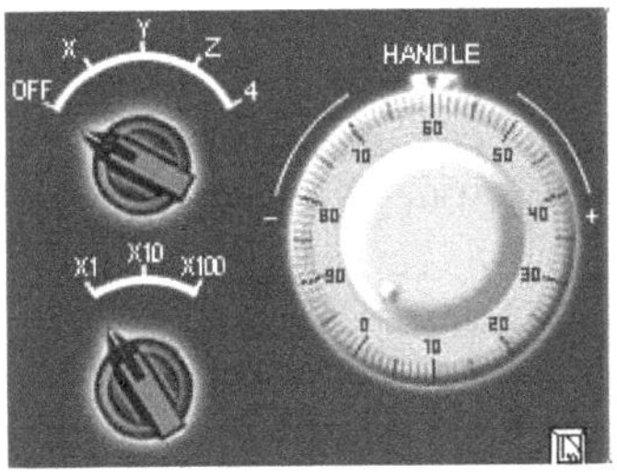
精确定位	根据给出的坐标，进行精确定位 （X－231.156，Y－75.487，Z－189.024） （X－163.268，Y－124.897，Z－157.385） （X－89.376，Y－179.513，Z－303.859） 先准确确定要移动的轴及方向；快速移动到所要求的坐标附近；切换到“手轮”方式，再进行精确定位	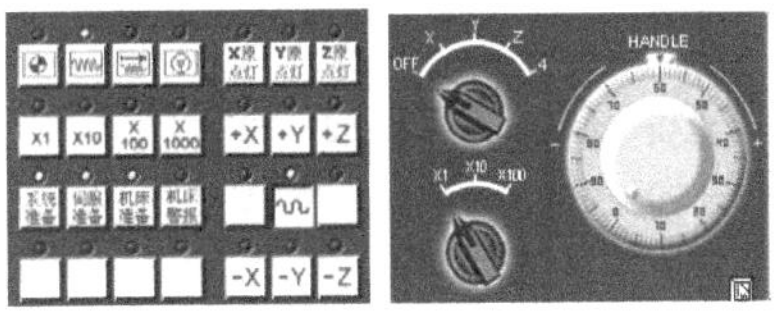
主轴启停	按下或，使数控系统处于“手动”或“手轮”方式，按下、、可使主轴正转、停或反转 注意：主轴运转中更换旋转方向时，应先将主轴停止，再更换旋转方向	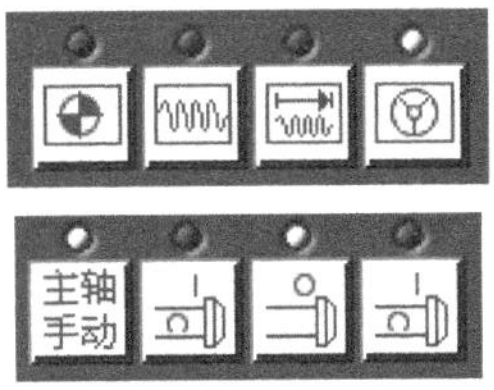
MDI换转速	按下，数控系统处于“MDI”工作方式；按功能键PROG，进入MDI程序窗口，输入“S600 M03”；按按钮，主轴以600r/min的转速旋转	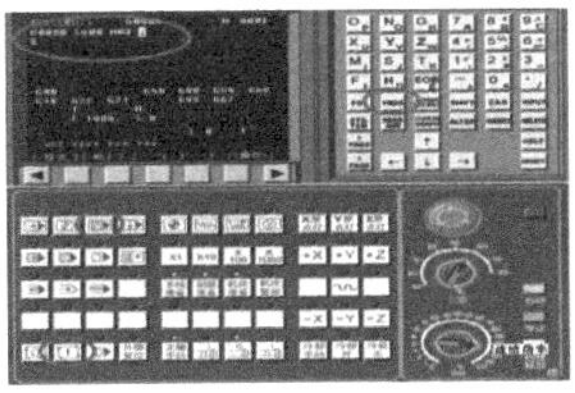

（续）

步骤	操作过程	图　示
输入程序	按下，数控系统处于“编辑”工作方式；按PROG功能键，进入程序编辑窗口，输入以下程序 N10　G54　G21　G40　G49　G80； N20　G90　G00　X－75　Y－10； N30　M03　S800　F200； N40　Z100.　M08； N50　G01　Z－2.； N60　Y60.； N70　X－45.； N80　G03　X－15.　R15.； N90　G01　Y70.； N100　G02　X15.　R15.； N110　G01　Y60.； N120　G03　X45.　R15.； N130　G01　X75.； N140　Y20.； N150　X45.　Y0； N160　X－85.； N170　G00　Z100.　M05； N180　M30；	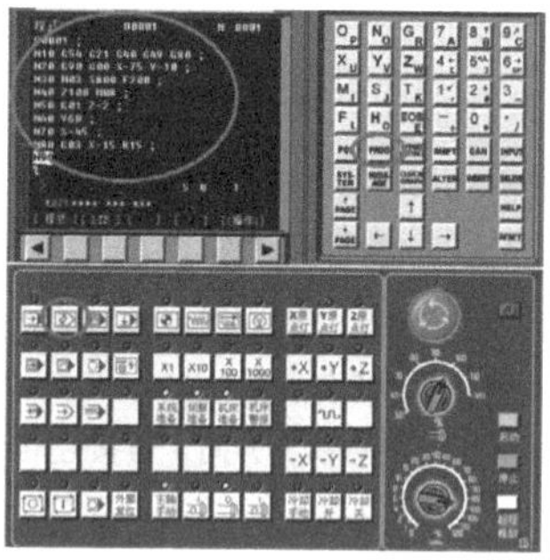
打开程序并编辑修改	按下，数控系统处于“编辑”工作方式；按PROG功能键，输入程序名，按→，进入程序编辑窗口 G54　G21　G40　G49　G80； G90　G00　X－75.　Y－10.； M03　S1000　F400； Z100. M08； G01　Z－2.； G91　Y70.； X30.； G03　X30.　R15.； G01　Y10.； G02　X30.　R15.； G01　Y－10.； G03　X30.　R15.； G01　X30.； Y－40.； X－30.　Y－20.； X－130.； G90　G00　Z100.　M05； M30；	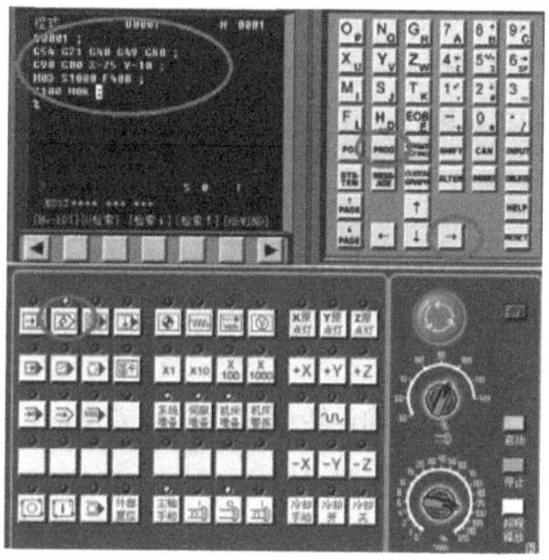

二、操作训练

1. 召开课前会

工作安排见表2-6。

表2-6 工作安排表

序号	内容	标准
1	明确训练任务	数控铣床基本操作
2	召开课前会	1）检查学生出勤、着装，交代安全注意事项，严禁学生在车间打闹、串岗 2）各组进行人员分工，明确每个成员的任务和操作顺序

2. 操作训练

根据数控铣床操作规程进行安全操作，一人操作，其他同学要认真观察。小组成员依次进行，如图2-9所示。

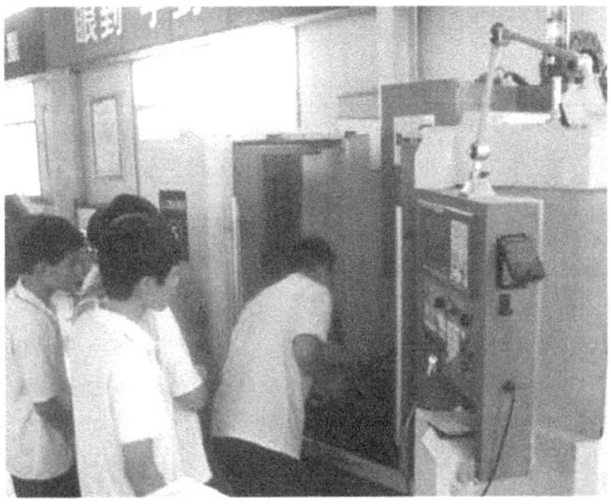

图2-9 安全操作

操作步骤、要点及图示见表2-7。

表2-7 操作过程表

步骤	操作要点	图示
安全检查	全面检查机床外观，检查部件位置等	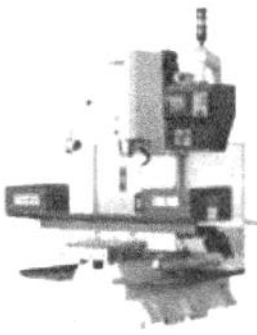 
开机	1）打开机床电源和系统电源 2）弹起“急停”旋钮 3）检查机床面板各按钮及指示灯是否正常	 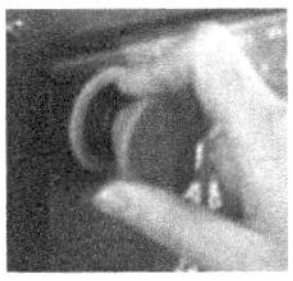 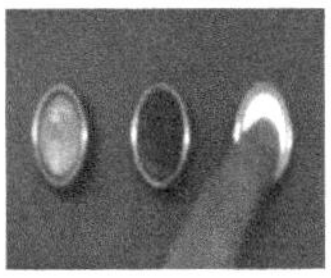

（续）

步骤	操作要点	图　　示
回参考点	1）检查机床，若工作台太靠近原点，应先反向移动各轴 2）选择“回零”方式 3）回 Z 轴参考点，按 Z + 键 4）回 X、Y 轴参考点，分别按 X - 键和 Y + 键	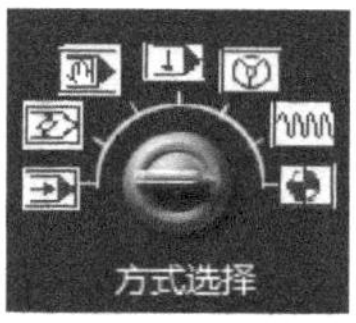  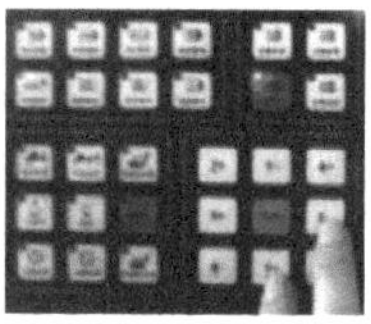 
手动进给	1）选择“手动”方式 2）按要求的轴和方向移动工作台或主轴	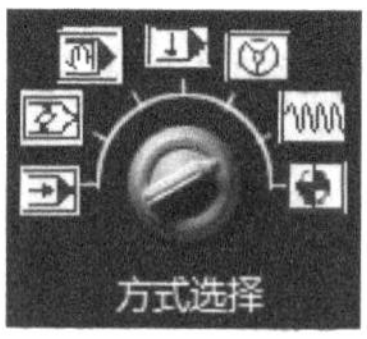 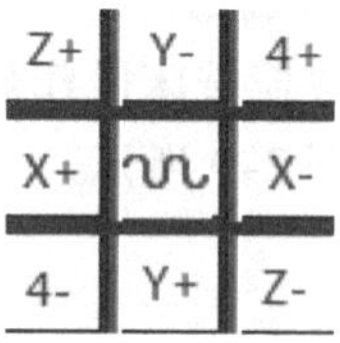
手轮进给	1）选择“手轮”方式 2）选择要控制的轴，如 X、Y、Z 3）选择手轮进给速率，如 ×100，×10 等 4）准确判断要移动的方向，然后旋转手轮	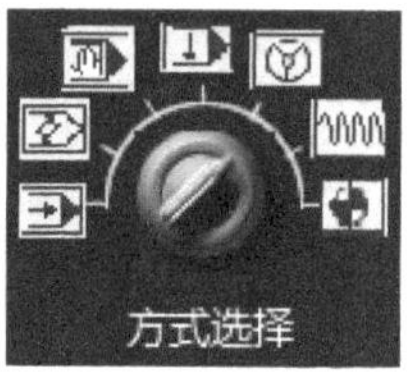 
精确定位	一人报坐标，一人操作 （X -231.156，Y -75.487，Z -189.024） （X - 163.268，Y - 124.897，Z - 157.385） （X -89.376，Y -179.513，Z -303.859） 1）先准确确定轴及方向 2）快速移动到所要求的坐标附近 3）切换到“手轮”方式，再进行精确定位	距离坐标点远时： 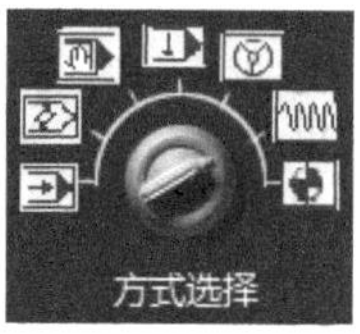 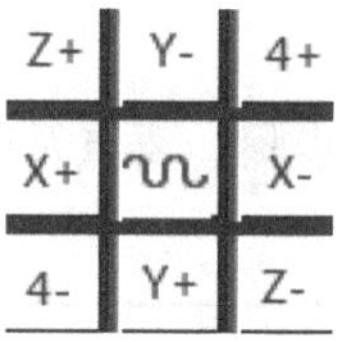 距离坐标点近时：  
主轴启停	1）选择“手轮”或“手动”方式 2）按下相应的按钮	 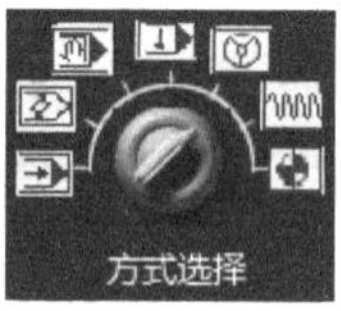 

（续）

步骤	操作要点	图示
MDI换转速	1）选择“MDI”方式 2）按功能键PROG，输入“S600 M03；” 3）按“循环启动”按钮	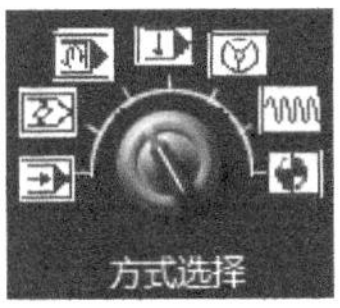 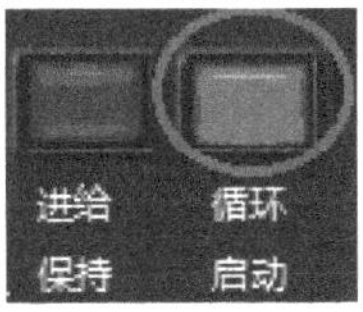 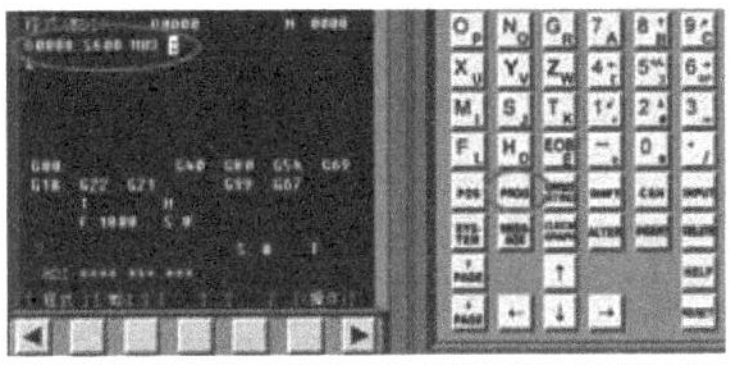
输入程序	N10 G54 G21 G40 G49 G80； N20 G90 G00 X－75. Y－10.； N30 M03 S800 F200； N40 Z100. M08； N50 G01 Z－2.； N60 Y60.； N70 X－45.； N80 G03 X－15. R15.； N90 G01 Y70.； N100 G02 X15. R15.； N110 G01 Y60.； N120 G03 X45. R15.； N130 G01 X75.； N140 Y20.； N150 X45. Y0； N160 X－85.； N170 G00 Z100. M05； N180 M30；	 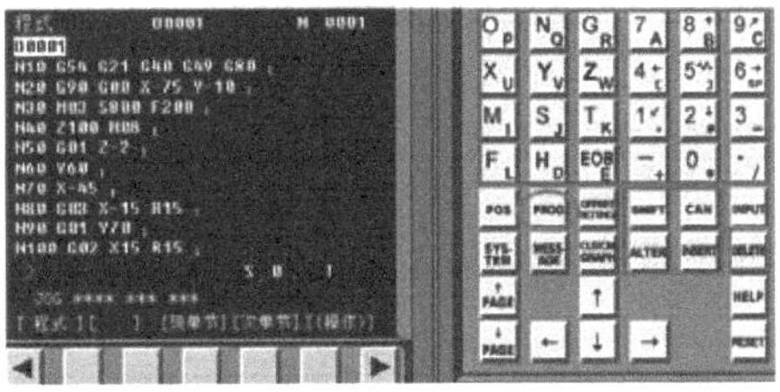
打开程序并编辑修改	G54 G21 G40 G49 G80； G90 G00 X－75. Y－10.； M03 S1000 F400； Z100 M08； G01 Z－2.； G91 Y70.； X30.； G03 X30. R15.； G01 Y10.； G02 X30. R15.； G01 Y－10.； G03 X30. R15.； G01 X30.； Y－40.； X－30 Y－20.； X－130.； G90 G00 Z100. M05； M30；	 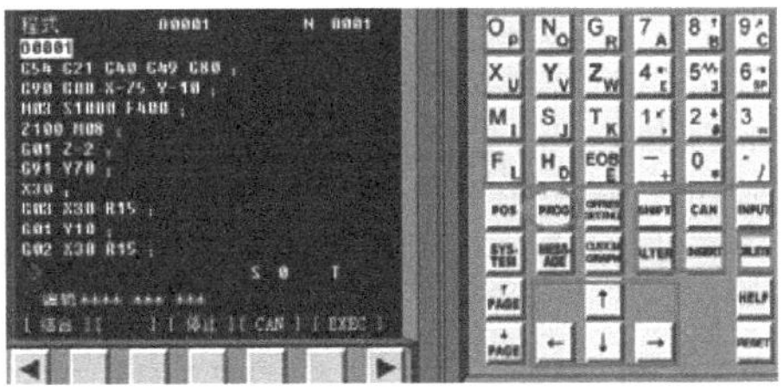

（续）

步骤	操作要点	图　示
空运行模拟	1）选择“自动”方式 2）按下机床操作面板上的“机床锁住”，按“图形”软键，屏幕上显示图形画面 3）按“循环启动”键	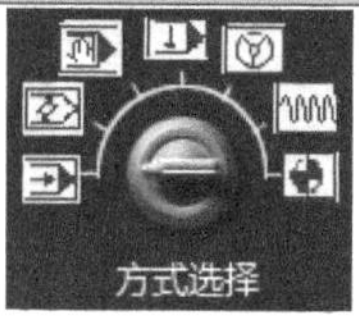  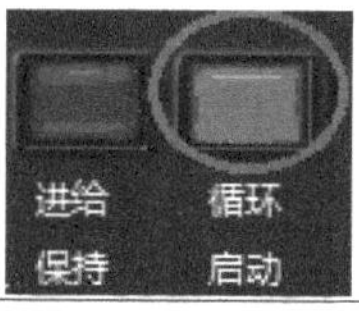
关机	1）检查机床情况，工作台应处在安全位置 2）按下急停开关 3）关闭系统电源 4）关闭机床电源	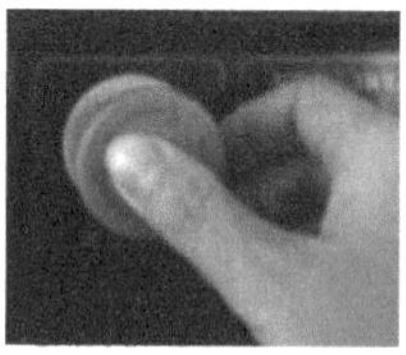 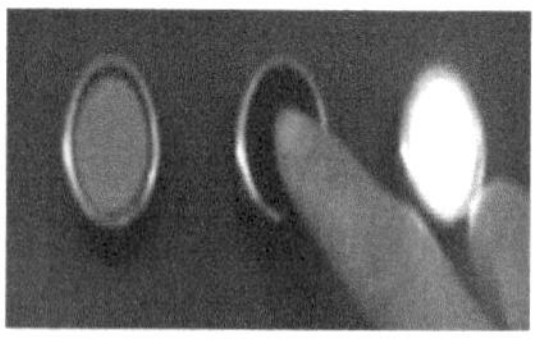 

任务考评

1. 自评和互评标准（40%）（见表2-8）

表2-8　自评和互评标准表

任务名称				任务编号			
班级		姓名		学号			
评价项目	评价标准	评价结果				分项评分	
		优	良	中	差		
职业素养（自评）（10%）	按照要求出勤，着装整齐规范，遵守课堂纪律，在工作中态度端正，精神面貌好，团结协作，遵守安全操作规程，无安全事故	10	8	5	0		
机床操作能力（互评）（20%）	工件安装和找正方法正确，操作规范，机床操作熟练，及时保养、维护和清扫设备	20	15	10	0		
日常作业完成情况（自评）（10%）	按时、认真完成	10	8	5	0		
综合评价结果							
组长		时间					

2. 教师评价标准（50%）（见表 2-9）

表 2-9　教师评价标准表

任务名称				任务编号				
班级		姓名		学号				
评价项目		评价标准	评价结果				分项评分
			优	良	中	差	
考勤（15%）	迟到	无迟到、早退、旷课现象	5	4	3	0	
	早退		5	4	3	0	
	旷课		5	4	3	0	
工作任务完成情况（25%）	程序输入	能正确输入程序	10	8	5	0	
	操作规范	对刀规范，无加工碰撞与干涉，对加工过程中出现的异常情况做出正确处理	10	8	5	0	
	职业素质	着装整齐规范，遵守课堂纪律，在工作中态度端正，精神面貌好，团结协作，遵守安全操作规程，无安全事故；及时保养、维护和清扫设备	5	3	2	0	
任务报告（10%）	完成时间	按时完成	5	4	3	0	
	报告环节	内容正确，任务（项目）报告环节完整，书写整齐、字体工整	5	4	3	0	
综合评价结果							
教师			时间				

注：教师评价表由教师填写，学生不准填写。

3. 讨论评价标准（10%）（见表 2-10）

表 2-10　讨论评价标准表

评价项目	评价标准	评价结果				分项评分
		优	良	中	差	
参与程度（2%）	积极讨论、积极寻找解决方案	2	1	0.5	0	
是否完成一定的任务（2%）	担任一个角色促进任务的完成	2	1	0.5	0	
小组汇报情况（2%）	组内轮流派人汇报交流，汇报者口齿清楚、声音洪亮、条理清晰	2	1	0.5	0	
讨论结果（4%）	讨论结果思路清晰、理由充分、结果可行	4	3	2	1	
合计（总分）						

4. 实训鉴定（见表2-11）

表2-11 实训鉴定表

自我鉴定	通过本任务学习，同学们的收获有： 学生签名：＿＿＿＿＿＿ ＿＿＿＿年＿＿月＿＿日
指导教师鉴定	 指导教师签名：＿＿＿＿＿＿ ＿＿＿＿年＿＿月＿＿日

综合训练

1）数控铣床的机床原点、工件原点、参考点通常设置在什么位置？
2）开机后回参考点的目的是什么？回参考点时需注意什么？
3）在机床操作过程中如果出现超程报警，如何处理？
4）数控铣床操作面板由哪几部分组成？
5）数控铣床最常用的工作方式有哪些？每种工作方式的作用是什么？
6）一个完整的数控程序由哪几部分组成？
7）目前最常用的程序段格式是什么？

任务二　数控铣床对刀

学习目标

- 能够进行安全操作。
- 能理解数控铣床对刀原理，并能说出对刀的目的。
- 能熟练运用试切对刀法或使用寻边器、杠杆表等对刀仪器进行快速准确的对刀操作。
- 能对已建立的数控铣床工件坐标系进行程序校验，以检查对刀的正确性。

任务描述

在机用虎钳中装夹一块80mm×80mm×25mm的铝合金（2A12）工件，使用试切对刀法或用寻边器、杠杆表等对刀仪器，将工件原点设定在工件上表面的对称中心处，并使用程序验证对刀是否正确。

任务准备

（1）场地、设备、夹具、工具和量具准备　①数控实训车间或仿真室；②数控铣床6台，FANUC 0i系统；③夹具：机用虎钳；④工具：机用虎钳扳手、内六角扳手、锁刀座、上刀扳手、BT40刀柄、拉钉、等高垫铁、木锤、光电式寻边器、杠杆表等；⑤刀具：ϕ20mm的高速工具钢立铣刀；⑥量具：150mm的游标卡尺；⑦学习资料：针对本任务的学习指南、工作页，数控铣床的对刀原理及试切对刀法有关资料、评价表等。

（2）材料准备　毛坯：尺寸为80mm×80mm×25mm的方形毛坯，材料为铝合金（2A12）。

（3）教学方法　讲授、演示、小组讨论、角色扮演、理实一体化、操作训练。

（4）劳动组织　将班级分成6个小组，每个小组5~6人，其中1人担任组长。小组成员各自承担相应的角色，如操作员、材料员、记录员、工艺员、检验员、安全员等。

知识链接

一、安装工件、找正夹紧

形状比较规则的零件铣削时常用机用虎钳装夹，如图2-10所示。

1）工件尺寸一般不超过钳口宽度。

2）工件应当紧固在钳口靠近中间的位置。

3）工件底部垫上比工件窄、厚度适当且要求较高的等高垫铁，装夹高度以铣削尺寸高出钳口平面3~5mm为宜，避免工件加工部位与钳口发生干涉。

4）用机用虎钳装夹表面粗糙度值较小或已加工好的表面时，应在两钳口与工件表面之间垫上铜皮，以免损坏钳口或已加工表面。

图2-10　机用虎钳

5）装夹工件稍紧后，用铜锤或软木锤轻敲工件。注意不要敲坏工作表面，直至垫铁不能移动时夹紧工件。

二、装夹刀具

铣削刀具由刀柄和刃具两部分组成，刃具通过刀柄和数控铣床主轴相连，刀柄通过拉钉固定在主轴上。

1. 刀柄的组成（见图2-11）

（1）拉钉　用来拉紧刀柄。

（2）刀柄主体　后面是锥面，与主轴内孔锥面相配合，前面装刃具、卡簧和旋盖。

（3）卡簧　用来夹紧刀具。

（4）旋盖　可把刀具、卡簧和刀柄主体紧密地装在一起。

2. 刀柄的组装（见图 2-12）

1）以刀柄体为主体，旋上拉钉，用活扳手旋紧。

2）将卡簧装入旋盖，注意将旋盖中的螺旋槽清理干净。

3）铣刀装入卡簧，注意铣刀的伸出长度。

4）将旋盖旋到刀柄体上，放在锁刀座上，用上刀扳手拧紧。

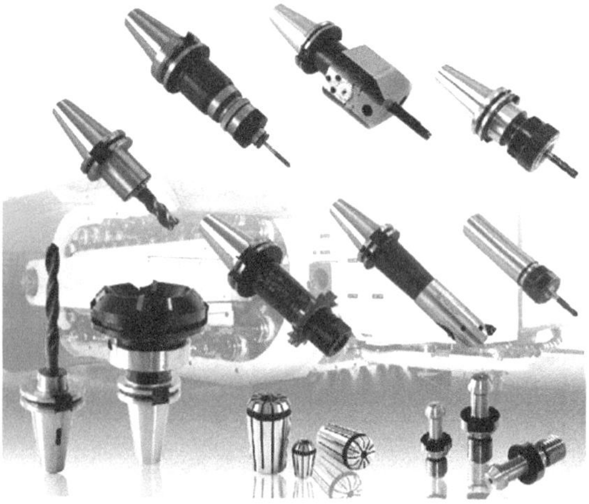

图 2-11　刀柄、刀夹和拉钉

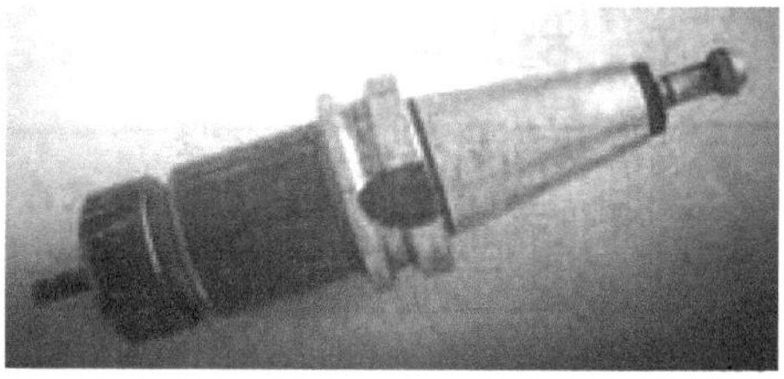

图 2-12　组装好的刀柄

3. 锁刀座的使用

夹紧刀具时，要用到锁刀座和上刀扳手，如图 2-13 和图 2-14 所示。锁刀座是用来辅助刀柄更换刀具的，用于横放或竖放数控刀柄，帮助操作者轻松完成刀具的夹紧。

图 2-13　锁刀座

图 2-14　上刀扳手

4. 刀柄的装卸

将组装好的刀柄装夹到数控铣床主轴上去，如图 2-15 所示。

图 2-15 安装刀柄

1）将工作方式旋至“手轮”，左手握住刀柄，将刀柄的键槽对准主轴端面键，垂直伸入到主轴内，不可倾斜。

2）右手按下换刀按钮，压缩空气从主轴内吹出以清洁主轴锥孔和刀柄，按住此按钮，直到刀柄锥面与主轴锥孔完全贴合后，松开按钮，刀柄即被自动夹紧，确认夹紧后方可松手。

3）刀柄装上后，用手转动主轴检查刀柄是否正确装夹。

4）拆卸刀柄时，先用左手握住刀柄并稍微往上托着，再用右手按下换刀按钮（否则刀具从主轴内掉下，可能会损坏刀具、工件和夹具等），取下刀柄。

三、数控铣床的对刀

由于数控铣床按机床坐标系控制机床的运动，而编程人员按工件坐标系编制程序，所以只有建立起两种坐标系之间的关系，程序才能正常运行。对刀操作就是要确定工件原点在机床坐标系中的坐标值，并将该坐标输入到数控系统相应的存储位置。它是数控加工中最重要的操作内容，其准确性将直接影响零件的加工精度。

数控铣床的对刀方法很多，根据使用的对刀工具的不同，常用的对刀方法分为以下几种。

1）试切对刀法。

2）使用标准检验棒、塞尺对刀法。

3）采用寻边器和 Z 轴设定器等工具对刀法。

4）杠杆表对刀法。

5）机外对刀仪对刀法。

根据选择对刀点的位置和数据计算方法的不同，又可分为双边对刀（分中对刀）、单边对刀等。

1. 对刀原理

如图 2-16 所示，设工件尺寸：长为 a，宽为 b，高为 c，单位为 mm，刀具半径为 R，将工件原点定在工件上表面的对称中心。

（1）双边对刀　X、Y 轴对刀时，采用碰双边法；Z 轴对刀时，让刀具底部接触工件上表面。

$$X=(X_1+X_2)/2 \qquad Y=(Y_1+Y_2)/2 \qquad Z=Z_1$$

（2）单边对刀（若刀具碰工件左面和前面）

$$X=X_1+R+a/2 \qquad Y=Y_1+R+b/2 \qquad Z=Z_1$$

2. 试切对刀法的操作步骤（双边对刀，原点定在工件上表面的对称中心）

（1）X、Y 向对刀

1）在“手动”或“手轮”方式下，起动主轴正转，使用 MDI 方式将转速 S 调整到 300 ~ 500r/min，选择“手动”工作方式，快速移动工作台和主轴，让刀具移动到靠近工件的左侧。

2）改用“手轮”方式，从大到小依次选择微调倍率，摇动手轮让刀具慢慢接近工件左侧，当工件左侧表面上出现一个极微小的切痕或发出一点切削的声音时，即刀具侧刃正好碰到工件左侧面，将此时刀具底面中心的 X 相对坐标值归 0，如图 2-17 所示。

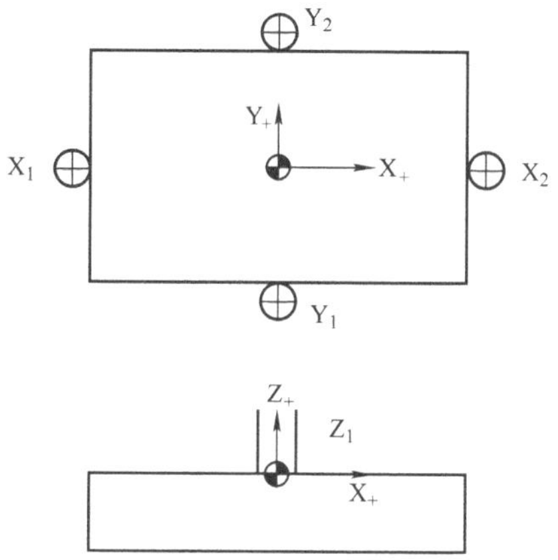

图 2-16　对刀原理

3）选择“手动”方式，沿 Z 正方向退刀，至工件表面之上，快速移动工作台和主轴，让刀具移到工件右侧，沿 Z 负方向下刀。

4）改用“手轮”方式，从大到小依次选择微调倍率，摇动手轮让刀具慢慢接近工件右侧，当工件右侧表面出现一个极微小的切痕或发出一点切削的声音时，即刀具侧刃正好碰到工件右侧面，记下此时刀具底面中心的 X 相对坐标值，如图 2-18 所示。

图 2-17　X 向对刀碰左侧面

图 2-18　X 向对刀碰右侧面

5）按下 OFFSET SETTING，进入工件坐标系设定窗口，将光标移动至 01　G54 的 X 输入栏，输入 X48.281，按“测量”按钮，如图 2-19 所示。

6）抬刀，移动刀具至工件前面下刀，同理，刀具碰到工件前面时 Y 相对坐标值归 0，碰到后面时，记下刀具底面中心的 Y 相对坐标值，如 70.486。

7）按下 OFFSET SETTING，进入工件坐标系设定窗口，将光标移动至 01　G54 的 Y 输入栏，输入 Y35.243，按“测量”按钮，如图 2-20 所示。

（2）Z 向对刀

1）将刀具快速移动至工件上表面上方，让刀具

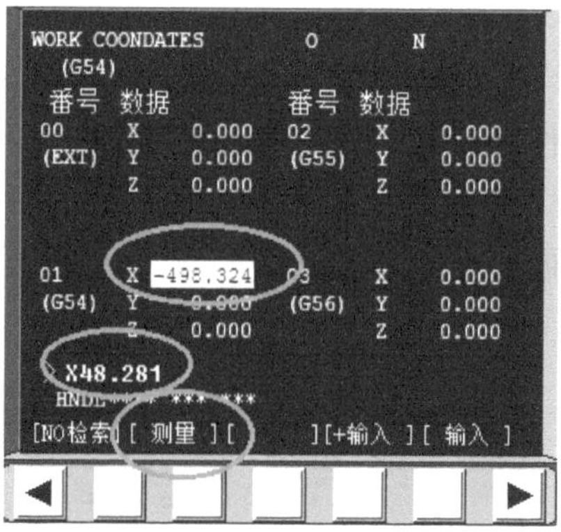

图 2-19　X 向对刀设置

图 2-20 Y 向对刀及设置

底面靠近工件上表面。

2）改用微调操作，让刀具底面慢慢接近工件表面，当工件上出现一个极微小的切痕或发出一点切削的声音时，即刀具底部正好碰到工件上表面。

3）按下OFFSET SETTING，进入工件坐标系设定窗口，将光标移动至 01 G54 的 Z 输入栏，输入 Z0，按“测量”按钮，如图 2-21 所示。

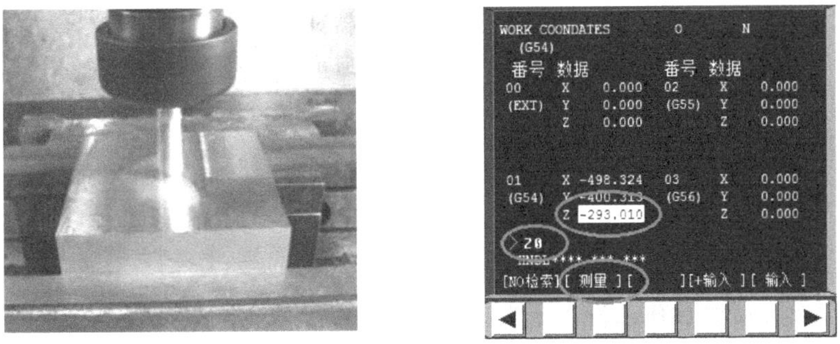

图 2-21 Z 向对刀及设置

3. 使用寻边器（光电式）和 Z 轴设定器（光电式）等工具对刀

光电式寻边器和光电式 Z 轴设定器如图 2-22 所示。

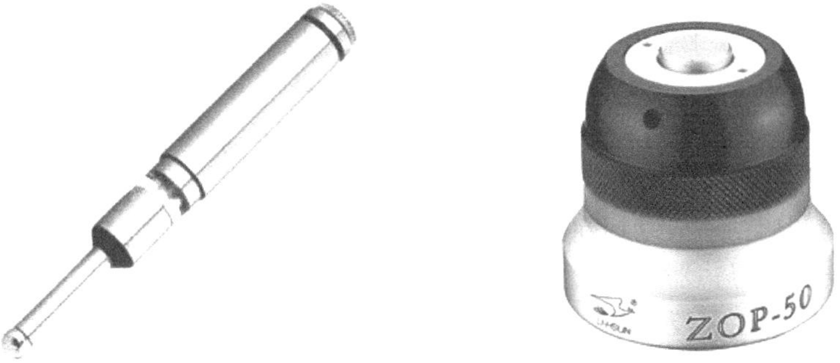

图 2-22 光电式寻边器和光电式 Z 轴设定器

使用寻边器和 Z 轴设定器对刀是最常用的方法，效率高，能保证对刀精度且不会破坏工件表面。使用寻边器时必须特别小心，注意控制寻边器和工件的接触力度，让其钢球部位与工件轻微接触，避免因接触力度过大，导致寻边器的精度降低，甚至损坏寻边器。同时被加工工件必须是良导体，定位基准面有较小的表面粗糙度值。

（1）X、Y 向对刀　如图 2-23 所示，使用寻边器可以完成 X、Y 向对刀，其操作步骤与采用试切对刀法相似，只是将刀具换成了寻边器，对刀时主轴不旋转。在寻边器发光并报警时进行设置或测量，要将计算公式中的刀具半径换为寻边器的半径。

a)　　b)

图 2-23　使用寻边器对刀

a）X 向寻边　b）Y 向寻边

注意：寻边器不能进行 Z 向对刀。

（2）Z 向对刀　若 Z 轴设定器高度为（50 ±0.005）mm，如图 2-24 所示，则其 Z 向对刀步骤如下。

1）卸下寻边器，将加工所用刀具装在主轴上。

2）将 Z 轴设定器放置在工件上表面上。

3）选择“手动”模式，快速移动主轴，让刀具端面靠近 Z 轴设定器上表面。

4）选择“手轮”模式，从大到小依次选择微调倍率，摇动手轮让刀具端面慢慢接触到 Z 轴设定器上表面，直到指示灯亮。

5）按下 OFFSET SETTING，进入工件坐标系设定窗口，将光标移动至 01　G54 的 Z 输入栏，输入 Z50.，按“测量”按钮。

图 2-24　用 Z 轴设定器对刀

4. 使用杠杆百分表对刀

如果工件为圆形，一般以圆柱或圆柱孔的中心作为工件坐标系 X、Y 轴的原点，这时除了可以使用试切法或寻边器进行双边对刀外，还经常使用杠杆表进行对刀。当工件的一面及四周的一部分已经加工，反过来加工另一面和四周时，用试切或寻边器对刀往往会导致对刀不准确，此时可以使用杠杆表对刀，如图 2-25 所示。

（1）X、Y 向对刀

1）将杠杆表的安装杆装在刀柄上，或将杠杆表的磁性座吸在主轴套筒上，移动工作台使主轴中心线（即刀具中心）大约移到工件中心，调节磁性座上伸缩杆的长度和角度，使杠杆表的触头接触工件的圆周面，用手慢慢转动主轴，使杠杆表的触头沿着工件的圆周面转动，观察杠杆表指针的偏移情况，慢慢移动工作台的 X 轴和 Y 轴，多次反复后，看到杠杆表转一圈而指针基本不动或者在误差允许范围内，说明主轴圆心和工件圆心是同心的。

2）按下OFFSET SETTING，进入工件坐标系设定窗口，将光标移动至01 G54 的 X 输入栏，输入 X0，按“测量”按钮。

3）将光标移动至 01 G54 的 Y 输入栏，输入 Y0，按“测量”按钮。

（2）Z 向对刀 卸下百分表，装上铣刀，用前面几种方法进行 Z 向对刀。

注意：使用杠杆表对刀时要求工件外圆（或内孔表面）是已加工表面。

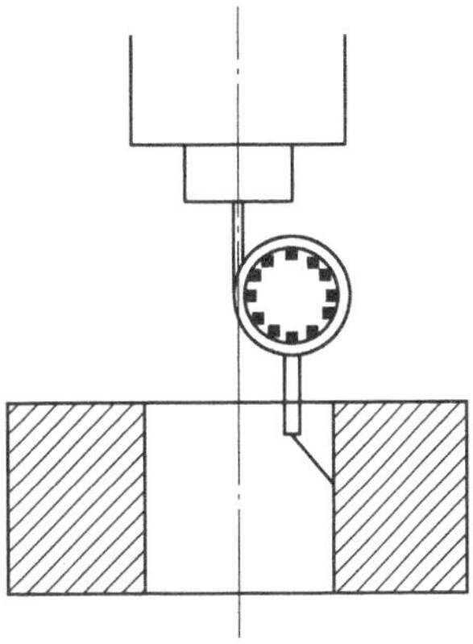

图 2-25 杠杆表对刀法

对刀是数控机床上非常关键的操作步骤，其准确性将直接影响零件的加工精度。在实习训练中，同学们可根据实际情况选择合适的对刀方法。

在加工前，先将工件装夹到工作台上的夹具里进行找正夹紧，接着用对刀的方法测量工件原点在机床坐标系中的坐标值，并将该坐标值预存到数控系统中。加工时，该坐标值会自动加到工件坐标系上，使数控系统按机床坐标系确定加工时的绝对坐标值。因此，编程人员可以不考虑工件在机床上的安装位置。

任务实施

一、模拟仿真

以试切对刀为例，仿真操作步骤及过程见表 2-12。

表 2-12 仿真操作步骤及过程

步骤	操作过程	图 示
选择系统和机床	打开数控仿真软件，按键打开“选择机床”对话框，依次选择“FANUC”系统→“FANUC 0i”→“铣床”→“北京第一机床厂”，然后按确定按钮进入仿真界面	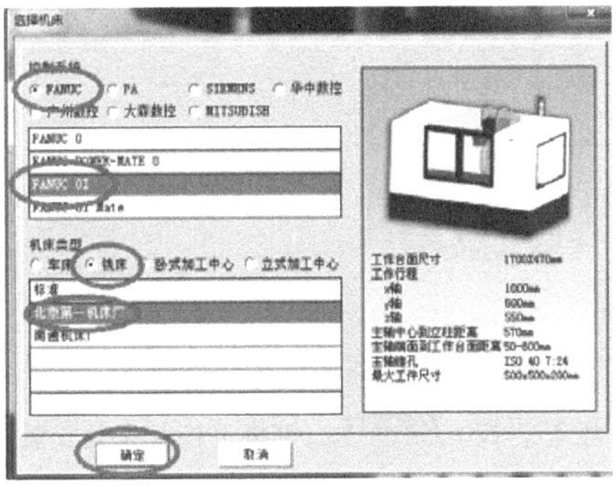

（续）

步骤	操作过程	图示
开机回零	按键取消急停状态，按键启动数控系统，数控系统自动处于“回零”状态，分别按+Z、+X、+Y键完成机床回零 注意：先回Z轴，再回X、Y轴	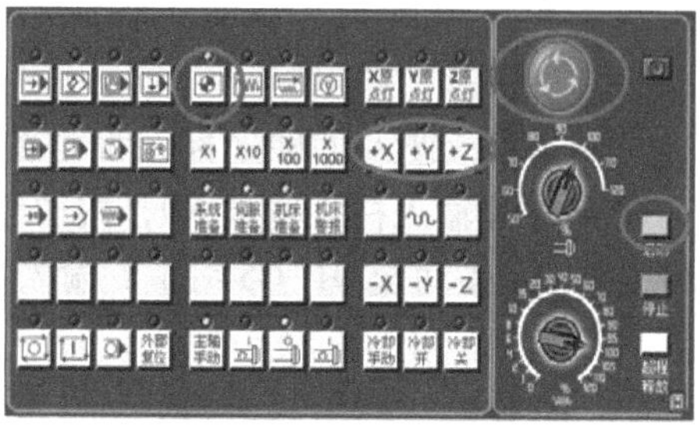
定义毛坯	按键弹出“定义毛坯”对话框，设置材料为“ZL412 铝”，形状为“长方形”，毛坯长度为“80”，宽度为“80”，高度为“40”	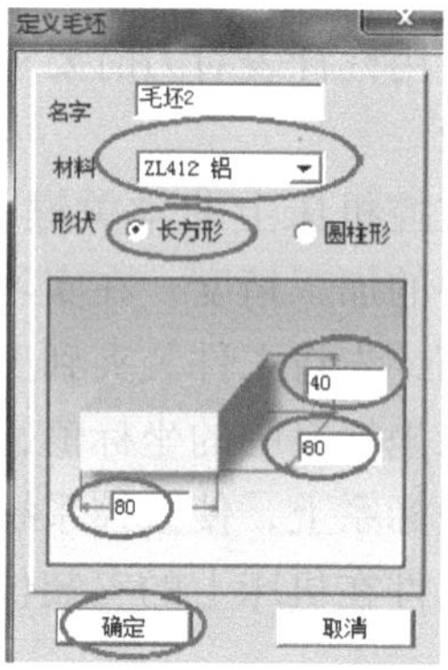
选择夹具	按键弹出“选择夹具”对话框，选择零件为“毛坯2”，选择夹具为“平口钳”，按<u>向上</u>按钮将工件移上来，按<u>确定</u>按钮	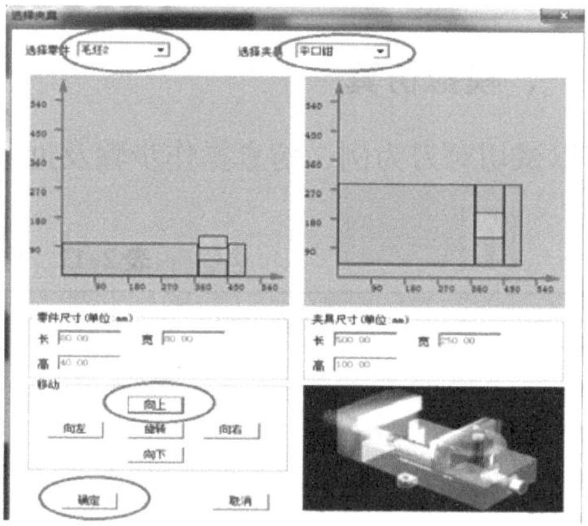
安装零件	按键弹出“选择零件”对话框，选择“毛坯2”，按<u>安装零件</u>键将毛坯及夹具安装在工作台上	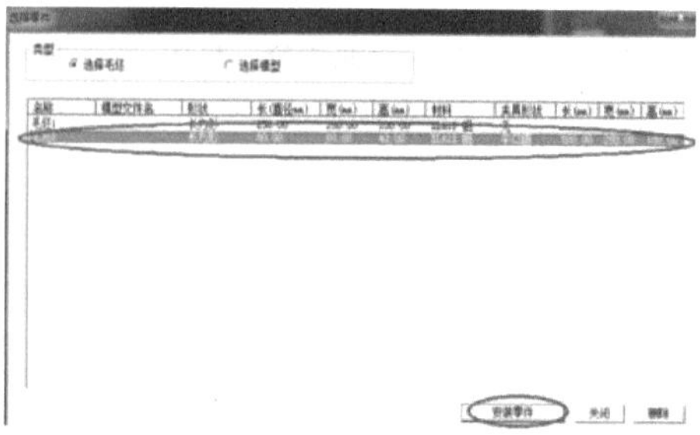

（续）

步骤	操作过程	图　示
移动零件	安装零件后，系统弹出“移动零件”窗口，按、、、键移动毛坯至合适位置	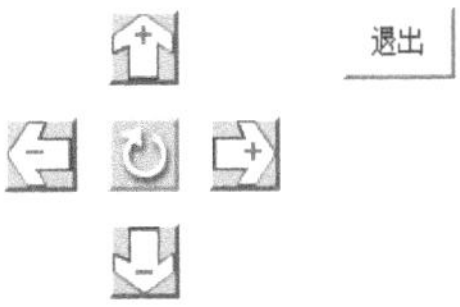 
安装刀具	按键弹出“选择铣刀”对话框，选择所需刀具直径为“16”，选择刀具类型为“平底刀”，按确定按钮，在可选刀具一栏出现符合条件的所有刀具，点选需要的刀具，按确认按钮，刀具安装到主轴上	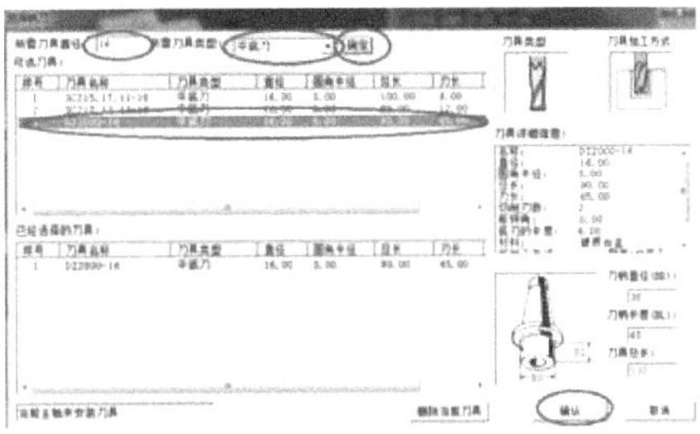 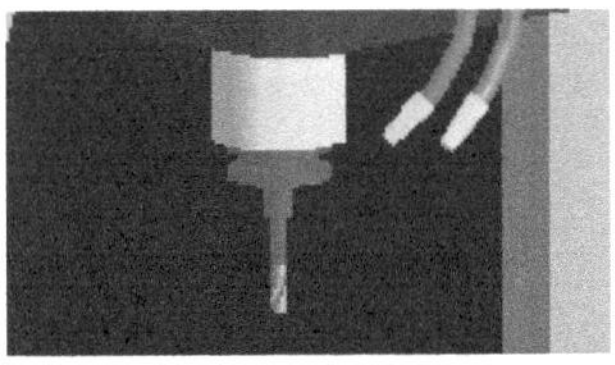
X向对刀（左侧面）	1）按，调整到前视图；按、、-X，将工件快速移动到刀具右侧；按-Z，将刀具落下，使刀具底面低于工件上表面；按，调整到左侧视图；按-Y，将工件快速移动，使刀具位于工件中间；按，回到前视图；按，进入“手轮”工作方式，按，使主轴正转，选择X轴，×100的倍率，向“+”的方向转动手轮，使工件向刀具靠近，并逐渐减小倍率，最终工件接触到刀具，看到切屑飞出 2）按POS，调出坐标位置，依次按“相对、操作、起源、全轴”软键，将坐标归零	 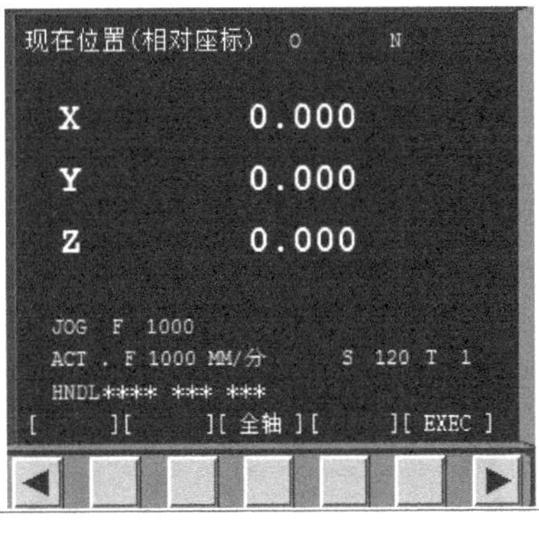

（续）

<table>
<tr><th>步骤</th><th>操作过程</th><th>图　示</th></tr>
<tr><td>X 向对刀（右侧面）</td><td>1）按，进入“手动”工作方式；按 +Z，抬起刀具至工件上表面以上；按 +X，使工件向右移动至刀具左侧；按 -Z，将刀具落下，使刀具底面低于工件上表面；按，进入“手轮”工作方式，选择 X 轴，×100 的倍率，向“－”的方向转动手轮，使工件向刀具靠近，并逐渐减小倍率，最终工件接触到刀具，看到切屑飞出
2）屏幕上显示 X 向相对坐标 95.921；按 OFFSET SETTING，进入“刀具补正”画面；按“坐标系”软键，进入“工件坐标系”设置画面，将光标移动到 01 G54 的 X 位置，输入 X47.961，按“测量”软键，完成 X 向对刀</td><td>

</td></tr>
<tr><td>Y 向对刀（前侧面）</td><td>1）按，进入“手动”工作方式；按 +Z，抬起刀具至工件上表面以上；按 -X，工件向右移动，使刀具位于工件中间；按，调整到左侧视图；按 -Y，将工件快速移动，使刀具到达工件前侧面；按 -Z，将刀具落下，使刀具底面低于工件上表面；按，进入“手轮”工作方式，按，使主轴正转，选择 Y 轴，×100 的倍率，向“＋”的方向转动手轮，使工件向刀具靠近，并逐渐减小倍率，最终工件接触到刀具，看到切屑飞出
2）按 POS，调出坐标位置，依次按“相对、操作、起源、全轴”软键，将坐标归零</td><td>
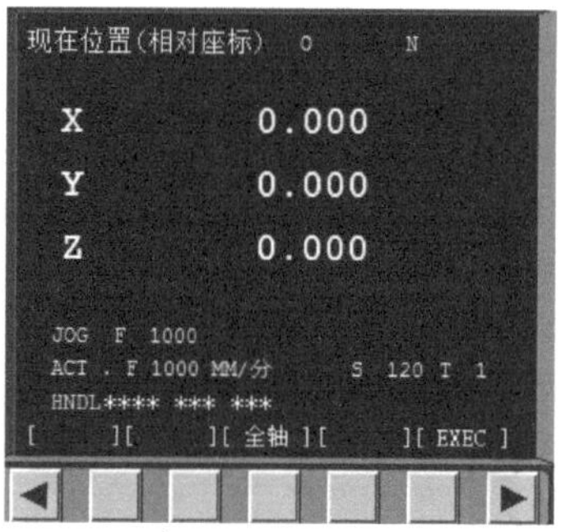
</td></tr>
</table>

（续）

<table>
<tr><th>步骤</th><th>操作过程</th><th>图　示</th></tr>
<tr><td>Y向对刀（后侧面）</td><td>1）按，进入“手动”工作方式；按+Z，抬起刀具至工件上表面以上；按+Y，使工件向前移动，刀具至工件后侧面；按-Z，将刀具落下，使刀具底面低于工件上表面；按，进入“手轮”工作方式，选择Y轴，×100的倍率，向“－”的方向转动手轮，使工件向刀具靠近，并逐渐减小倍率，最终工件接触到刀具，看到切屑飞出
2）屏幕上显示Y向相对坐标95.888；按OFFSET SETTING，进入“刀具补正”画面；按“坐标系”软键，进入“工件坐标系”设置画面，将光标移动到01 G54的Y位置，输入Y47.944，按“测量”软键，完成Y向对刀</td><td>
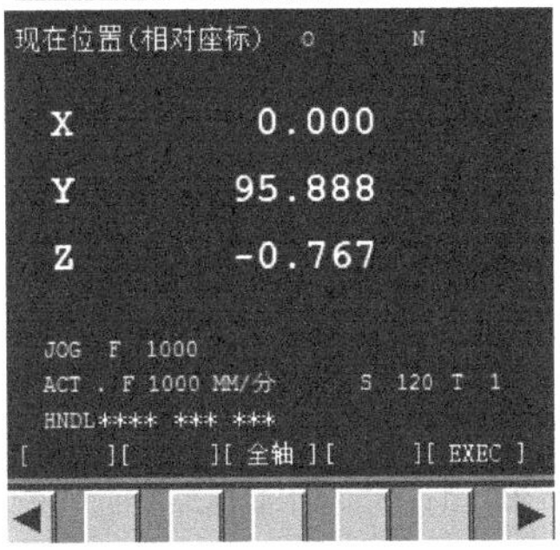

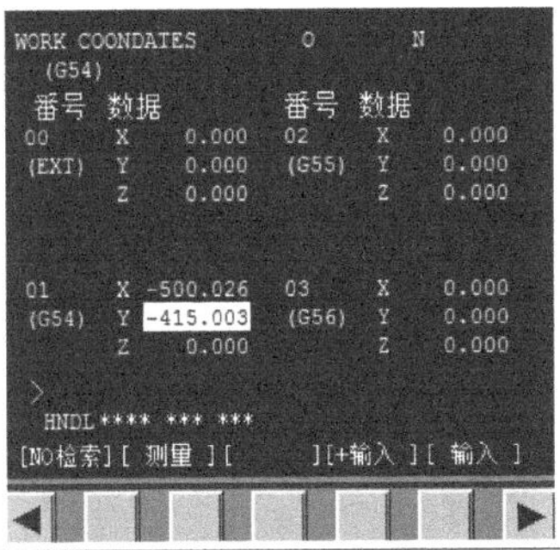
</td></tr>
<tr><td>Z向对刀</td><td>1）按，进入“手动”工作方式；按+Z，抬起刀具至工件上表面以上；按-Y，使工件向后移动，刀具至工件中间；按，进入“手轮”工作方式，选择Z轴，×100的倍率，向“－”的方向转动手轮，使工件向刀具靠近，并逐渐减小倍率，最终刀具底面接触到工件，看到切屑飞出
2）按OFFSET SETTING，进入“刀具补正”画面；按“坐标系”软键，进入“工件坐标系”设置画面，将光标移动到01 G54的Z位置，输入Z0，按“测量”软键，完成Z向对刀</td><td>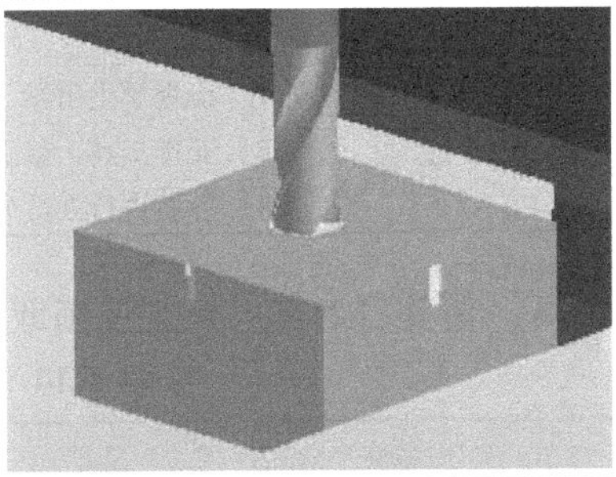
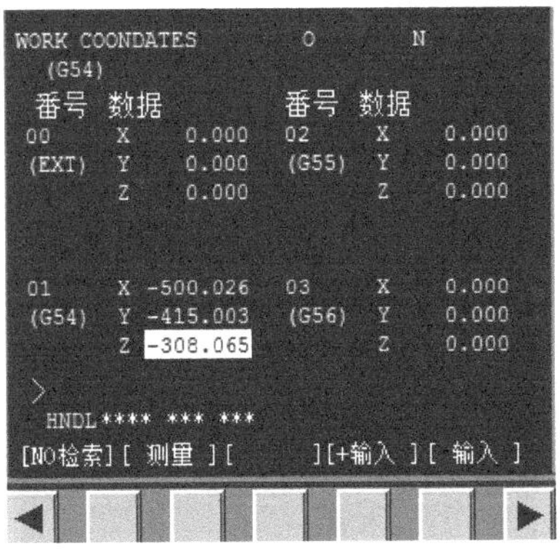
</td></tr>
</table>

（续）

步骤	操作过程	图　示
程序验证	1）按下，数控系统处于“编辑”工作方式；按PROG功能键，进入程序编辑窗口，输入以下程序。 G54； G90　G00　X0　Y0； S600　M03； Z100.； G01　Z10.　F200； M05； M30； 2）选择“自动”方式，快速倍率和进给倍率调至较低，按下“循环启动”按钮，若发现刀具底部停在工件上表面中心以上10mm，则对刀正确	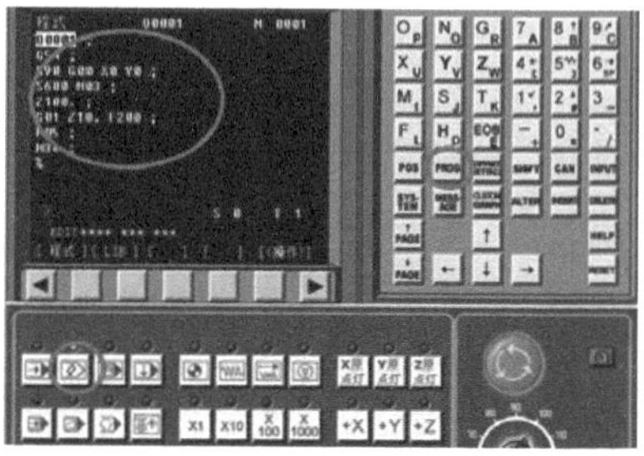 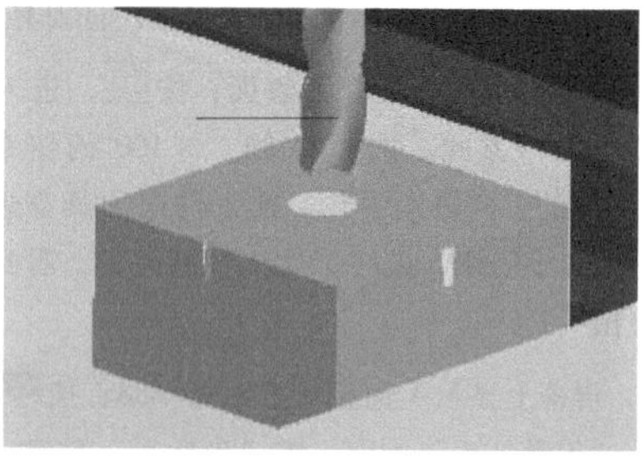

二、操作训练

1. 召开课前会

工作安排见表2-13。

表2-13　工作安排表

序号	内容	工作要求
1	明确训练任务	数控铣床的对刀操作
2	召开课前会	1）检查学生出勤、着装，交代安全注意事项，严禁学生在车间打闹、串岗 2）安排工具、量具、刀具的领取 3）各组进行人员分工，明确每个成员的任务和操作顺序

2. 工具、量具、刀具的确定及领取（见表2-14）

表2-14　工具、量具、刀具清单

序号	名称	规格	单位	数量
1	毛坯	铝合金（2A12）：80mm×80mm×25mm	件	1
2	立铣刀	ϕ20mm	把	1
3	光电式寻边器		个	1
4	Z轴设定器	50mm	个	1
5	百分表及表座	0～1.5mm	套	1
6	刀柄	与刀具配套	套	1
7	等高垫铁		副	若干
8	机用虎钳		台	1
9	专用扳手	与机用虎钳配套	套	1
10	木锤		把	1

3. 人员分工（见表 2-15）

表 2-15 人员分工表

操作员	材料员	记录员	工艺员	检验员	安全员

4. 操作训练

根据数控铣床操作规程进行安全操作，注意一人操作，其他同学认真观察。小组成员依次进行，操作步骤、要点及图示见表 2-16。

表 2-16 操作过程表

步骤	操作要点	图示
开机	1）打开机床电源和系统电源 2）弹起“急停”旋钮 3）检查机床面板各按钮及指示灯是否正常	
回参考点	1）检查机床，若工作台太靠近原点，应先反向移动各轴 2）选择“回零”方式 3）回 Z 轴参考点，按 +Z 键 4）回 X、Y 轴参考点，分别按 +X 键和 +Y 键	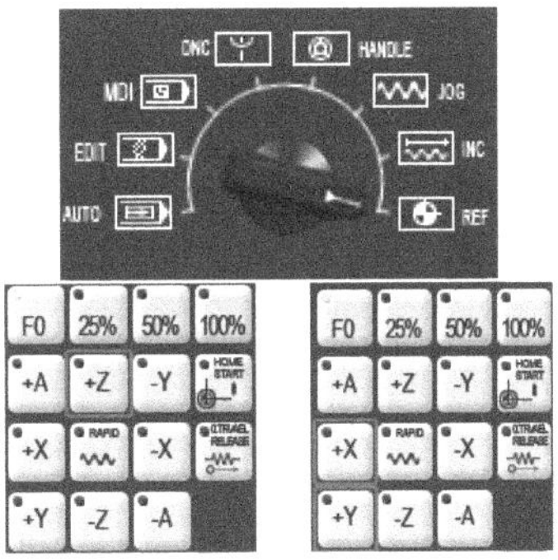
工件安装	1）保证机用虎钳、垫铁等工具接触面的清洁，不能粘有油污、铁屑和灰尘 2）工件尽量紧固在钳口中间的位置 3）毛坯上表面要高出钳口一个安全距离 4）装夹工件稍紧后，用塑胶榔头轻敲工件，直至垫铁不能移动时夹紧工件 5）机用虎钳装夹力度适中	

（续）

步骤	操作要点	图示
刀具装夹	1）选择“手动”或“手轮”方式，左手握住刀柄，将刀柄的键槽对准主轴端面键，垂直伸入到主轴内，不可倾斜 2）右手按下换刀按钮，直到刀柄锥面与主轴锥孔完全贴合后，松开按钮 3）用手转动主轴检查刀柄是否装夹牢固 4）卸刀柄时，先用左手握住刀柄并稍微往上托着，再用右手按换刀按钮，取下刀柄	
对刀	按照对刀的操作步骤进行 1）若用百分表找坐标时注意压表量在0.1mm左右 2）用光电寻边器找正时移动速度不要过快，要选好找正点	
程序验证	1）输入以下程序 G54　G90　G00　X0　Y0； Z100.； S600　M03； G01　Z10.　F200； M05； M30； 2）选择“自动”方式，快速倍率和进给倍率调至较低，按下“循环启动”按钮，然后手指虚放在“进给保持”按钮上，观察机床运动情况，发现情况不对，立即按下“进给保持”按钮，退出程序，重新对刀。若发现刀具底部停在工件上表面中心以上10mm，则对刀正确	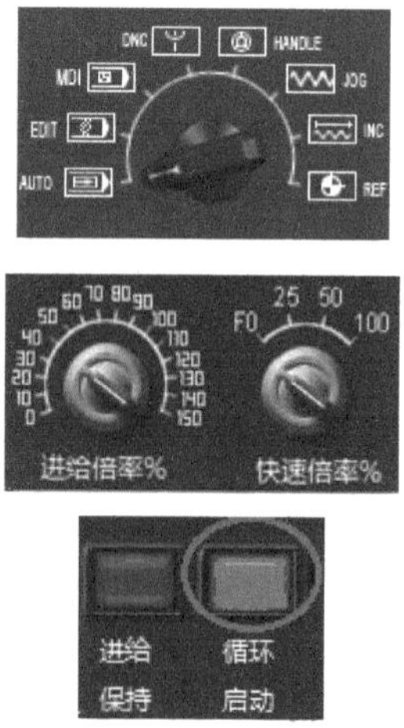

（续）

步骤	操作要点	图　示
关机	1）检查机床情况，工作台应处在安全位置 2）按下急停开关 3）关闭系统电源 4）关闭机床电源	  

任务考评

1. 自评和互评标准（40%）（见表2-17）

表2-17　自评和互评标准表

<table>
<tr><td>任务名称</td><td colspan="5"></td><td>任务编号</td><td></td></tr>
<tr><td>班级</td><td></td><td>姓名</td><td colspan="3"></td><td>学号</td><td></td></tr>
<tr><td rowspan="2">评价项目</td><td rowspan="2" colspan="3">评价标准</td><td colspan="4">评价结果</td><td rowspan="2">分项评分</td></tr>
<tr><td>优</td><td>良</td><td>中</td><td>差</td></tr>
<tr><td>职业素养
（自评）（10%）</td><td colspan="3">按照要求出勤，着装整齐规范，遵守课堂纪律，在工作中态度端正，精神面貌好，团结协作，遵守安全操作规程，无安全事故</td><td>10</td><td>8</td><td>5</td><td>0</td><td></td></tr>
<tr><td>机床操作能力
（自评）（20%）</td><td colspan="3">工件安装和找正方法正确，对刀操作规范，机床操作熟练，及时保养、维护和清扫设备</td><td>20</td><td>15</td><td>10</td><td>0</td><td></td></tr>
<tr><td>日常作业完成情况
（自评）（10%）</td><td colspan="3">按时、认真完成</td><td>10</td><td>8</td><td>5</td><td>0</td><td></td></tr>
<tr><td colspan="4">综合评价结果</td><td colspan="4"></td><td></td></tr>
<tr><td>组长</td><td colspan="3"></td><td>时间</td><td colspan="4"></td></tr>
</table>

2. 教师评价标准（50%）（见表2-18）

表2-18　教师评价标准表

<table>
<tr><td colspan="2">任务名称</td><td colspan="5"></td><td>任务编号</td><td></td></tr>
<tr><td colspan="2">班级</td><td></td><td>姓名</td><td colspan="3"></td><td>学号</td><td></td></tr>
<tr><td rowspan="2" colspan="2">评价项目</td><td rowspan="2" colspan="2">评价标准</td><td colspan="4">评价结果</td><td rowspan="2">分项评分</td></tr>
<tr><td>优</td><td>良</td><td>中</td><td>差</td></tr>
<tr><td rowspan="3">考勤
（15%）</td><td>迟到</td><td rowspan="3" colspan="2">无迟到、早退、旷课现象</td><td>5</td><td>4</td><td>3</td><td>0</td><td rowspan="3"></td></tr>
<tr><td>早退</td><td>5</td><td>4</td><td>3</td><td>0</td></tr>
<tr><td>旷课</td><td>5</td><td>4</td><td>3</td><td>0</td></tr>
</table>

（续）

任务名称					任务编号		
班级			姓名		学号		
评价项目		评价标准	评价结果				分项评分
			优	良	中	差	
工作任务完成情况（25%）	程序输入	能正确输入程序	10	8	5	0	
	操作规范	对刀规范，无加工碰撞与干涉，对加工过程中出现的异常情况做出正确处理	10	8	5	0	
	职业素质	着装整齐规范，遵守课堂纪律，在工作中态度端正，精神面貌好，团结协作，遵守安全操作规程，无安全事故；及时保养、维护和清扫设备	5	3	2	0	
任务报告（10%）	完成时间	按时完成	5	4	3	0	
	报告环节	内容正确，任务（项目）报告环节完整，书写整齐、字体工整	5	4	3	0	
综合评价结果							
教师			时间				

注：教师评价表由教师填写，学生不准填写。

3. 讨论评价标准（10%）（见表2-19）

表2-19　讨论评价标准表

评价项目	评价标准	评价结果				分项评分
		优	良	中	差	
参与程度（2%）	积极讨论、积极寻找解决方案	2	1	0.5	0	
是否完成一定的任务（2%）	担任一个角色促进任务的完成	2	1	0.5	0	
小组汇报情况（2%）	组内轮流派人汇报交流，汇报者口齿清楚、声音洪亮、条理清晰	2	1	0.5	0	
讨论结果（4%）	讨论结果思路清晰、理由充分、结果可行	4	3	2	1	
合计（总分）						

4. 实训鉴定（见表 2-20）

表 2-20 实训鉴定表

自我鉴定	通过本任务学习，同学们的收获有： 学生签名：＿＿＿＿＿＿ ＿＿＿＿年＿＿月＿＿日
指导教师鉴定	 指导教师签名：＿＿＿＿＿＿ ＿＿＿＿年＿＿月＿＿日

综合训练

1）对刀的目的是什么？简述对刀的原理。

2）常用的对刀方法有哪些？分别应用在什么场合？

3）对刀过程中突然断电，如果 X、Y 轴的对刀已经完成，在重新起动机床后，X、Y 轴还需要重新对刀吗？为什么？

4）简述试切对刀的过程。

任务三 铣削平面和沟槽

学习目标

- 能够进行安全操作。
- 能正确选择和使用铣刀，能合理确定切削用量参数。
- 能合理制订加工工艺对平面和沟槽进行铣削加工。
- 能熟练掌握粗、精行切平面的走刀路线。
- 能熟练掌握沟槽的编程与加工。
- 能够根据图样要求合理控制零件尺寸。
- 清扫卫生，维护机床，收工具。

任务描述

学校数控实训车间接到一批槽板零件的加工任务，零件图如图 2-26 所示，材质为铝合金（2A12），可以使用数控铣床加工，要求学生们在 6 学时内以合作的方式制订该零件的数控铣削加工工艺，自编程序完成样件的加工，并完成数控加工工序卡片，以确保合理加工。任务内容如下。

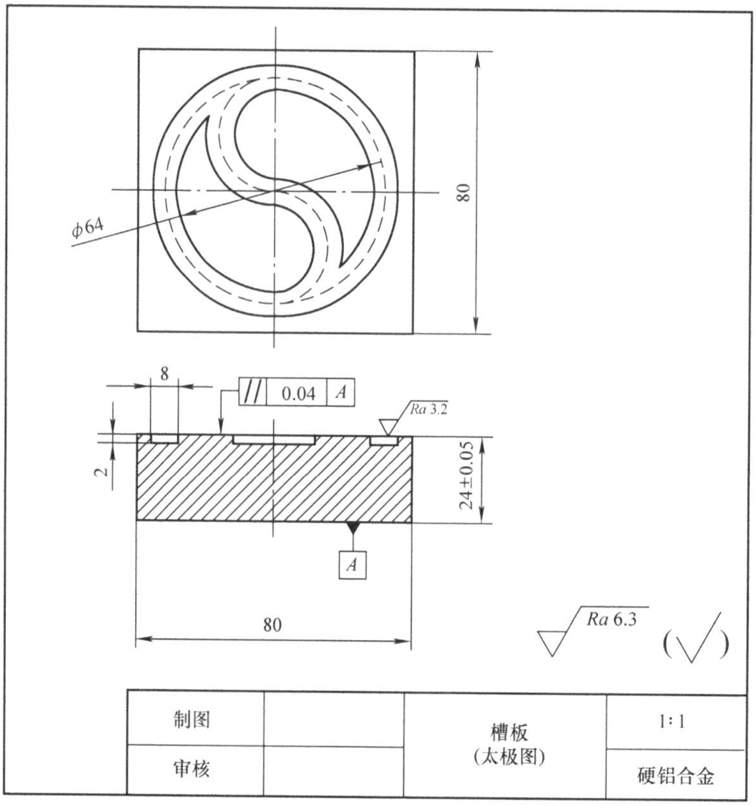

图 2-26　槽板零件图

1）制订槽板零件的数控铣削加工工艺。

2）以合作的方式完成槽板零件的加工。

3）对槽板零件尺寸精度进行检测，并对误差进行分析。

任务准备

（1）场地、设备、夹具、工具、量具准备　①数控实训车间或仿真室；②数控铣床 6 台，FANUC 0i 系统；③夹具：机用虎钳；④工具：机用虎钳扳手、内六角扳手、锁刀座、上刀扳手、BT40 刀柄、拉钉、等高垫铁、木锤、光电式寻边器、杠杆表等；⑤刀具：ϕ20mm 立铣刀、ϕ8mm 键槽铣刀；⑥量具：游标卡尺、表面粗糙度样板；⑦学习资料：零件图样，工艺规程文件，针对本任务的学习指南、工作页、精度检验单等。

（2）材料准备　毛坯：尺寸为 80mm × 80mm × 25mm 的方形毛坯，材料为铝合金（2A12）。

（3）教学方法　讲授、演示、角色扮演、小组讨论、任务引领、理实一体化、操作训练。

（4）劳动组织　将班级分成 6 个小组，每个小组 5～6 人，其中 1 人担任组长。小组成员各自承担相应的角色，如操作员、材料员、记录员、工艺员、检验员、安全员等。

知识链接

一、数控铣床的指令系统

数控铣床的指令系统包含了轨迹控制、辅助动作控制和切削参数控制等功能，按这些功能可将指令划分为准备功能 G 指令、辅助功能 M 指令、进给功能 F 指令、主轴功能 S 指令和刀具功能 T 指令。

1. 准备功能 G 指令

准备功能 G 指令主要完成刀具轨迹的控制，规定机床的运动方式和加工前数控系统的准备内容等。它由字符 G 和其后的 2 位数字组成，从 G00 到 G99。

2. 辅助功能 M 指令

辅助功能 M 指令主要完成数控加工中辅助动作的控制和程序控制。由字母 M 和其后的两位数字组成，从 M00 到 M99，不带任何参数。数控程序中，通常一个程序段中只允许一个 M 指令有效。常用的 M 指令见表 2-21。

表 2-21　常用 M 代码的说明

M 代码	功能	M 代码	功能
M00	程序停止	M06	自动换刀（用于加工中心）
M01	程序选择停止	M08	切削液开
M02	程序结束	M09	切削液关
M03	主轴正转	M30	程序结束并返回程序头
M04	主轴反转	M98	调用子程序
M05	主轴停止	M99	子程序结束并返回主程序

3. 进给功能 F 指令

进给功能 F 指令用来指明切削过程中的进给速度。由字母 F 和后面的数字组成，为模态指令。

进给速度的单位有每分钟进给速度（mm/min）和每转进给速度（mm/r）两种，每分钟进给速度适用于数控铣床，是数控铣床默认的。

注意：切削加工时的实际进给速度还可以由机床操作面板上的进给倍率调节旋钮来控制。

4. 主轴功能 S 指令

主轴功能指令用来指明切削过程中的主轴转速。由字母 S 和后面的数字组成，如 S1500 表示主轴转速为 1500r/min。

主轴功能指令为模态指令，一经执行一直有效。

注意：切削加工时实际主轴转速还可以由机床操作面板上的主轴倍率调节旋钮来控制。

5. 刀具功能 T 指令

刀具功能 T 指令是用来选择刀具的。用字母 T 和后面的数字组成。如 T2，表示选择了机床上的2号刀具。由于数控铣床上只能安装一把刀具，所以在程序中不用T指令，而加工中心的刀库中可安装多把刀具，因此编程时会用到T指令。

二、常用准备功能指令

1. 预定义工件坐标系（G54～G59）

G54～G59又称为零点偏置指令，预定义1～6号工件坐标系，是一组模态指令，缺省为G54。

2. 绝对和相对坐标编程指令

（1）绝对坐标编程指令G90　表示指令中的坐标值都是以坐标系原点为基准获得的。

（2）相对坐标编程指令G91　相对坐标又称增量坐标，表示指令中各点的坐标值都是以它的前一点坐标为基准获得的，是刀具沿各坐标轴移动的距离。

G90和G91是一组模态指令，缺省为G90。编制程序时，程序开始必须指明编程方式，它们在使用时不带任何参数，只声明编程方式，不会改变坐标的位置。对同一个位置，选择的编程方式不同时坐标值也会不同，应根据具体情况加以选用。

3. 快速定位指令G00

快速定位指令使刀具以系统预先设定的速度从当前所在位置快速移动到指令指定的目标位置。该指令通常用在程序的开头和结束处。在程序开始刀具离工件较远时，用G00快速接近工件；程序结束时，用G00快速离开工件。

【编程格式】

G00　X__　Y__　Z__　；

【说明】

1）X、Y、Z后面的坐标值表示快速移动的目标点的坐标。

2）该指令只能用于快速定位，不能用于切削加工。

3）快速定位的速度由数控机床参数决定，不受“F指令”指明的进给速度影响。

4）快速定位时各坐标轴为独立控制而不是联动控制。

这样可能导致各坐标轴不能同时到达目标点，刀具移动轨迹是几条线段的组合，不是一条直线。

5）空间定位时要避免斜插。

为了避免刀具运动时与夹具或工件碰撞，尽量避免Z轴与其他轴同时运动（即斜插）。因此建议下刀时，先运动X、Y轴，再运动Z轴；抬刀时，则相反。

6）该指令为模态指令，即在没有出现同组其他指令（如G01、G02、G03）时，将一直有效。

7）该指令使用时，不运动的坐标可以省略。

4. 直线插补指令G01

直线插补指令控制刀具从当前位置开始以给定的进给速度沿直线轨迹移动到指令中指定的目标位置。通常用于加工轨迹为直线的切削场合。

【编程格式】

G01　X__　Y__　Z__　（F　）；

【说明】

1）X、Y、Z 后面的坐标值表示直线移动的终点坐标。

2）该指令各坐标轴的运动为联动，因此刀具轨迹为起点至终点的一条直线。

3）该指令用于直线切削，进给速度由 F 指令指明，因此编程时在本指令或本指令之前必须指明进给速度。

4）该指令为模态指令，由同组的其他指令（如 G00、G02、G03）取消。

5）不运动的坐标可以省略。

5. 圆弧插补指令 G02/G03

圆弧插补指令可使刀具在指定的坐标平面内，以指定的进给速度，从当前位置（圆弧的起点），沿圆弧移动到指令给出的目标位置（圆弧的终点），从而切削出圆弧轨迹。G02 为顺时针圆弧插补指令，G03 为逆时针插补指令。

（1）插补平面的选择 G17/G18/G19　如图2-27所示。

G17：设定加工平面为 X－Y 平面。

G18：设定加工平面为 X－Z 平面。

G19：设定加工平面为 Y－Z 平面。

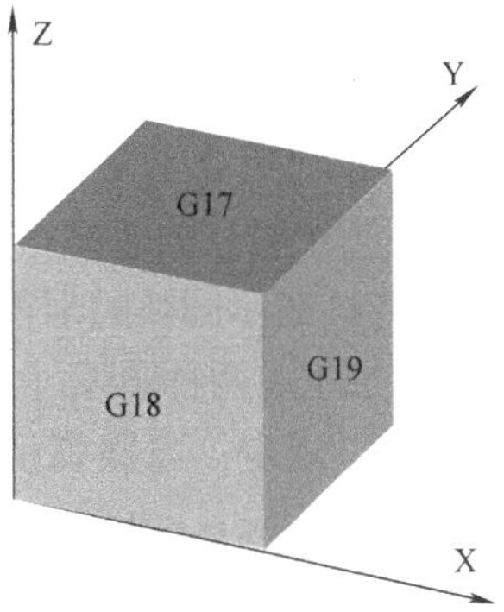

图 2-27　插补平面的选择

【说明】

1）该指令不带参数。

2）大多数的数控系统默认加工平面为 XY 平面，若圆弧插补在 XY 平面时，G17 指令可以省略。其他平面不能省略，必须指明。

3）该指令为模态指令。

（2）顺圆插补指令 G02 和逆圆插补指令 G03 的判断　根据加工方向的不同，圆弧插补指令可以分为顺时针圆弧插补指令 G02 和逆时针圆弧插补指令 G03。一个圆弧轨迹的加工，即使圆弧的起点、终点相同，半径也相同，如果加工方向不同也会出现两种不同的加工轨迹，如图 2-28a 所示。因此，必须在程序中指明插补方向。

判断方法：如图 2-28b 所示，沿着与指定坐标平面垂直的坐标轴，由正方向向负方向看，顺着刀具走刀的方向，顺时针切削为顺圆插补方式 G02，逆时针切削为逆圆插补方式 G03。

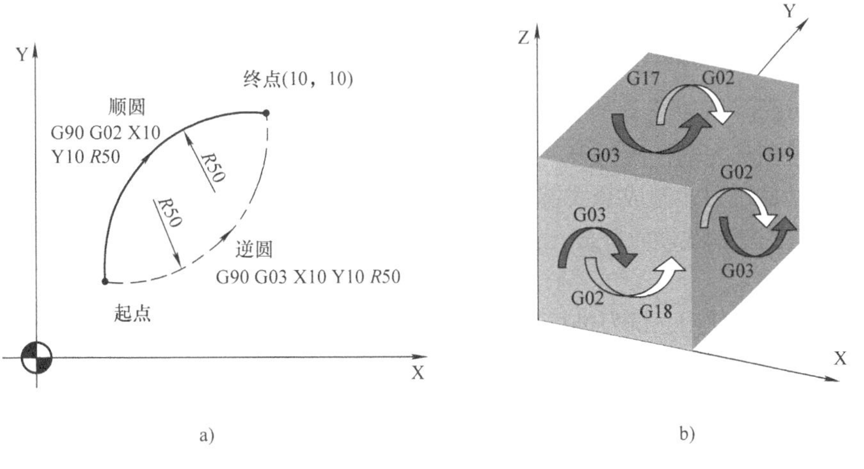

图 2-28　G02、G03 的判断

（3）圆弧插补指令的两种编程方式

1）终点半径方式。若已知圆弧终点坐标、圆弧半径和加工方向可以选择终点半径方式的圆弧插补指令。该方式适合加工部分圆弧。

【编程格式】

$$\left\{\begin{matrix} G17 \\ G18 \\ G19 \end{matrix}\right\} \left\{\begin{matrix} G02 \\ G03 \end{matrix}\right\} \left\{\begin{matrix} X\_\_ & Y\_\_ \\ X\_\_ & Z\_\_ \\ Y\_\_ & Z\_\_ \end{matrix}\right\} R\_\_ \quad (F\_\_);$$

【说明】

① 终点半径方式不能加工整圆。

② X、Y、Z 表示圆弧终点坐标，可以是绝对坐标，也可以是相对坐标，由 G90 或 G91 指定，使用 G91 指令时是圆弧终点相对于圆弧起点的增量坐标。

③ 指令 R __表示圆弧的半径值，有正负之分。即使圆弧的起点、终点、半径及加工方向都相同也可以加工出两种圆弧（圆心角大于 180°的圆弧和圆心角小于 180°的圆弧）。为了保证加工的唯一性，规定：当圆弧所夹的圆心角 α 为：$0° < \alpha \leqslant 180°$ 时，R 后面为正的半径值，“+”可省略；$180° < \alpha < 360°$ 时，R 后面为负的半径值。

2）终点圆心方式。若已知圆弧终点坐标、圆心坐标和加工方向，可以选择终点圆心方式的圆弧插补指令。该方式可以加工所有圆弧。当圆心角 $\alpha = 360°$ 时，即加工一整圆时，只能采用终点圆心方式编程。

【编程格式】

$$\left\{\begin{matrix} G17 \\ G18 \\ G19 \end{matrix}\right\} \left\{\begin{matrix} G02 \\ G03 \end{matrix}\right\} \left\{\begin{matrix} X\_\_ & Y\_\_ \\ X\_\_ & Z\_\_ \\ Y\_\_ & Z\_\_ \end{matrix}\right\} \left\{\begin{matrix} I\_\_ & J\_\_ \\ I\_\_ & K\_\_ \\ J\_\_ & K\_\_ \end{matrix}\right\} (F\_\_ \quad);$$

【说明】

① I、J、K 表示圆心坐标，为相对值，分别为圆心相对于圆弧起点在 X、Y、Z 轴方向的增量坐标，有正负之分。

② 若圆心与圆弧起点在某一方向上的相对值为 0 时，该方向上的圆心坐标在编程时可以省略不写。

三、平面和沟槽铣削刀具的选择

1. 大平面

大平面的铣削优先选择面铣刀。面铣刀的圆周表面和端面上都有切削刃，面铣刀多制成套式镶齿结构，如图 2-29 所示。刀齿材料一般为高速钢或硬质合金，刀体材料为 40Cr。

图 2-29　面铣刀

2. 小平面

较小的平面可以使用立铣刀进行加工，其结构如图 2-30 所示。立铣刀的圆柱表面和端面上都有切削刃，圆柱表面的切削刃为主切削刃，端面上的切削刃为副切削刃。主切削刃一般为螺旋齿，这样可以增加切削平稳性，提高加工精度。普通立铣刀端面中心处无切削刃，不能作轴向进给，底刃过中心的立铣刀虽然能够轴向进给，但也要尽量避免当钻头使用。

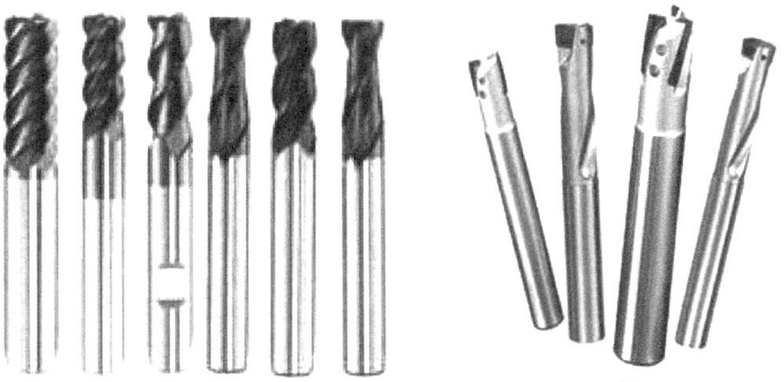

a)　　　　b)

图 2-30　立铣刀

3. 沟槽

图 2-31　键槽铣刀

沟槽一般使用键槽铣刀或立铣刀加工。键槽铣刀的外形与立铣刀相似，不同的是它在圆周上只有两个螺旋刀齿，其端面刀齿的刀刃延伸至中心，既像立铣刀，又像钻头，如图 2-31 所示。它主要用于加工圆头封闭的沟槽，加工时先轴向进给达到槽深，然后沿槽的方向铣出沟槽全长。

四、加工顺序的安排

加工顺序安排的科学与否将直接影响到零件的加工质量、生产率和加工成本。加工顺序通常按以下原则安排。

（1）基面先行原则　用作精基准的表面应先加工。任何零件的加工过程总是先对定位基准进行加工，因为作为基准的表面越精确，装夹误差越小。

（2）先粗后精原则　当加工零件精度要求较高时都要经过粗加工、半精加工、精加工阶段，如果精度要求更高，甚至还包括光整加工阶段。加工时要先进行粗加工，再进行精加工。

（3）先主后次原则　即先加工主要表面，然后加工次要表面。

（4）先面后孔原则　对于箱体、支架等零件，平面尺寸轮廓较大，用平面定位比较稳定，而且孔的深度尺寸又是以平面为基准的，故应先加工平面，然后加工孔。

五、切削用量的确定

铣削加工的切削用量包括切削速度 v_c、进给速度 v_f、背吃刀量 a_p 和侧吃刀量 a_e。铣削用量的选择应当根据工件的加工精度、刀具寿命及机床的刚度，在保证加工质量的前提下，充分发挥机床的工作效能和刀具的切削性能。在工艺系统刚性允许的条件下，粗加工时一般先选取较大的背吃刀量，其次确定较大的进给速度，最后确定合适的切削速度。精加工时一般是选择合适的 a_p，较小的 v_f，较高的 v_c。

1. 背吃刀量和侧吃刀量

背吃刀量 a_p 为平行于铣刀轴线方向测量的切削层尺寸。侧吃刀量 a_e 为垂直于铣刀轴线方向测量的切削层尺寸。

背吃刀量或侧吃刀量的选取，主要由加工余量和对表面质量的要求决定，同时受机床刚度的限制。

1）工件表面粗糙度 Ra 值为 12.5 ~ 25μm 时，若余量不大，力求粗加工一次进给完成，但是在余量较大，或工艺系统刚性较差或机床动力不足时，可分多层切削完成。

2）在工件表面粗糙度 Ra 值为 3.2～12.5μm 时，可分粗铣和精铣两步进行。粗铣后留 0.2～0.5mm 的余量，在精铣时切除。

3）在工件表面粗糙度 Ra 值为 0.8～3.2μm 时，可分粗铣、半精铣、精铣三步进行。粗铣后留 0.5～2mm 的余量；半精铣后，留 0.1～0.4mm 的余量，在精铣时完成。

2. 切削速度

切削速度主要取决于被加工零件的材料、刀具材料、刀具的耐用度及零件表面粗糙度等因素，可以参考表 2-22，也可根据经验选取。

在数控程序中，一般要指定主轴转速 n，通常是在确定了切削速度 v_c 和刀具直径 D 之后，用下面的公式计算得到。

$$n = \frac{1000v_c}{\pi D}$$

表 2-22　铣削的切削速度推荐值　（单位：m/min）

工件材料		铸铁		钢及其合金		铝及其合金	
刀具材料		高速钢	硬质合金	高速钢	硬质合金	高速钢	硬质合金
铣	粗铣	10～20	40～60	15～25	50～80	150～200	350～500
	精铣	20～30	60～120	20～40	80～150	200～300	500～800
镗	粗镗	20～25	35～50	15～30	50～70	80～150	100～200
	精镗	30～40	60～80	40～50	90～120	150～300	200～400
钻孔		15～25	—	10～20	—	50～70	—
扩孔	通孔	10～15	30～40	10～20	35～60	30～40	—
	沉孔	8～12	25～30	8～11	30～50	20～30	—
铰孔		6～10	30～50	6～20	20～50	50～75	—
攻螺纹		2.5～5	—	1.5～5	—	5～15	—

3. 进给速度

进给速度 v_f 是单位时间内工件与铣刀沿进给方向的相对位移，它与铣刀转速（n）、铣刀齿数（z）及每齿进给量（f_z）的关系为：

$$v_f = f_z z n$$

每齿进给量 f_z 的选取主要取决于工件材料的力学性能、刀具材料、工件表面粗糙度等因素。工件材料的强度和硬度越高，每齿进给量越小，反之则越大。硬质合金铣刀的每齿进给量高于同类高速钢铣刀。工件表面粗糙度要求越高，每齿进给量就越小。工艺系统刚性差，每齿进给量应取较小值。每齿进给量的确定可参考表 2-23 选取，也可根据经验选取。

表 2-23　铣刀每齿进给量推荐值　（单位：mm/z）

工件材料	硬度（HBW）	高速钢铣刀		硬质合金铣刀	
		立铣刀	端铣刀	立铣刀	端铣刀
低碳钢	<150	0.04～0.20	0.15～0.30	0.07～0.25	0.20～0.40
	150～200	0.03～0.18	0.15～0.30	0.06～0.22	0.20～0.35
中、高碳钢	<200	0.04～0.20	0.15～0.20	0.06～0.22	0.15～0.35
	225～325	0.03～0.15	0.10～0.20	0.05～0.20	0.12～0.25
	325～425	0.03～0.12	0.08～0.15	0.04～0.15	0.10～0.20
灰铸铁	150～180	0.07～0.18	0.20～0.35	0.12～0.25	0.20～0.50
	180～220	0.05～0.15	0.15～0.30	0.10～0.20	0.20～0.40
	220～300	0.03～0.10	0.10～0.15	0.08～0.15	0.15～0.30
铝合金	95～100	0.05～0.12	0.20～0.30	0.08～0.30	0.15～0.38

任务实施

一、任务分析

本任务要求铣削长方体毛坯的上、下两个表面，保证高度为24±0.05mm，上表面粗糙度为$Ra3.2\mu m$，与基准表面的平行度公差为0.04mm；在上表面上铣削一宽度为8mm，深度为2mm的沟槽，毛坯材料为铝合金（2A12）。根据实训车间的设备情况和学生技能情况可以在规定的时间内完成，达到质量要求。

二、制订加工工艺

1. 工艺分析

（1）装夹、定位　采用机用虎钳装夹，底部用等高垫铁垫起，保证工件上表面高出钳口一个安全的距离，找正并夹紧工件。

（2）工序安排　加工顺序根据“基面先行，先粗后精”的原则，制订如下工序步骤。

1）粗铣基准平面A。

2）以基准平面A作为定位基准，用等高垫铁垫起工件，保证毛坯高出钳口一个安全距离，找正并夹紧工件，粗、精铣工件上表面。

3）铣削沟槽。

（3）刀具、量具选择　刀具：基准平面A和工件上表面用ϕ20mm的三齿高速钢立铣刀铣削、沟槽用ϕ8mm键槽铣刀铣削。量具：0～150mm的游标卡尺，表面粗糙度样板。

（4）合理设计走刀路线　注意确定起刀点、下刀点、抬刀点、加工轨迹。

平面加工：刀具自平面四个角的任何一个外侧下刀，采用行切法，粗铣时为了提高效率，双向加工，精铣时为了保证精度，采用单向加工。

沟槽加工：刀具自下刀点处垂直下刀至槽底，沿沟槽加工完毕抬刀，注意尽量避免重复走刀。

（5）确定切削用量　根据工序安排的工艺路线，确定各切削用量见表2-24。

表2-24　切削用量表

序号	加工项目	刀具	背吃刀量a_p/mm	主轴转速n/(r/min)	进给速度v_f/(mm/min)
1	粗铣基准平面A	ϕ20mm立铣刀	0.3（粗铣）	700	260
2	铣工件上表面	ϕ20mm立铣刀	0.5（粗铣）	700	260
			≈0.2（精铣）	900	180
3	铣槽	ϕ8mm键槽铣刀	2	1200	240

注：开始实训室考虑学生的安全性，主轴转速和进给量数值可以小些，随着学生不断熟练，参数应不断提高，但应该避免积屑瘤的产生。

2. 填写工序卡片（见表2-25）

表2-25　数控加工工序卡片（学生填写）

<table>
<tr><td colspan="2">零件图号</td><td>2-3-1</td><td colspan="2" rowspan="3">数控加工工序卡片</td><td>机床型号</td><td colspan="2"></td></tr>
<tr><td colspan="2">零件名称</td><td>槽板零件</td><td>机床编号</td><td colspan="2">1</td></tr>
<tr><td colspan="2">零件材料</td><td>铝合金（2A12）</td><td>使用夹具</td><td colspan="2">机用虎钳</td></tr>
<tr><td colspan="8">工步描述</td></tr>
<tr><td>工步编号</td><td>工步内容</td><td>刀具编号</td><td>刀具规格</td><td>主轴转速 n /（r/min）</td><td>进给速度 v_f /（mm/min）</td><td>背吃刀量 a_p /mm</td><td>刀具偏置</td></tr>
<tr><td>1</td><td></td><td></td><td></td><td></td><td></td><td></td><td></td></tr>
<tr><td>2</td><td></td><td></td><td></td><td></td><td></td><td></td><td></td></tr>
<tr><td>3</td><td></td><td></td><td></td><td></td><td></td><td></td><td></td></tr>
<tr><td>4</td><td></td><td></td><td></td><td></td><td></td><td></td><td></td></tr>
</table>

三、模拟加工

1. 程序编制

选择工件上表面的中心为工件原点，并设置在G54上。

1）上表面粗加工参考程序见表2-26。

表2-26　上表面粗加工参考程序

程序		含义（学生填写）
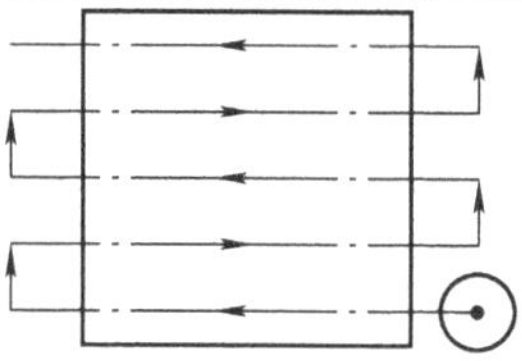		
	O2301	
N2	G54；	
N4	G90　G00　X55.　Y－32.；	
N6	S700　M03　F260；	
N8	Z5.；	
N10	G01　Z－0.5；	
N12	X－55.；	
N14	Y－16.；	
N16	X55.；	
N18	Y0；	
N20	X－55.；	
N22	Y16.；	
N24	X55.；	
N26	Y32.；	
N28	X－55.；	
N30	G00　Z100.　M05；	
N32	M30；	

2）上表面精加工参考程序见表2-27。

表2-27　上表面精加工参考程序

程序		含义（学生填写）
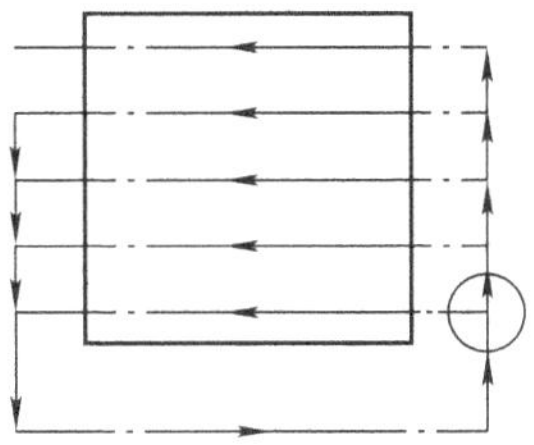		
	O2302	
N2	G54；	
N4	G90　G00　X55　Y－32	
N6	S900　M03　F180；	
N8	Z5；	
N10	G01　Z－0.5；/应根据实测获得	
N12	X－55；	
N14	G00　Y－55；	
N16	X55；	
N18	Y－16；	
N20	G01　X－55；	
N22	G00　Y－55；	
N24	X55；	
N26	Y0；	
N28	G01　X－55；	
N30	G00　Y－55；	
N32	X55；	
N34	Y16；	
N36	G01　X－55；	
N38	G00　Y－55；	
N40	X55；	
N42	Y32；	
N44	G01　X－55；	
N46	G00　Z100　M05；	
N48	M30；	

3）沟槽加工参考程序见表2-28。

表2-28 沟槽加工参考程序

程序		含义（学生填写）
	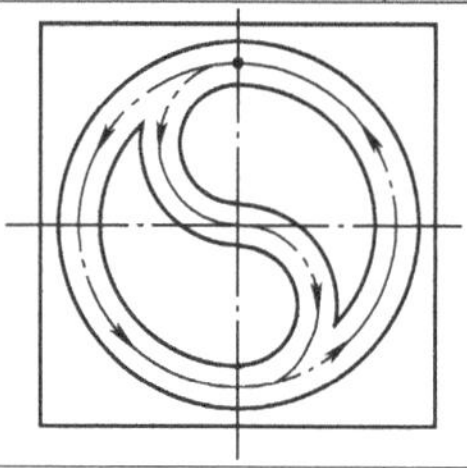	
	O2303	
N2	G54；	
N4	G90 G00 X0 Y32；	
N6	S1200 M03 F240；	
N8	Z5；	
N10	Z－2；	
N12	G03 J－32；	
N14	G03 X0 Y0 R16；	
N16	G02 Y－32 R16；	
N18	G00 Z100 M05；	
N20	M30；	

2. 仿真加工

打开数控加工仿真软件，选择机床、定义毛坯及夹具、选择刀具，进行对刀并设置好工件坐标系，输入加工程序，完成零件的仿真模拟加工，加工过程中注意观察程序运行状态，及时发现并纠正程序中的错误，以免在后续机床实际加工中出现干涉或撞刀等问题。

四、加工工件

1. 召开课前会

工作安排见表2-29。

表2-29 工作安排表

序号	内容	工作要求
1	明确操作任务	“太极图槽板”零件的编程与加工
2	召开课前会	1）检查学生出勤、着装，交代安全注意事项，严禁学生在车间打闹、串岗 2）安排工、量、刀具领取 3）各组进行人员分工，明确每个成员的任务和操作顺序

2. 工、量、刃具的确定及领取（见表2-30）

表2-30 工具、量具、刃具清单

序号	名称	规格	单位	数量
1	毛坯	铝合金（2A12）：80mm×80mm×25mm	件	1
2	立铣刀	ϕ20mm	把	1
3	键槽铣刀	ϕ8mm	把	1
4	游标卡尺	0～150mm	把	1

（续）

序号	名称	规格	单位	数量
5	表面粗糙度样板		副	1
6	杠杆表及表座	0～1.5mm	套	1
7	刀柄	与刀具配套	套	2
8	等高垫铁		副	若干
9	机用虎钳		台	1
10	专用扳手	与机用虎钳配套	套	1
11	木锤		把	1

3. 人员分工（见表2-31）

表2-31 人员分工表

操作员	材料员	记录员	工艺员	检验员	安全员

4. 加工准备

按照数控铣床操作规程进行操作，注意一人操作，其他同学认真观察。

1）开机、回参考点。

2）阅读零件图，检查毛坯尺寸。

3）装夹找正工件。

4）装夹刀具，装上 ϕ20mm 的立铣刀。

5）对刀并设定工件坐标系。

6）输入程序。

7）程序校验。

把工件坐标系的Z轴朝正方向平移50mm，方法是在00 G54的Z中设为50，如图2-32所示，打开图形模拟窗口，按下循环启动键，降低进给速度，检查刀具运动是否正确，如图2-33所示。

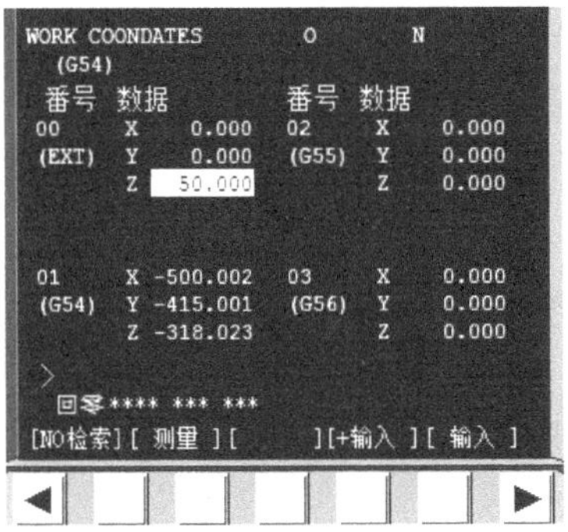

图2-32 平移坐标系设置

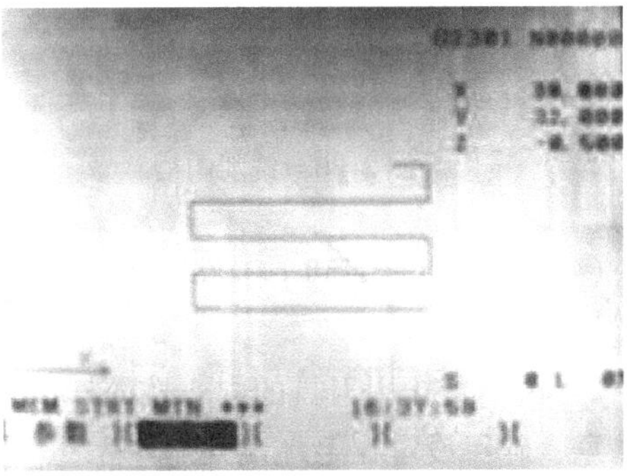

图2-33 图形模拟窗口

5. 加工工件

（1）粗铣基准平面 *A* 在“编辑”方式下打开“O2301”程序，切换至“自动”方式，打开“单段”功能，主轴倍率调至100%，进给倍率和快速倍率调至较低，按“循环启动”

按钮，注意观察刀具运动情况，防止撞刀和意外（如发现情况不对，迅速按下“进给保持”按钮），如图2-34所示。待刀具正常切削后，可关闭“单段”功能，但要时刻注意程序运行情况。

a)

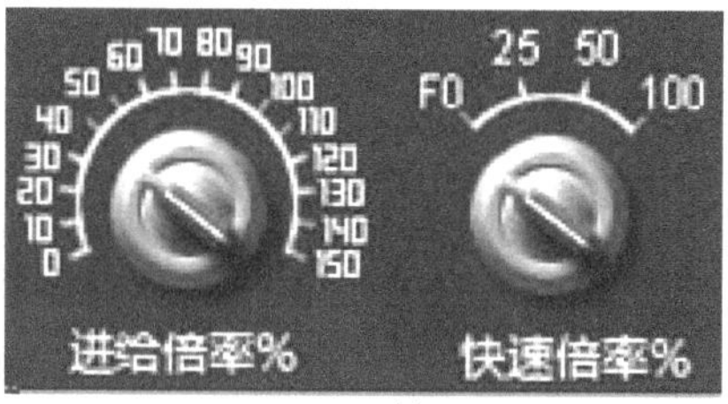

b)

图2-34　倍率旋钮的调整

（2）粗、精铣工件上表面　翻转工件，定位夹紧，重新对刀，调用“O2301”程序，粗铣上表面，测量这时工件的高度，打开“O2302”程序，修改程序中下刀的程序段，自动加工，保证工件的高度尺寸，如图2-35所示。

（3）铣削沟槽　取下ϕ20mm立铣刀，换上ϕ8mm键槽铣刀，用Z轴设定器对刀并设置工件坐标系的Z坐标，调用“O2303”程序，铣削沟槽，如图2-36所示。

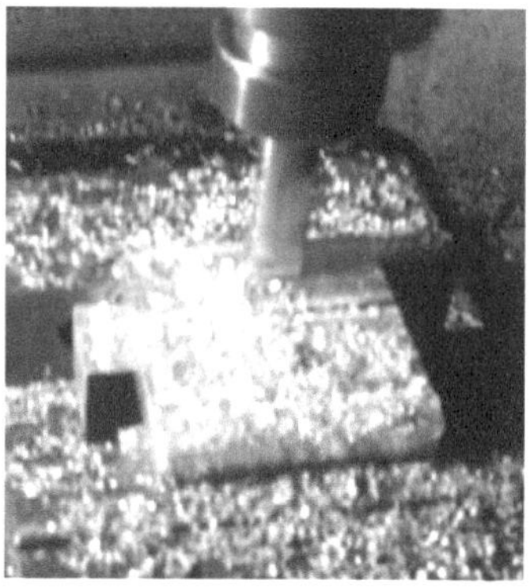

图2-35　粗、精铣工件上表面

图2-36　铣削沟槽

图2-37　清理机床

（4）松开夹具，卸下工件，清理机床，如图2-37所示。

【注意】

1）由于直接用刀具的中心按图样尺寸编程，刀具是有直径的，所以确定下刀点时要特别注意，确保设定在毛坯以外。

2）若使用面铣刀加工平面，可以手动加工，也可以编写程序自动加工，粗铣时选择的铣刀直径应小些，精铣时铣刀直径应大些，尽量包容工件的整个加工宽度，以提高加工精度和效率。

3）使用面铣刀对刀及手动铣削平面时，应慢速进给，防止切削刃过快切入工件，导致崩刃。

任务考评

一、零件加工质量检测标准（见表2-32）

表2-32　评分标准

班级		姓名		学号		加工日期和时间		总分
序号	项目	技术要求	配分	评分标准	学生自测	小组检测	教师检测	得分
1	尺寸检测	高度（24±0.05）mm	20	超差0.01mm扣1分				
2		槽宽8mm	10	超差0.01mm扣1分				
3		槽深2mm	10	超差0.01mm扣1分				
4		表面粗糙度 *Ra*3.2mm	10	每降一级扣2分				
5		表面粗糙度 *Ra*6.3mm	10	每降一级扣2分				
6	编程	加工工序卡	10	不合理每处扣1分				
7		程序正确、简单、规范	10	每错一处扣1分				
8	操作	机床操作规范	5	出错一次扣1分				
9		工件、刀具装夹正确	5	出错一次扣1分				
10	安全文明生产	安全操作	5	安全事故停止操作				
11		整理机床、维护保养	5	酌情扣分				

二、过程评价

1. 自评和互评标准（40%）（见表2-33）

表2-33　自评和互评标准表

任务名称				任务编号		
班级		姓名		学号		
评价项目	评价标准	评价结果				分项评分
		优	良	中	差	
职业素养（自评）（10%）	按照要求出勤，着装整齐规范，遵守课堂纪律，在工作中态度端正，精神面貌好，团结协作，遵守安全操作规程，无安全事故	10	8	5	0	
工艺编制、编程（自评）（10%）	刀具选择正确，工艺制订合理，程序编写正确	10	8	5	0	
机床操作能力（自评）（5%）	工件安装和找正方法正确，对刀操作规范，机床操作熟练，及时保养、维护和清扫设备	5	3	2	0	
零件加工质量（互评）（10%）	尺寸精度，表面质量符合图样要求，量具使用熟练规范	10	8	5	0	

（续）

评价项目	评价标准	评价结果				分项评分
		优	良	中	差	
日常作业完成情况（自评）（5%）	按时、认真完成	5	3	2	0	
综合评价结果						
组长		时间				

2. 教师评价标准（50%）（见表2-34）

表2-34　教师评价标准表

任务名称					任务编号			
班级		姓名			学号			
评价项目		评价标准	评价结果				分项评分	
			优	良	中	差		
考勤（15%）	迟到	无迟到、早退、旷课现象	5	4	3	0		
	早退		5	4	3	0		
	旷课		5	4	3	0		
工作任务完成情况（30%）	加工工艺	能独立制订任务所规定零件的数控加工工艺	5	4	3	0		
	程序编制	格式正确，代码使用正确，与工艺对应性好，整体优化	5	4	3	0		
	操作规范	对刀规范，无加工碰撞与干涉，对加工过程中出现的异常情况做出正确处理	5	4	3	0		
	零件加工质量	达到图样要求的精度、表面粗糙度和有关技术要求	10	8	5	0		
	职业素质	着装整齐规范、遵守课堂纪律，在工作中态度端正，精神面貌好，团结协作，遵守安全操作规程，无安全事故；及时保养、维护和清扫设备	5	4	3	0		
任务报告（5%）	完成时间	按时完成	2	1	0	0		
	报告环节	内容正确，任务（项目）报告环节完整，书写整齐、字体工整	3	2	1	0		
综合评价结果								
教师			时间					

注：教师评价表由教师填写，学生不准填写。

3. 讨论评价标准（10%）（见表 2-35）

表 2-35　讨论评价标准表

评价项目	评价标准	评价结果				分项评分
		优	良	中	差	
参与程度（2%）	积极讨论、积极寻找解决方案	2	1	0.5	0	
是否完成一定的任务（2%）	担任一个角色促进任务的完成	2	1	0.5	0	
小组汇报情况（2%）	组内轮流派人汇报交流，汇报者口齿清楚、声音洪亮、条理清晰	2	1	0.5	0	
讨论结果（4%）	讨论结果思路清晰、理由充分、结果可行	4	3	2	1	
合计（总分）						

4. 实训鉴定（见表 2-36）

表 2-36　实训鉴定表

自我鉴定	通过本任务学习，同学们的收获有： 学生签名：________ _____年___月___日
指导教师鉴定	指导教师签名：________ _____年___月___日

综合训练

一、问题解答

1）按照什么原则安排切削加工顺序？

2）切削用量三要素包含哪些内容？简述切削用量三要素的选择原则。

3）采用 ϕ12mm 的高速钢三刃立铣刀加工工件，工件材料为 45 钢，请查表确定加工时的切削速度和每齿进给量，并计算出加工时的主轴转速 n 和进给速度 v_f。

4）简述 M00 和 M01 的区别，M02 和 M30 的区别。

5）简述 G00 和 G01 的区别，G00 和 G01 各用在什么场合？

6）加工过程中如果刀具突然崩刃了，换上新刀后，继续加工前需要重新对刀吗？为什么？

7）在使用终点半径格式编写圆弧程序时，圆弧半径在什么时候取正值？什么时候取负值?

二、任务训练

1）在 60mm×60mm×20mm 的铝合金毛坯上，自选刀具、自定切削用量参数加工如图 2-38 所示的零件。

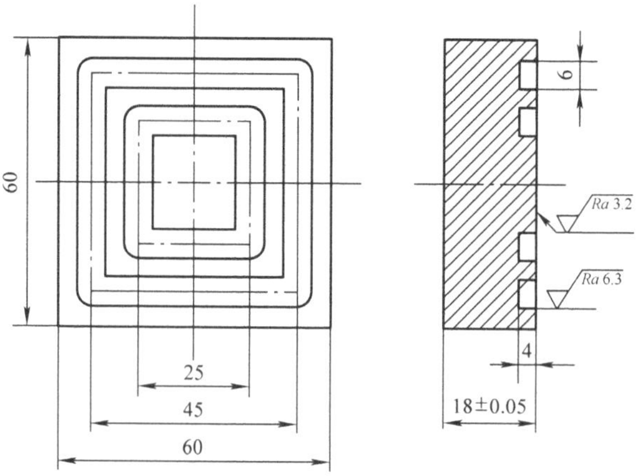

图 2-38　沟槽零件加工训练

2）要求在 60mm×60mm×20mm 的毛坯上表面，自己设计尺寸，加工如“B、O、S、C、D、R、丰、品”等字母或汉字，槽宽 6mm，槽深 2mm，毛坯材料为铝合金，选择合适的刀具，自编程序进行加工。

任务四　铣削外轮廓

学习目标

- 能够进行安全操作。
- 能正确选择和使用铣刀，能合理确定切削用量参数。
- 能合理制订加工工艺对外轮廓进行铣削加工。
- 能熟练掌握外轮廓加工的走刀路线。
- 能熟练掌握外轮廓零件的编程与加工方法。
- 能够根据图样要求合理控制零件尺寸。
- 清扫卫生，维护机床，收工具。

任务描述

学校数控实训车间接到一批凸模板零件的加工任务，零件图如图 2-39 所示。材质为铝合金（2A12），可以使用数控铣床加工，要求学生们在 6 学时内，以合作的方式制订该零件的数控铣削加工工艺，自编程序完成零件样件的加工，并完成工艺规程表指导生产，以确定能否投产加工。任务内容如下。

1）制订凸模板零件的数控铣削加工工艺。

2）以合作的方式完成凸模板零件的加工。

3）对凸模板零件尺寸精度进行检测，并对几何误差进行分析。

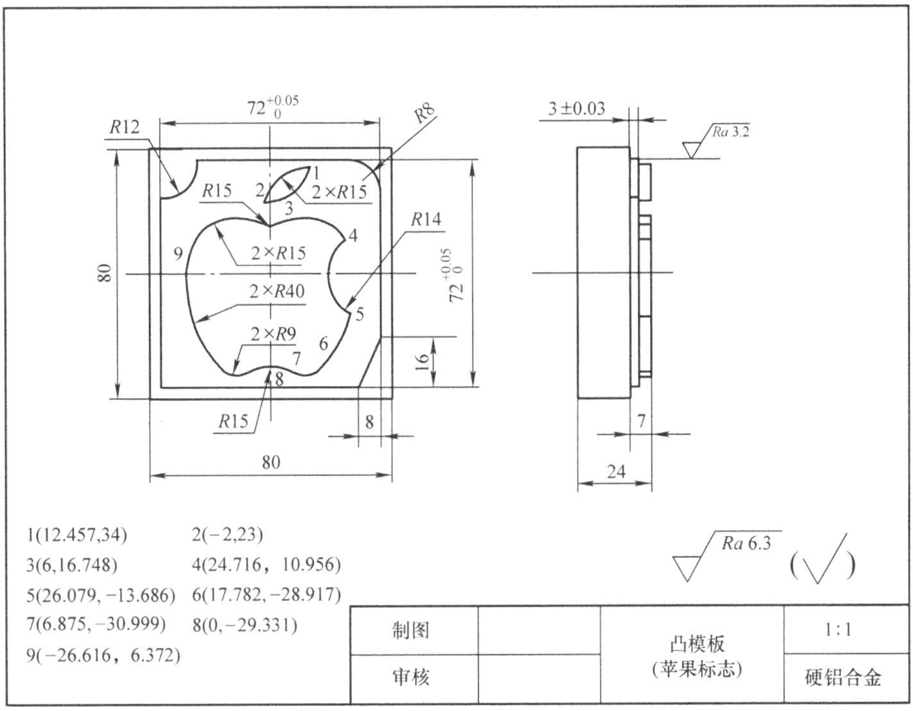

图 2-39 凸模板零件图

任务准备

（1）场地、设备、夹具、工具、量具准备 ①数控实训车间或仿真室；②数控铣床 6 台，FANUC 0i 系统；③夹具：机用虎钳；④工具：机用虎钳扳手、内六角扳手、锁刀座、上刀扳手、BT40 刀柄、拉钉、等高垫铁、木锤、光电式寻边器、杠杆表等；⑤刀具：ϕ20mm 的高速钢立铣刀、ϕ6mm 的高速钢立铣刀；⑥量具：游标卡尺、螺旋千分尺、深度千分尺、表面粗糙度样板、R 样板规；⑦学习资料：零件图样、工艺规程文件、针对本任务的学习指南、工作页、精度检验单等。

（2）材料准备 毛坯：尺寸为 80mm × 80mm × 25mm 的方形毛坯，材料为铝合金（2A12）（前面任务的剩余材料）。

（3）教学方法 讲授、演示、角色扮演、小组讨论、任务引领、理实一体化、操作训练。

（4）劳动组织 将班级分成 6 个小组，每个小组 5 ~ 6 人，其中 1 人担任组长。小组成员各自承担相应的角色，如操作员、材料员、记录员、工艺员、检验员、安全员等。

知识链接

一、FANUC 0i 系统的刀具半径补偿功能

1. 刀具半径补偿的用途

1）简化编程，使编程人员编程时不用考虑刀具半径，只需根据零件的轮廓形状编程即可。

2）当刀具由于磨损、重磨或更换等原因使刀具半径发生变化时，不需要修改零件程序，只需修改存放在刀具半径寄存器中的刀具半径值即可，如图 2-40 所示。

3）通过修改刀具半径补偿值或磨耗值，可以使用同一程序、同一刀具完成零件的粗、半精和精加工，如图 2-41 所示。

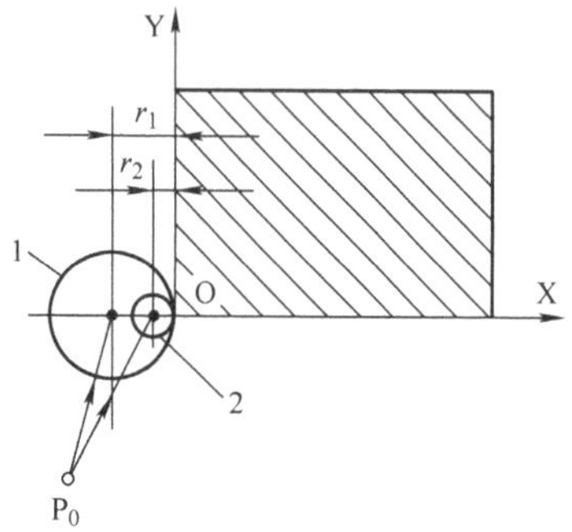

图 2-40　刀具直径变化，程序不变

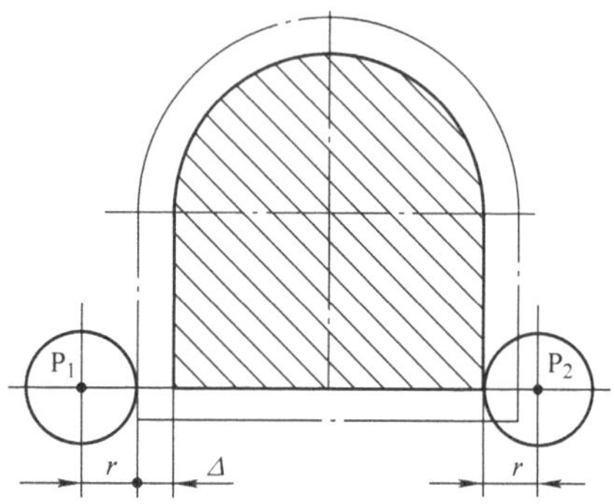

图 2-41　利用刀具半径补偿进行粗精加工

P_1—粗加工刀心轨迹　P_2—精加工刀心轨迹

2. 刀具半径补偿的三个阶段

（1）建立刀具半径补偿　刀具从起刀点接近工件时，刀具中心轨迹从与编程轨迹重合过渡到与编程轨迹偏离一个刀具半径补偿值的过程。使用建立刀具半径补偿指令（G41/G42）。

（2）进行刀具半径补偿　建立刀具半径补偿指令一经执行将一直有效，刀具中心始终与编程轨迹相距一个刀具半径补偿值直到刀补取消。

（3）取消刀具半径补偿　刀具离开工件后，使刀具中心轨迹重新过渡到与编程轨迹重合的过程。使用取消刀具半径补偿指令（G40）。

3. 建立刀具半径补偿指令

根据偏移的方向，建立刀具半径补偿的指令有两条，刀具半径左补偿 G41 和刀具半径右补偿 G42。

【编程格式】

$$\begin{Bmatrix}G17\\G18\\G19\end{Bmatrix}\begin{Bmatrix}G41\\G42\end{Bmatrix}\begin{Bmatrix}G00\\G01\end{Bmatrix}\begin{Bmatrix}X\_\_ & Y\_\_\\X\_\_ & Z\_\_\\Y\_\_ & Z\_\_\end{Bmatrix}D\_\_;$$

【说明】

1）X __ Y __：建立或取消刀具半径补偿的终点坐标值。

2）D __：刀具补偿寄存器号。

【左、右补偿的判断】

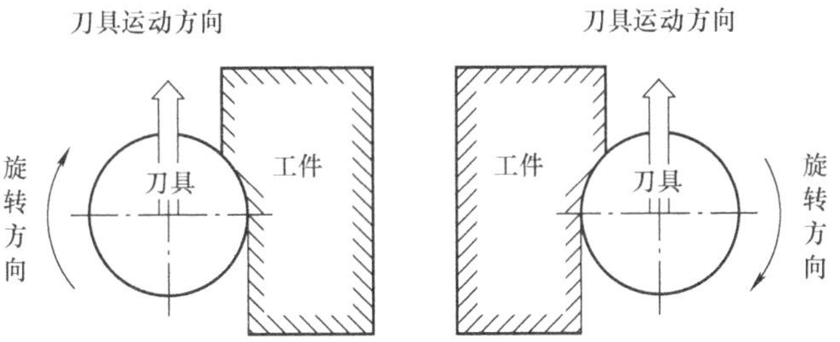

a) b)

图 2-42 刀具半径左、右补偿的判断

a）刀具半径左补偿 b）刀具半径右补偿

如图 2-42 所示，假设工件不动，沿着刀具运动方向看，刀具位于轮廓线左侧时，为刀具半径左补偿，用 G41；刀具位于轮廓线右侧时，为刀具半径右补偿，用 G42。

4. 取消刀具半径补偿指令

【编程格式】

$$\begin{Bmatrix}G17\\G18\\G19\end{Bmatrix}G40\begin{Bmatrix}G00\\G01\end{Bmatrix}\begin{Bmatrix}X\_\_ & Y\_\_\\X\_\_ & Z\_\_\\Y\_\_ & Z\_\_\end{Bmatrix};$$

【说明】

取消刀补时，不用指明刀补号。

5. 使用刀具半径补偿指令的注意事项

1）尽可能在切入工件之前建立刀具半径补偿，切出工件之后取消刀具半径补偿，防止出现过切。

2）刀具半径补偿是在刀具直线移动过程中建立或取消的，只能用 G00 或 G01。若建立或取消的过程中刀具和工件无接触使用 G00，否则使用 G01。

3）刀具从当前位置到 X、Y 指定位置的距离必须大于刀具半径补偿值，才能建立或取消刀具半径补偿。

4）只有在刀具半径补偿寄存器中预存了数值，刀具半径补偿才能起作用。

二、子程序的应用

在实际生产中，经常遇到重复性的加工动作，如零件 Z 向分层加工时，每一层的动作都是相同的，或在一个零件上加工多个完全相同的结构，此时可以将这部分重复动作编写成一个程序并单独命名，这就是子程序。

子程序一般不能作为独立的加工程序使用，它只能通过调用实现加工中的动作。调用子程序的程序称为主程序，被调用的子程序还可以调用其他子程序，即子程序允许嵌套，如图2-43所示。

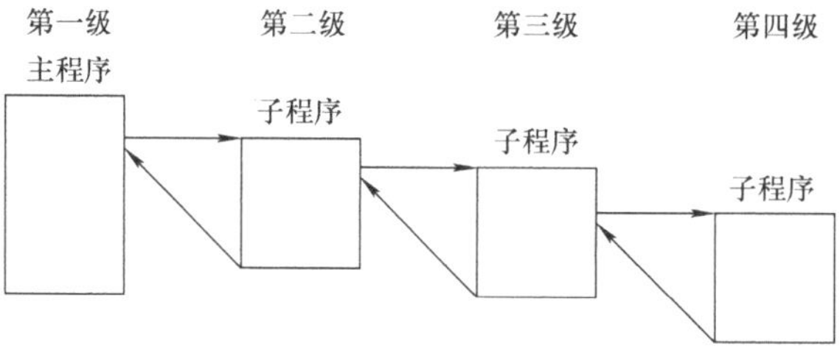

图2-43　子程序嵌套示意图

1. 子程序的结构

在大多数的数控系统中，子程序和主程序并无本质区别，只是结束标记不同。FANUC系统和华中数控的子程序均用M99指令结束。

2. 子程序的调用格式

M98　P__　L__;

【说明】

P后的4位数字用于指定子程序名；L后的4位数字用于指定重复调用次数，省略时为调用一次。

三、轮廓铣削刀具的选择

在数控加工中，轮廓铣削常用平底立铣刀。

在选择刀具时，为提高铣削效率，应尽量选择直径较大的铣刀，但铣刀直径往往受到加工部位的几何形状、刚性等因素的限制，所以如图2-44所示，应注意以下几个方面。

1）刀具半径（$D/2$）应小于工件的最小内拐角半径R，一般取$D/2=(0.8\sim0.9)R$，以免产生切不到现象。

2）刀具底的圆角半径r一般选择跟工件根部圆角半径相等，若无法相等，则应选择刀具底的圆角半径r大于工件的根部圆角半径。

3）在选择刀具长度L和刃口长度l时，应考虑机床的自身情况及零件的尺寸。在条件允许的情况下，L

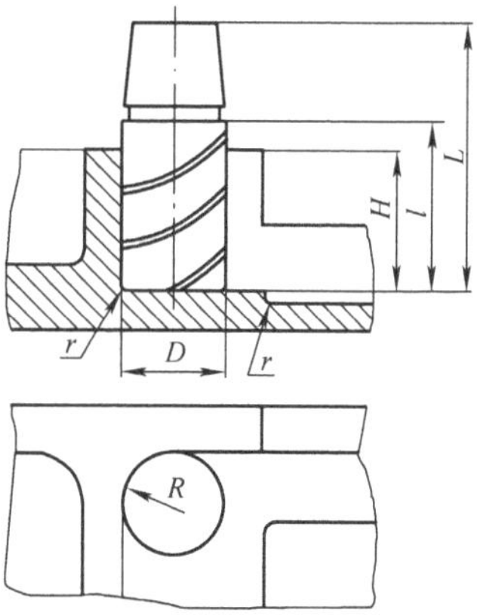

图2-44　立铣刀主要参数的选用

尽量选短一些，以提高刀具的刚度；选取 $l = H + r + (5 \sim 10)$mm。

任务实施

一、任务分析

本任务要铣削两层凸台，底层凸台为底座，有一 $R12$mm 的内凹圆角，高度为（3 ±0.03）mm，上层凸台为苹果标志，由苹果和叶子两部分，每部分均由多段圆弧组成，高度为（4 ±0.03）mm，除底座侧壁表面粗糙度为 $Ra3.2$mm 外，其余部分的表面粗糙度均为 $Ra6.3\mu m$，毛坯材料为铝合金（2A12）。根据实训车间的设备情况和学生技能情况可以在规定的时间内完成，达到质量要求。

二、制订加工工艺

1. 工艺分析

（1）装夹、定位　采用机用虎钳装夹，底部用等高垫铁垫起，保证工件上表面高出钳口一个安全的距离，找正并夹紧工件。

（2）工序安排　加工顺序根据“先粗后精”的原则，制订如下工序步骤。

1）粗、精铣零件上表面，保证零件高度尺寸24mm。

2）粗、半精、精铣底座凸台。

3）粗、半精、精铣苹果标志和叶形凸起。

（3）刀具、量具选择　刀具：ϕ20mm 的三齿高速钢立铣刀铣削上表面和底座凸台，ϕ6mm 的立铣刀铣削苹果标志。量具：0 ~ 150mm 的游标卡尺、50 ~ 75mm 的螺旋千分尺、0 ~ 25mm的深度千分尺、表面粗糙度样板、R 样板规。

（4）合理设计走刀路线　注意确定起刀点、下刀点、抬刀点、加工轨迹。

平面铣：（略）。

轮廓铣：由于零件无硬皮，为保证表面质量，粗精加工均采用顺铣方式，进退刀采用圆弧切入切出方式。

底座：在工件靠近操作者方向的左侧毛坯外确定下刀点，下刀后向右建立刀具半径补偿，沿轮廓延伸线切入工件，顺时针走刀一周，沿轮廓延伸线切出工件，取消刀具半径补偿后抬刀。

苹果标志：自工件靠近操作者一侧中间确定下刀点，向右前方建立刀具半径补偿，沿圆弧切入工件，顺时针走刀一周，沿圆弧切出工件，取消刀具半径补偿后抬刀。

叶形凸起：自工件背离操作者方向右侧确定下刀点，下刀后向左建立刀具半径补偿，沿直线切入，顺时针走刀一周，向右沿直线切出工件后取消刀具半径补偿。

（5）确定切削用量（见表 2-37）

表 2-37　切削用量表

序号	加工项目	刀具	背吃刀量 a_p /mm	主轴转速 n /(r/min)	进给量 v_f/(mm/min)
1	粗、精铣工件上表面	ϕ20mm 立铣刀	≈0.7（粗铣）	800	240
			≈0.3（精铣）	1000	180
2	粗、半精、精铣底座凸台	ϕ20mm 立铣刀	1.75（粗铣）	800	240
			7（半精、精铣）	1000	180
3	粗、半精、精铣苹果标志和叶形凸起	ϕ6mm 立铣刀	1（粗铣）	1500	360
			4（半精、精铣）	1700	200

2. 填写工序卡片（见表 2-38）

表 2-38　数控加工工序卡片（学生填写）

零件图号	2-4-1	数控加工工序卡片	机床型号	
零件名称	凸模板零件		机床编号	1
零件材料	铝合金（2A12）		使用夹具	机用虎钳

工步描述

工步编号	工步内容	刀具编号	刀具规格	主轴转速 n/（r/min）	进给速度 v_f /（mm/min）	背吃刀量 a_p /mm	刀具偏置
1							
2							
3							
4							

三、模拟加工

1. 程序编制

选择工件上表面的中心为工件原点，并设置在 G54 上。

1）上表面的粗、精铣参考程序（略）。

2）底座凸台的粗、精铣参考程序，见表 2-39。

表 2-39　底座凸台的粗、精铣参考程序

程序		含义（学生填写）
	O2403　　主程序	
N2	G54　G17　G40；	
N4	G90　G00　X－55　Y－55；	
N6	S800　M03　F240；/精 S1000，F180	
N8	Z5；	
N10	G01　Z1；	
N12	M98　P41　L4；　/精 L1	

（续）

程序		含义（学生填写）
	O2403 主程序	
N14	G00 Z100 M05；	
N16	M30；	
N18		
N20	O0041 子程序	
N22	G91 G01 Z－1.75；/精 Z－7	
N24	G90 G41 X－36 D01；/粗 D01＝10.8；半精 D01＝10.3；精 D01＝10 或实测	
N26	Y24；	
N28	G03 X－24 Y36 R12；	
N30	G01 X28；	
N32	G02 X36 Y28 R8；	
N34	G01 Y－20；	
N36	X26 Y－32；	
N38	X－55；	
N40	G40 G01 Y－55；	
N42	M99；	

3）苹果标志的粗、精铣参考程序，见表 2-40。

表 2-40 苹果标志的粗、精铣参考程序

程序		含义（学生填写）
	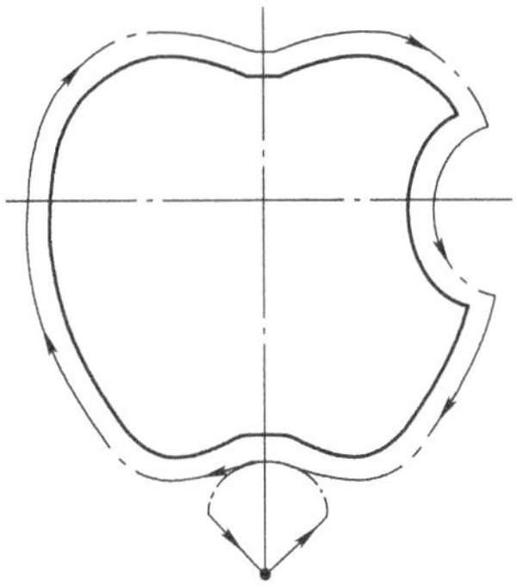	
	O2404 主程序	
N2	G54 G17 G40；	
N4	G90 G00 X0 Y－48；	
N6	S1500 M03 F360；/精 S1700，F200	
N8	Z5；	
N10	G01 Z0；	

（续）

程序		含义（学生填写）
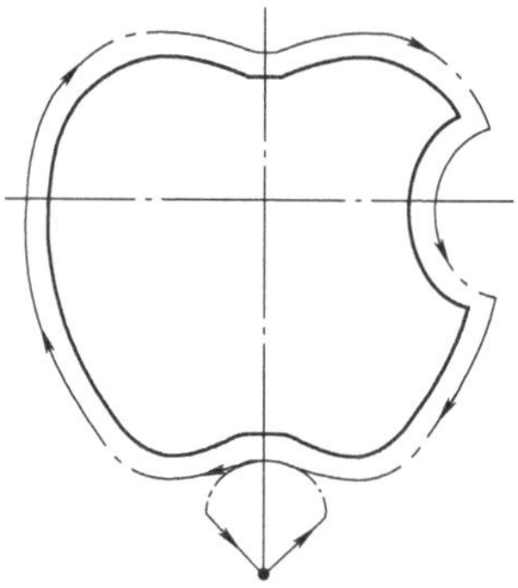		
	O2404　主程序	
N12	M98　P42　L4；/精 L1	
N14	G00　Z100　M05；	
N16	M30；	
N18		
N20	O0042　子程序	
N22	G91　G01　Z－1；/精 Z－4	
N24	G90　G41　X8　Y－37.331　D02；/粗 D02＝3.8；半精 D02＝3.3；精 D02＝3 或实测	
N26	G03　X0　Y－29.331　R8；	
N28	X－6.875　Y－30.999　R15；	
N30	G02　X－17.782　Y－28.917　R9；	
N32	X－26.616　Y6.372　R40；	
N34	X－6　Y16.748　R15；	
N36	G03　X6　R15；	
N38	G02　X24.716　Y10.956　R15；	
N40	G03　X26.079　Y－13.686　R14；	
N42	G02　X17.782　Y－28.917　R40；	
N44	X6.875　Y－30.999　R9；	
N46	G03　X0　Y－29.331　R15；	
N48	X－8　Y－37.331　R8；	
N50	G40　G01　X0　Y－48；	
N52	M99；	

4）叶形凸起的粗、精铣参考程序，见表2-41。

表 2-41 叶形凸起的粗、精铣参考程序

程序		含义（学生填写）
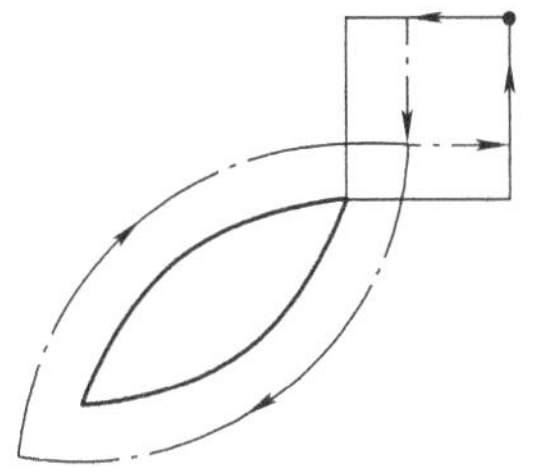		
	O2405 主程序	
N2	G54 G17 G40；	
N4	G90 G00 X18 Y40；	
N6	S1500 M03 F360；/精 S1700，F200	
N8	Z5；	
N10	G01 Z0；	
N12	M98 P43 L4；/精 L1	
N14	G00 Z100 M05；	
N16	M30；	
N18		
N20	O0043 子程序	
N22	G91 G01 Z－1；/精 Z－4	
N24	G90 G41 X12.457 D02；/粗 D02＝3.8；半精 D02＝3.3；精 D02＝3 或实测	
N26	Y34；	
N28	G02 X－2 Y23 R15；	
N30	X12.457 Y34 R15；	
N32	G01 X18；	
N34	G40 Y40；	
N36	M99	

2. 仿真加工

打开数控加工仿真软件，选择机床、定义毛坯及夹具、选择刀具，进行对刀并设置好工件坐标系，输入加工程序，完成零件的仿真模拟加工，加工过程中注意观察程序运行状态，及时发现并纠正程序中的错误，以免在后续机床实际加工中出现干涉或撞刀等问题。

四、加工工件

1. 召开课前会

工作安排见表 2-42。

表 2-42　工作安排表

序号	内容	标准
1	明确操作任务	“凸模板”零件的编程与加工
2	召开课前会	1）检查学生出勤、着装，交代安全注意事项，严禁学生在车间打闹、串岗 2）安排工、量、刀具领取 3）各组进行人员分工，明确每个成员的任务和操作顺序

2. 工、量、刃具的确定及领取（见表 2-43）

表 2-43　工、量、刃具清单

序号	名称	规格	单位	数量
1	毛坯	铝合金（2A12）：80mm × 80mm × 25mm	件	1
2	立铣刀	ϕ20mm	把	1
3	立铣刀	ϕ6mm	把	1
4	游标卡尺	0 ~ 150mm	把	1
5	螺旋千分尺	50 ~ 75mm	把	1
6	深度千分尺	0 ~ 25mm	把	1
7	R 样板规		套	1
8	表面粗糙度样板		副	1
9	杠杆表及表座	0 ~ 1.5mm	套	1
10	刀柄	与刀具配套	套	2
11	等高垫铁		副	若干
12	机用虎钳		台	1
13	专用扳手	与机用虎钳配套	套	1
14	木锤		把	1

3. 人员分工（见表 2-44）

表 2-44　人员分工表

操作员	材料员	记录员	工艺员	检验员	安全员

4. 加工准备

按照数控铣床操作规程进行操作，注意一人操作，其他同学认真观察。

1）开机、回参考点。

2）阅读零件图，检查毛坯尺寸。

3）装夹找正工件。

4）装夹刀具，装上 ϕ20mm 的立铣刀。

5）对刀并设定工件坐标系。

6）输入程序。

7）程序校验。

把工件坐标系的 Z 轴朝正方向上移 50mm，方法是在 00 G54 的 Z 中设为 50，打开“图形模拟”窗口，按下“循环启动”键，降低进给速度，检查刀具运动是否正确。

5. 加工工件

（1）粗、精铣工件上表面　调用平面粗加工程序，粗铣上表面，测量这时工件的高度，打开平面精加工程序，修改程序中下刀的程序段，自动加工，保证工件的高度尺寸。

（2）粗、精铣底座凸台　在刀补界面 D01 的对应位置输入“10.8”（单边预留 0.8mm 的加工余量），然后在“编辑”方式下调用“O2403”底座凸台加工程序，切换至程序运行状态，打开“单段”功能，控制好进给倍率和主轴倍率，按“循环启动”按钮，并注意观察刀具运动情况，防止撞刀和意外。待刀具正常切削后，可关闭“单段”功能，但要时刻注意程序运行情况。

粗铣完成后，在刀补界面 D01 的对应位置输入“10.3”（预留 0.3mm 精加工余量），然后按“循环启动”按钮，完成底座凸台的半精加工。

手动移动工作台至便于工件测量的位置，用千分尺测量长宽尺寸，并依此计算出实际的刀补值，输入至刀补 D01 中，然后按“循环启动”按钮，完成底座凸台的精加工，如图 2-45所示。

（3）粗、精铣苹果标志和叶形凸起　取下 ϕ20mm 立铣刀，换上 ϕ6mm 立铣刀，用 Z 轴设定器对刀并设置工件坐标系的 Z 坐标，调用“O2404”苹果标志加工程序和“O2405”叶形凸起加工程序，采用粗铣→半精铣→精铣的步骤完成苹果标志和叶形凸起的粗、精铣削，如图 2-46 所示。

图 2-45　粗、精铣底座凸台

图 2-46　粗、精铣苹果和叶子

（4）手工去除余量　用钢丝刷等工具去除毛刺、飞边。

（5）松开夹具，卸下工件，清理机床，如图 2-37 所示。

【注意事项】

1）按先粗后精的原则制定加工方案，粗加工时逆铣，逆时针走刀，精加工时顺铣，顺时针走刀。如果毛坯表面无硬皮，机床进给机构无间隙，也可粗、精加工都用顺铣。

2）如果加工同一部位用到两把刀，如 ϕ6mm 立铣刀铣苹果标志轮廓，ϕ20mm 立铣刀去除余量，这时 Z 向对刀要特别仔细，避免因 Z 向对刀误差导致凸台底面出现接刀痕迹。

3）如果粗、精加工的走刀路线一致，当刀具半径发生变化时，可以不改变程序（若切削用量参数发生变化，需要修改），通过修改刀具半径补偿值，完成零件的粗、精加工。

4）为保证圆弧处有较好的垂直度和表面粗糙度值，最后一刀精加工时，刀具可以在 Z 向抬高 2 丝（1 丝 =0.01mm），采用顺铣加工，这样可防止刀具在精加工中受到轴向力的作用而划伤已加工表面。

5）测量尺寸前，应去除毛刺，擦干净被测部位及量具。为保证测量准确，还要多测几个位置。

任务考评

一、零件加工质量检测标准（见表 2-45）

表 2-45　评分标准

班级		姓名		学号	加工日期和时间			总分	
序号	项目		技术要求	配分	评分标准	学生自测	小组检测	教师检测	得分
1	尺寸检测		工件高度 24mm	3	超差不得分				
2		底座凸台	$72^{+0.05}_{0}$mm（2 处）	6	超差 0.01mm 扣 1 分				
3			R12mm	3	超差不得分				
4			8mm、16mm	3	超差不得分				
5			深度（3 ±0.03） mm	5	超差 0.01mm 扣 1 分				
6			Ra3.2μm	3	每降一级扣 2 分				
7		苹果	R15mm（4 处）	8	超差不得分				
8			R40mm（2 处）	4	超差不得分				
9			R9mm（2 处）	4	超差不得分				
10			R14mm	3	超差不得分				
11			高度（4 ±0.03）mm	4	超差 0.01mm 扣 1 分				
12			Ra6.3μm	3	每降一级扣 2 分				
13		叶子	R15mm（2 处）	4	超差不得分				
14			高度（4 ±0.03）mm	4	超差 0.01mm 扣 1 分				
15			Ra6.3μm	3	每降一级扣 2 分				
16	程序编制		完成所有程序编制	10	未全部完成酌情扣分				
17			程序正确、简单、规范	10	程序有错、不规范酌情扣分				
18	工艺合理		合理选用刀、量具	5	不合理酌情扣分				
19			加工顺序、刀具轨迹合理，切削用量选择合理	5	不合理酌情扣分				
20	安全文明生产		安全、规范操作	5	不规范酌情扣分				
21			刀量具摆放规范	3	不规范酌情扣分				
22			整理、维护保养	2	不整理酌情扣分				
合计				100					

二、过程评价

1. 自评和互评标准（40%）（见表2-46）

表2-46 自评和互评标准

任务名称					任务编号			
班级		姓名			学号			
评价项目	评价标准			评价结果				分项评分
				优	良	中	差	
职业素养（自评）（10%）	按照要求出勤，着装整齐规范，遵守课堂纪律，在工作中态度端正，精神面貌好，团结协作，遵守安全操作规程，无安全事故			10	8	5	0	
工艺编制、编程与基本操作（自评）（10%）	刀具选择正确，工艺制订合理，程序编写正确			10	8	5	0	
机床操作能力（自评）（5%）	工件安装和找正方法正确，对刀操作规范，机床操作熟练，及时保养、维护和清扫设备			5	3	2	0	
零件加工质量（互评）（10%）	尺寸精度，表面质量符合图样要求，量具使用熟练规范			10	8	5	0	
日常作业完成情况（自评）（5%）	按时、认真完成			5	3	2	0	
综合评价结果								
组长				时间				

2. 教师评价标准（50%）（见表2-47）

表2-47 教师评价标准表

任务名称						任务编号		
班级			姓名			学号		
评价项目		评价标准		评价结果				分项评分
				优	良	中	差	
考勤（15%）	迟到	无迟到、早退、旷课现象		5	4	3	0	
	早退			5	4	3	0	
	旷课			5	4	3	0	
工作任务完成情况（30%）	加工工艺	能独立制订任务所规定零件的数控加工工艺		5	4	3	0	
	程序编制	格式正确，代码使用正确，与工艺对应性好，整体优化		5	4	3	0	
	操作规范	对刀规范，无加工碰撞与干涉，对加工过程中出现的异常情况做出正确处理		5	4	3	0	
	零件加工质量	达到图样要求的精度、表面粗糙度和有关技术要求		10	8	5	0	
	职业素质	着装整齐规范、遵守课堂纪律，在工作中态度端正，精神面貌好，团结协作，遵守安全操作规程，无安全事故；及时保养、维护和清扫设备		5	4	3	0	

（续）

评价项目		评价标准	评价结果				分项评分
			优	良	中	差	
任务报告（5%）	完成时间	按时完成	2	1	0	0	
	报告环节	内容正确、任务（项目）报告环节完整，书写整齐、字体工整	3	2	1	0	
综合评价结果							
教师			时间				

注：教师评价表由教师填写，学生不准填写。

3. 讨论评价标准（10%）（见表2-48）

表2-48　讨论评价标准表

评价项目	评价标准	评价结果				分项评分
		优	良	中	差	
参与程度（2%）	积极讨论、积极寻找解决方案	2	1	0.5	0	
是否完成一定的任务（2%）	担任一个角色促进任务的完成	2	1	0.5	0	
小组汇报情况（2%）	组内轮流派人汇报交流，汇报者口齿清楚、声音洪亮、条理清晰	2	1	0.5	0	
讨论结果（4%）	讨论结果思路清晰、理由充分、结果可行	4	3	2	1	
合计（总分）						

4. 实训鉴定（见表2-49）

表2-49　实训鉴定表

自我鉴定	通过本任务学习，同学们的收获有： 学生签名：________ ____年__月__日
指导教师鉴定	指导教师签名：________ ____年__月__日

综合训练

一、问题解答

1）在进行轮廓铣削时，使用刀具半径补偿功能编程有什么好处？

2）在进行轮廓铣削时，如何判断左、右补偿？

3）使用刀具半径补偿时，应注意哪些事项？

4）在手动编写数控加工程序时，使用子程序编程有什么优势？与主程序有何不同之处？

5）什么是顺铣？什么是逆铣？各有何特点？

6）数控铣削加工中确定走刀路线的原则是什么？

二、任务训练

1）在60mm×60mm×20mm的铝合金（2A12）毛坯上，自选刀具和切削用量参数，自编程序加工如图2-47所示的零件。

2）在60mm×60mm×20mm的铝合金（2A12）毛坯上，自选刀具和切削用量参数，自编程序加工如图2-48所示的零件。

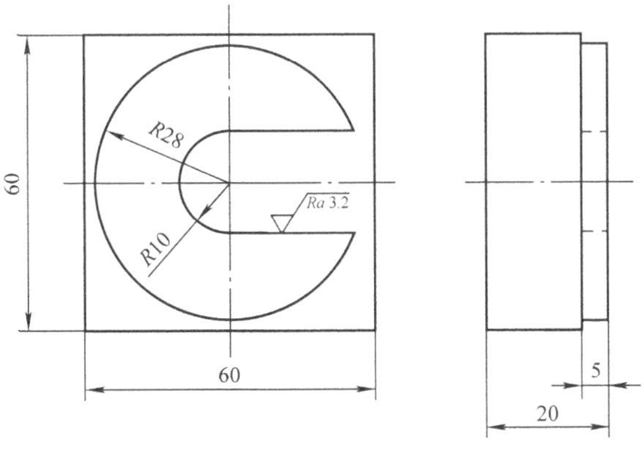

图2-47　外轮廓加工任务训练一

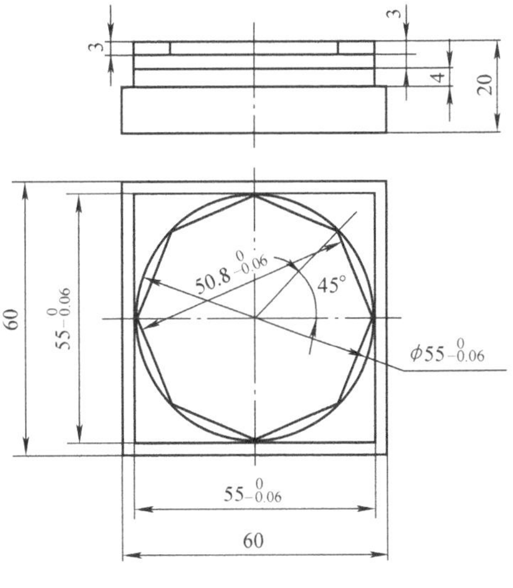

图2-48　外轮廓加工任务训练二

知识拓展

一、顺铣和逆铣的选择

铣削有顺铣和逆铣两种方式。当铣刀旋转方向与工件进给方向相同时，称为顺铣。顺铣时，刀齿一开始和工件接触时的切削厚度最大，刀齿切入工件过程中没有滑移现象，如图2-49a所示。当工件表面无硬皮，机床进给机构无间隙时，应选用顺铣，按照顺铣安排走刀路线。因为采用顺铣加工后，零件已加工表面质量好，刀齿磨损小。精铣时，应尽量采用顺铣，可减少加工中的“颤振”，提高加工质量。

当铣刀旋转方向与工件进给方向相反时，称为逆铣。逆铣时，切屑由薄变厚，刀齿从已加工表面切入，对铣刀使用有利，不会崩刃。但刀齿在切入工件过程中，有滑移现象，易产生摩擦，影响工件表面的表面粗糙度，如图2-49b所示。如果工件表面有硬皮，机床的进给机构有间隙时，应选用逆铣，按照逆铣安排走刀路线。逆铣适用于粗加工，装夹可靠的场合。

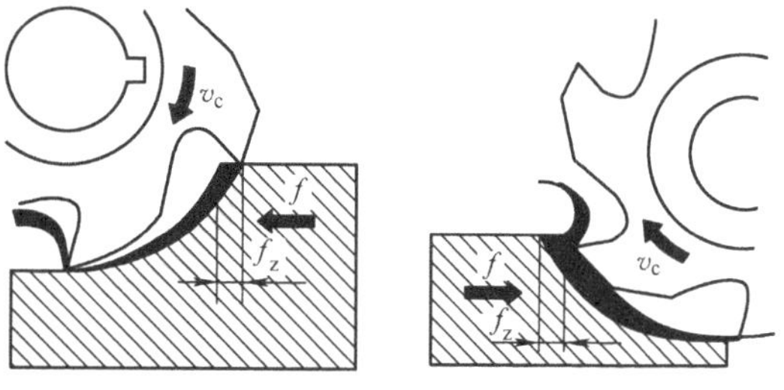

图2-49 顺铣与逆铣

a）顺铣 b）逆铣

二、外轮廓加工的走刀路线及进退刀

走刀路线是刀具在整个加工工序中的运动轨迹，即刀具从起刀点开始进给运动起，直到程序结束返回起刀点所经过的所有路径，包括了切削加工的路径及刀具切入切出等非切削空行程。走刀路线是编写程序的重要依据之一。在确定走刀路线时，应充分考虑加工表面的质量、精度、效率以及机床等情况。

1. 确定走刀路线时应遵循的原则

1）首先保证零件的加工精度和表面粗糙度要求。

2）应使走刀路线最短，以减少刀具空行程时间，提高加工效率。

3）数控铣削尽量采用顺铣加工方式，先加工外轮廓，再加工内轮廓。

4）应使数值计算简单，程序段数量少，以减少编程工作量。

铣削外轮廓时，刀具一般应先在工件轮廓外下降到某一位置，再开始在水平面内切削加工，轮廓加工完毕切出后刀具再抬至安全高度。

2. 外轮廓铣削时的切入、切出路线

轮廓铣削加工的进、退刀方式分法线进、退刀和切线进、退刀两种。

法线进、退刀是沿工件轮廓线的法线切入、切出，其走刀路线短，切削效率相对较高，但容易在进、退刀位置留下刀痕，因此主要用于粗加工、半精加工或表面质量要求不高的工件。

切线进、退刀是指沿工件轮廓的延伸线或切线切入、切出，如图2-50、图2-51所示。为了保证表面质量，精加工轮廓时应尽量采用切线进、退刀。

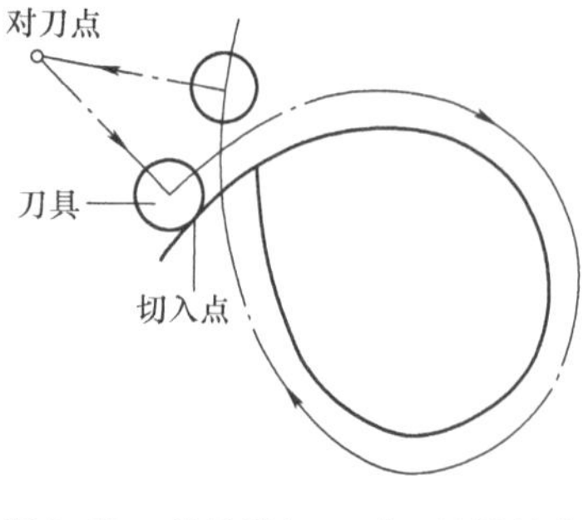

图2-50 外轮廓加工时刀具沿轮廓的延伸线切入、切出

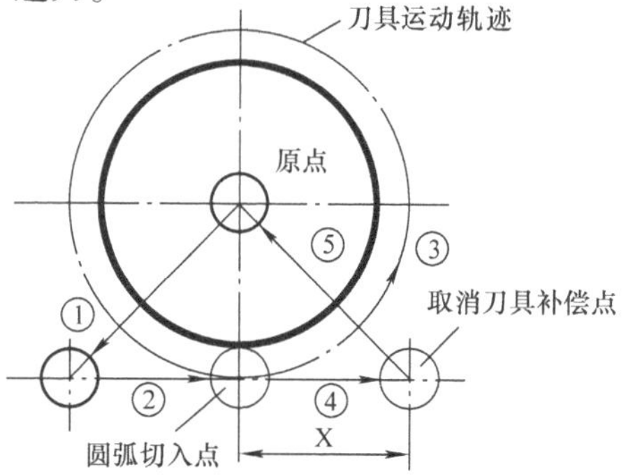

图2-51 铣削外整圆时刀具沿圆弧的切线切入、切出

任务五 铣削内轮廓

学习目标

- 能够进行安全操作。
- 能正确选择和使用铣刀，能合理确定切削用量参数。
- 能合理制订加工工艺对对方形、圆形和岛屿型腔零件进行铣削加工。
- 能熟练掌握内轮廓零件粗、精加工的走刀路线。
- 能熟练掌握内轮廓零件的编程与加工方法。
- 能够根据图样要求合理控制零件尺寸。
- 清扫卫生，维护机床，收工具。

任务描述

学校数控实训车间接到一批凹模板零件的加工任务，零件图如图 2-52 所示。材质为铝合金（2A12）。要求学生们在 6 学时内，以合作的方式制订该零件的数控铣削加工工艺，自编程序完成零件样件的加工，并完成工艺规程表指导生产，以确定能否投产加工。任务内容如下。

1）制订凹模板零件的数控铣削加工工艺。

2）以合作的方式完成凹模板零件的加工。

3）对凹模板零件尺寸精度进行检测，并对误差进行分析。

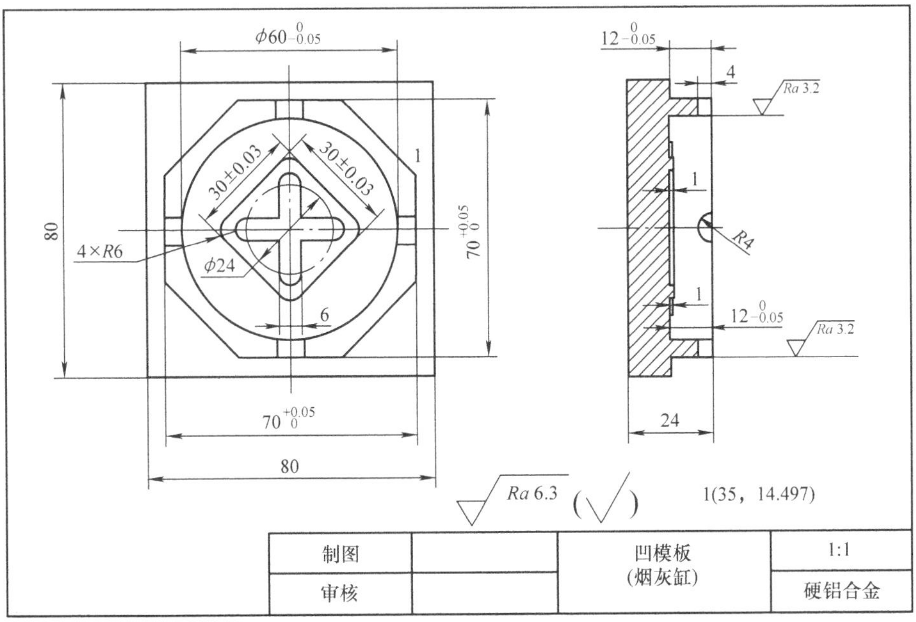

图 2-52 凹模板零件图

任务准备

（1）场地、设备、夹具、工具、量具准备　①数控实训车间或仿真室；②数控铣床 6 台，FANUC 0i 系统；③夹具：机用虎钳；④工具：机用虎钳扳手、内六角扳手、锁刀座、上刀扳手、BT40 刀柄、拉钉、等高垫铁、木锤、光电式寻边器、杠杆表等；⑤刀具：ϕ20mm 的立铣刀、ϕ6mm 的立铣刀、*R*4mm 球刀；⑥量具：游标卡尺、外径千分尺、内测千分尺、深度千分尺、表面粗糙度样板、R 样板规；⑦学习资料：零件图样、工艺规程文件、针对本任务的学习指南、工作页、精度检验单等。

（2）材料准备　毛坯：尺寸为 80mm × 80mm × 25mm 的方形毛坯，材料为铝合金（2A12）。

（3）教学方法　讲授、演示、角色扮演、小组讨论、任务引领、理实一体化、操作训练。

（4）劳动组织　将班级分成 6 个小组，每个小组 5 ~ 6 人，其中 1 人担任组长。小组成员各自承担相应的角色，如操作员、材料员、记录员、工艺员、检验员、安全员等。

知识链接

一、FANUC 0i 系统的刀具长度补偿功能

考虑到加工工艺和加工效率，要完成本任务，需要用到多把刀具。这些刀装入主轴后，其伸出长度是各不相同的。在前面的加工中，为每把刀分别建立了工件坐标系，但如果使用的刀具较多，且换刀次数较多时，使用刀具长度补偿功能会更方便。

1. 刀具长度补偿的作用

1）使编程人员在编写加工程序时可以不必考虑刀具的长度而只需考虑刀尖的位置即可。

2）刀具磨损导致工件高度尺寸超差时不需要更改加工程序，可以直接修改刀具补偿值。

3）可以通过修改刀具长度方向的磨耗值，使用同一程序完成零件高度方向的粗、半精和精加工。

2. 刀具长度补偿的三个阶段

（1）建立刀具长度补偿　使用建立刀具长度补偿指令（G43/G44）。

（2）进行刀具长度补偿　建立刀具长度补偿指令一经执行将一直有效。

（3）取消刀具长度补偿　使用取消刀具长度补偿指令（G49），或由后面建立的刀具长度补偿代替之前建立的刀具长度补偿。

3. 建立刀具长度补偿指令

【编程格式】

$$\begin{Bmatrix} G43 \\ G44 \end{Bmatrix} \begin{Bmatrix} G00 \\ G01 \end{Bmatrix} \quad Z\_\_\_\_ \quad H\_\_\_\_;$$

【说明】

1）G43 指令实现刀具长度的正补偿；G44 指令实现刀具长度的负补偿，由于负补偿可

以由正补偿代替，所以尽可能使用正补偿。

2）在 Z 向运动中建立刀具长度补偿，必须保证在安全高度上建立刀具长度补偿。

3）刀具长度补偿号：由 H 后加两位数字表示。用于指明刀具长度偏置寄存器的地址。

4. 取消刀具长度补偿指令

【编程格式】

$$G49 \begin{Bmatrix} G00 \\ G01 \end{Bmatrix} Z\_\_\_\_;$$

【说明】

因为有的机床不需要取消刀具长度补偿，所以是否在程序中编写 G49 指令，要看机床说明书。

5. 刀具长度补偿值的确定

由于刀具长度补偿往往用于换刀时保证不同刀具在工件坐标系中具有相同的 Z 向基准。因此，刀具补偿量的确定往往与机床的对刀方法有关。以下是立式数控铣床上常用的设定方法，如图 2-53 所示。

1）首先使用第一把刀对刀，X、Y 的偏置设置在工件坐标系 G54 中，工件坐标系 G54 中 Z 向偏置值设定为 0。第一把刀对刀后获得的 Z 向偏置值输入到刀偏设置窗口中 001 的形状 H 中。

2）然后换上第二把刀，只进行 Z 向对刀，对刀后获得的 Z 向偏置值输入到刀偏设置窗口中 002 的形状 H 中。

3）其他刀具依次类推。

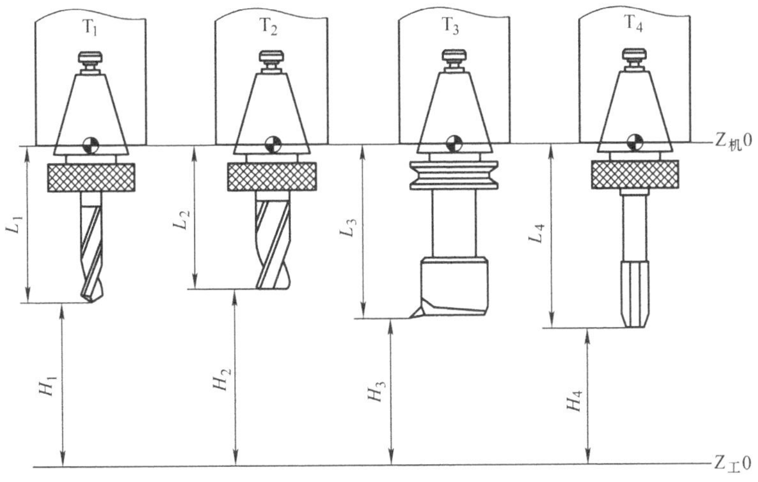

图 2-53　刀具长度补偿值的确定

【注意】

1）刀具长度补偿的建立和取消都必须由一条 Z 向直线插补指令引导。

2）建立刀具长度补偿必须在接近工件（开始切削）之前完成，取消刀具长度补偿必须在离开工件（切削完成）之后进行。

3）换刀往往都伴随有刀具长度补偿指令。

二、坐标系旋转指令

在数控编程中，如果要加工的工件形状由若干个相同的图形组成，而且这些图形是由其中一个图形按照某个旋转中心及旋转方向旋转一定的角度得到的，为了简化编程，可将图形单元编成子程序，然后在主程序中使用坐标系旋转指令来调用。FANUC 系统的旋转指令是 G68 和 G69，其中 G68 表示坐标系旋转开始，G69 用于坐标系旋转取消。

【编程格式】

G68　X__　Y__　R__;

……

G69

【说明】

（1）X、Y　旋转中心的坐标值（可以是 X、Y、Z 中的任意两个，它们由当前平面选择指令 G17、G18、G19 中的一个确定）。当 X、Y 省略时，G68 指令认为当前的位置即为旋转中心。

（2）R　旋转角度，逆时针旋转定义为正方向，顺时针旋转定义为负方向。单位为（°），有效数据范围为 -360°～360°。

三、内轮廓铣削刀具的选择

内轮廓加工一般选择的刀具也是立铣刀，只是由于要在实体材料上挖出指定形状的内腔，常规工艺需要使用麻花钻先在切削部位钻出工艺孔。

在型腔铣削时，若型腔底面面积较大，而内凹的圆角半径又比较小时，可以考虑选择两把铣刀，先用大直径的铣刀铣削型腔底面，只在内轮廓面留有精加工余量，然后用小直径铣刀精加工内轮廓面切出圆角。使用这种方法要求两把刀在 Z 向的对刀要非常一致，否则型腔底面会出现接刀痕。

任务实施

一、任务分析

本任务要加工一个烟灰缸，要在正方形毛坯上铣削一个高度为 12mm 的正八边形凸台，凸台中间铣削一深度为 12mm 的圆形型腔，上表面铣四个半径为 R4mm 的半圆槽，型腔底部有一个高度为 1mm 的方形带圆角的凸台，凸台上加工一十字槽。凸台外侧壁和型腔内侧壁表面粗糙度值为 Ra3.2μm，其余部分的表面粗糙度均为 Ra6.3μm，毛坯材料为铝合金（2A12）。根据实训车间的设备情况和学生技能情况可以在规定的时间内完成，达到质量要求。

二、制订加工工艺

1. 工艺分析

（1）装夹、定位　采用平口钳装夹，底部用等高垫铁垫起，保证工件上表面高出钳口一个安全的距离，找正并夹紧工件。

（2）工序安排　加工顺序根据“先粗后精”的原则，制订如下工序步骤。

1）粗、精铣零件上表面，保证零件高度尺寸24mm。

2）粗铣八边形凸台。

3）粗铣圆形型腔。

4）半精、精铣八边形凸台。

5）粗铣型腔底部凸台和十字槽。

6）半精、精铣圆形型腔和底部凸台。

7）铣削半圆槽。

（3）刀具、量具选择　刀具：ϕ20mm立铣刀、ϕ6mm立铣刀、R4mm球刀。量具：0～150mm的游标卡尺、50～75mm的外径千分尺、50～75mm的内测千分尺、0～25mm的深度千分尺、表面粗糙度样板、R样板规。

（4）合理设计走刀路线　注意确定起刀点、下刀点、抬刀点、加工轨迹。

平面铣：（略）。

轮廓铣：由于零件无硬皮，为保证表面质量，粗精加工均采用顺铣方式，进、退刀采用圆弧切入、切出方式。

八边形凸台：在工件靠近操作者方向的中间毛坯外确定下刀点，下刀后建立刀具半径补偿，沿圆弧切线切入工件，顺时针走刀一周，沿圆弧切线切出工件，取消刀具半径补偿后抬刀。

圆形型腔：刀具自型腔中间下刀，建立刀具半径补偿后，采用螺旋式走刀至型腔底部，XY向分两层加工。

型腔底部凸台：坐标系旋转45°，方便刀具定位，下刀后先沿型腔中间螺旋式走刀至腔底；然后建立刀具半径补偿，沿圆弧切入凸台外轮廓，顺时针走刀一周，圆弧过渡到型腔内壁，逆时针走刀一周，圆弧切出后取消刀具半径补偿，快速抬刀，取消坐标系旋转。

铣槽：十字槽和半圆槽均无公差要求，因此利用刀具直径和形状形成槽宽和槽的形状。

十字槽：刀具定位后下刀至底部凸台表面，斜线式走刀加工；同样的方法完成另一个槽。

半圆槽：刀具定位后下刀至Z－0.5，向右加工，下刀，向左加工，依次类推，加工完毕后抬刀。使用坐标系旋转指令可以加工其他半圆槽。

（5）确定切削用量（见表2-50）

表 2-50　切削用量表

序号	加工项目	刀具	背吃刀量 a_p/mm	主轴转速 n/(r/min)	进给量 σ_f/(mm/min)
1	粗、精铣工件上表面	ϕ20mm 立铣刀	≈0.7（粗铣）	800	240
			≈0.3（精铣）	1000	180
2	粗、半精、精铣八边形凸台	ϕ20mm 立铣刀	2（粗铣）	800	240
			12（半精、精铣）	1000	180
3	粗铣圆形型腔	ϕ20mm 立铣刀	1（粗铣）	800	240
4	半精、精铣圆形型腔	ϕ6mm 立铣刀	12（半精、精铣）	1700	200
5	粗、半精、精铣型腔底部凸台	ϕ6mm 立铣刀	1（粗铣）	1500	360
			1（半精、精铣）	1700	200
6	铣十字槽	ϕ6mm 立铣刀	1	1700	200
7	铣半圆槽	R4mm 球刀	0.5	1500	300

2. 填写工序卡片（见表 2-51）

表 2-51　数控加工工序卡片（学生填写）

零件图号	2-5-1	数控加工工序卡片	机床型号	
零件名称	凹模板零件		机床编号	1
零件材料	铝合金（2A12）		使用夹具	机用虎钳

工步描述

工步编号	工步内容	刀具编号	刀具规格	主轴转速 n/(r/min)	进给速度 v_f/(mm/min)	背吃刀量 a_p/mm	刀具偏置
1							
2							
3							
4							
5							
6							
7							
8							

三、模拟加工

1. 程序编制

选择工件上表面的中心为工件原点，并设置在 G54 上。

1）上表面的粗、精铣参考程序（略）。

2）八边形凸台的粗、精铣参考程序见表 2-52。

表 2-52　八边形凸台的粗、精铣参考程序

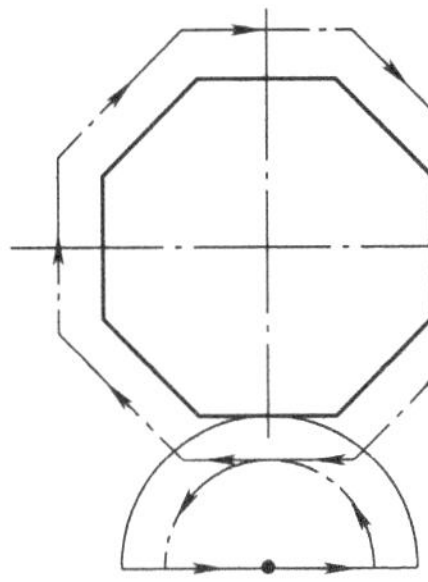

	程序	含义（学生填写）
	O2503　　主程序	
N2	G54　G17　G40　G49；	
N4	G90　G00　X0　Y－55.；	
N6	S800　M03　F240；/半精、精　S1000，F180	
N8	G43　Z100.　H01；	
N10	Z5.；	
N12	G01　Z0；	
N14	M98　P51　L6；/半精、精 L1	
N16	G00　Z100.　M05；	
N18	M30；	
	O0051　　子程序	
N2	G91　G01　Z－2.；/半精、精 Z－12	
N4	G90　G41　X20.　D01；/粗 D01＝10.8，半精　D01＝10.3，精 D01＝10 或实测	
N6	G03　X0　Y－35.　R20.；	
N8	G01　X－14.498　；	
N10	X－35.　Y－14.498　；	
N12	Y14.498；	
N14	X－14.498　Y35.；	
N16	X14.498；	
N18	X35.　Y14.498；	
N20	Y－14.498；	
N22	X14.998　Y－35.；	
N24	X0；	
N26	G03　X－20.　Y－55.　R20.；	
N28	G40　G01　X－55.　Y－55.；	
N30	M99；	

3）圆形型腔的粗铣参考程序（见表2-53）。

表2-53　圆形型腔的粗铣参考程序

	程序	含义（学生填写）
	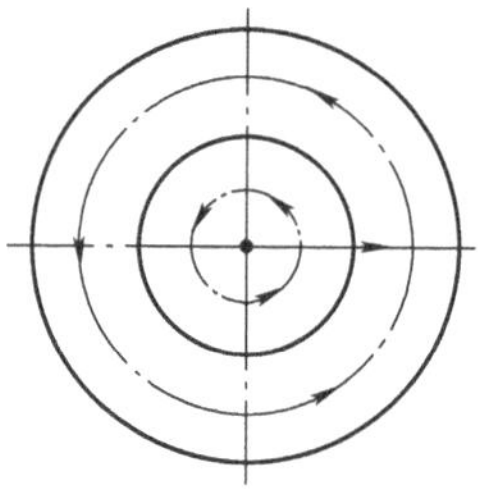	
	O2504　主程序	
N2	G54　G17　G40　G49；	
N4	G90　G00　X0　Y0；	
N6	S800　M03　F240；	
N8	G43　Z100.　H01；	
N10	Z5；	
N12	G41　X15.　D01；/　D01 = 10.3	
N14	G01　Z0；	
N16	M98　P52　L11.；	
N18	G90　G03　I－15.；	
N20	G40　G01　X0；	
N22	G00　Z5.；	
N24	G41　X30.　D01；	
N26	G01　Z0；	
N28	M98　P53　L11；	
N30	G90　G03　I－30.；	
N32	G40　G01　X0；	
N34	G00　Z100.　M05；	
N36	M30；	
	O0052　子程序	
	G91　G03　I－15.　Z－1.；	
	M99；	
	O0053　子程序	
	G91　G03　I－30.　Z－1.；	
	M99；	

4）型腔底部凸台的粗、精铣参考程序见表2-54。

表 2-54 型腔底部凸台的粗、精铣参考程序

程序		含义（学生填写）
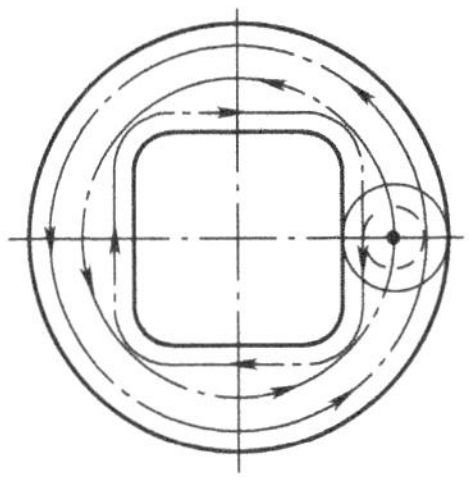		
	O2505	
N2	G54 G17 G40 G49；	
N4	G68 X0 Y0 R45.；	
N6	G90 G00 X22.5 Y0；	
N8	S1500 M03 F360；/精 S1700，F200	
N10	G43 Z100. H02；	
N12	Z5.；	
N14	G01 Z-11.；	
N16	G03 I-22.5 Z-1.；	
N18	G03 I-22.5；	
N20	G41 G01 Y7.5 D02；/粗 D02=3.8，半精 D02=3.3，精 D02=3 或实测	
N22	G03 X15 Y0 R7.5；	
N24	G01 Y-9.；	
N26	G02 X9. Y-15. R6.；	
N28	G01 X-9.；	
N30	G02 X-15. Y-9. R6.；	
N32	G01 Y9.；	
N34	G02 X-9. Y15. R6.；	
N36	G01 X9.；	
N38	G02 X15. Y9. R6.；	
N40	G01 Y0；	
N42	G03 X30. R7.5；	
N44	I-30.；	
N46	X22.5 Y7.5 R7.5	
N48	G40 G01 Y0；	
N50	G00 Z100. M05；	
N52	G69；	
N54	M30；	

5）十字槽的加工参考程序见表 2-55。

表 2-55　十字槽的加工参考程序

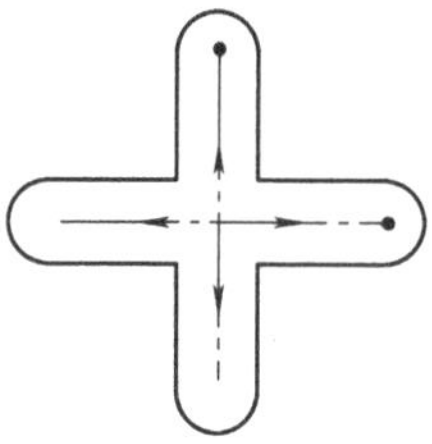

	程序	含义（学生填写）
	O2506	
N2	G54　G17　G40　G49；	
N4	G90　G00　X12.　Y0；	
N6	S1700　M03　F200；	
N8	G43　Z100.　H02；	
N10	Z5.；	
N12	G01　Z-11.；	
N14	X-12.　Z-12.；	
N16	X12.；	
N18	G00　Z-5.；	
N20	X0　Y12.；	
N22	G01　Z-11.；	
N24	Y-12.　Z-12.；	
N26	Y12.；	
N28	G00　Z100.　M05；	
N30	M30；	

6）半圆槽的加工参考程序见表 2-56。

表 2-56　半圆槽的加工参考程序

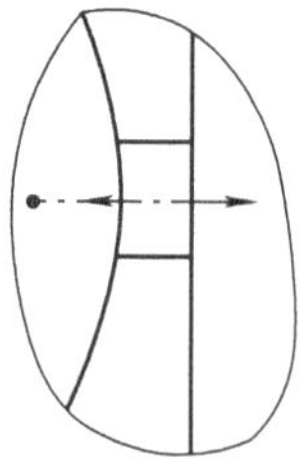

	程序	含义（学生填写）
	O2507　　主程序	
N2	G54　G17　G40　G49；	
N4	G90　G00　X0　Y0；	
N6	S1500　M03　F300；	

（续）

	程序	含义（学生填写）
	O2507　　主程序	
N8	G43　Z100.　H03；	
N10	Z5.；	
N12	M98　P54；	
N14	G68　X0　Y0　R90；	
N16	M98　P54；	
N18	G69；	
N20	G68　X0　Y0　R180.；	
N22	M98　P54；	
N24	G69；	
N26	G68　X0　Y0　R270.；	
N28	M98　P54；	
N30	G69；	
N32	G00　Z100.　M05；	
N34	M30；	
	O0054　　子程序	
N2	G90　G00.　X23.；	
N4	Z0；	
N6	M98　P55　L4；	
N8	G90　G00　Z5.；	
N10	X0　Y0；	
N12	M99；	
	O0055　　子程序	
N2	G91　G01　Z－0.5；	
N4	X19.；	
N6	Z－0.5；	
N8	X－19.；	
N10	M99；	

2. 仿真加工

打开数控加工仿真软件，选择机床、定义毛坯及夹具、选择刀具，进行对刀并设置好工件坐标系，输入加工程序，完成零件的仿真模拟加工，加工过程中注意观察程序运行状态，及时发现并纠正程序中的错误，以免在后续机床实际加工中出现干涉或撞刀等问题。

四、加工工件

1. 召开课前会

工作安排见表2-57。

表 2-57　工作安排表

序号	内容	工作要求
1	明确操作任务	“凹模板”零件的编程与加工
2	召开课前会	1）检查学生出勤、着装，交代安全注意事项，严禁学生在车间打闹、串岗 2）安排工、量、刀具领取 3）各组进行人员分工，明确每个成员的任务和操作顺序

2. 工、量、刀具确定及领取

表 2-58　工具、量具、刃具清单

序号	名称	规格	单位	数量
1	毛坯	铝合金（2A12）：80mm×80mm×25mm	件	1
2	立铣刀	ϕ20mm	把	1
3	立铣刀	ϕ6mm	把	1
4	球刀	*R*4mm	把	1
5	游标卡尺	0～150mm	把	1
6	外径千分尺	50～75mm	把	1
7	内测千分尺	50～75mm	把	1
8	深度千分尺	0～25mm	把	1
9	R 样板规		套	1
10	表面粗糙度样板		副	1
11	杠杆表及表座	0～1.5mm	套	1
12	刀柄	与刀具配套	套	2
13	等高垫铁		副	若干
14	机用虎钳		台	1
15	专用扳手	与机用虎钳配套	套	1
16	木锤		把	1

3. 人员分工（见表 2-59）

表 2-59　人员分工表

操作员	材料员	记录员	工艺员	检验员	安全员

4. 加工准备

按照数控铣床操作规程进行操作，注意一人操作，其他同学认真观察。

1）开机、回参考点。

2）阅读零件图，检查毛坯尺寸。

3）装夹找正工件。

4）装夹刀具，装上 ϕ20mm 的立铣刀。

5）对刀并设定工件坐标系及刀具长度补偿值 H01。

6）输入程序。

7）程序校验。

把工件坐标系的 Z 轴朝正方向平移 50mm，方法是在 00　G54 的 Z 中设为 50，打开“图形模拟”窗口，按下“循环启动”键，降低进给速度，检查刀具运动是否正确。

5. 加工工件

（1）粗、精铣工件上表面　调用平面粗加工程序，粗铣上表面，测量这时工件的高度，打开平面精加工程序，修改程序中下刀的程序段，自动加工，保证工件的高度尺寸。

（2）粗铣八边形凸台　在刀补界面 D01 的对应位置输入“10. 8”（单边预留 0. 8mm 的加工余量），调用“O2503”八边形凸台加工程序，按“循环启动”按钮，完成八边形凸台的粗加工，如图 2-54 所示。

（3）粗铣圆形型腔　在刀补界面 D01 的对应位置输入“10. 3”（预留 0. 3mm 精加工余量），调用“O2504”圆形型腔加工程序，然后按“循环启动”按钮，完成圆形型腔的粗加工，如图 2-55 所示。

图 2-54　粗铣八边形凸台

图 2-55　粗铣圆形型腔

（4）半精、精铣八边形凸台　调用“O2503”八边形凸台加工程序，按“循环启动”按钮，完成八边形凸台的半精加工。

（5）粗铣型腔底部凸台和十字槽　取下 ϕ20mm 立铣刀，将 ϕ6mm 立铣刀安装至主轴上，Z 轴对刀设定刀具长度补偿值 H02，在刀补界面 D02 的对应位置输入“3.8”（单边预留 0.8mm 的半精加工余量），调用“O2505”型腔底部凸台加工程序，然后按“循环启动”按钮，完成型腔底部凸台的粗加工。

调用“O2506”十字槽加工程序，然后按“循环启动”按钮，完成十字槽的加工。

（6）半精、精铣圆形型腔和底部凸台　在刀补界面 D02 的对应位置输入“3.3”（单边预留 0.3mm 精加工余量），调用“O2505”型腔底部凸台加工程序，然后按“循环启动”按钮，完成圆形型腔和底部凸台的半精加工。

手动移动工作台至便于工件测量的位置，用千分尺测量型腔及底部凸台的尺寸，并依此计算出实际的刀补值，输入至刀补 D02 中，然后按“循环启动”按钮，完成圆形型腔和底部凸台的精加工，如图 2-56 所示。

（7）铣削半圆槽　取下 ϕ6mm 立铣刀，将 R4mm 球刀安装至主轴上，Z 轴对刀设定刀具长度补偿值 H03，调用“O2507”半圆槽加工程序，然后按“循环启动”按钮，完成半圆槽的加工，如图 2-57 所示。

图 2-56　精铣圆形型腔和底部凸台

图 2-57　铣削半圆槽

（8）松开夹具，卸下工件，清理机床。

【注意】

1）铣削型腔时要选择合理的铣削方案和 Z 向进刀方式，既能快速切除余量，又能保证加工精度。

2）铣削型腔时，刀具同时完成型腔侧面和底面的加工，所以预留的精加工余量应较小且均匀，过大的加工余量会使立铣刀受到较大的侧向力，导致型腔侧面产生锥度。

3）立铣刀的端铣能力很差，所以采用螺旋式下刀或斜线式下刀时要特别注意切入的角度和进给速度，进给速度宜慢一些。

4）为了编程的需要，在子程序中经常采用增量的编程方式，主程序中则常采用绝对编程方式，因此需要特别注意及时进行 G90 与 G91 模式的变换。

5）刀具半径补偿不要在主程序和子程序之间被分支。

任务考评

一、零件加工质量检测标准（见表2-60）

表2-60 评分标准

班级			姓名	学号	加工日期和时间		总分	
序号	项目		技术要求	配分	评分标准	学生、小组自测	教师检测	得分
1	尺寸检测		工件高度24mm	3	超差不得分			
2		八边形凸台	$70^{+0.05}_{0}$mm（2处）	6	超差0.01mm扣1分			
3			深度$12^{0}_{-0.05}$mm	6	超差0.01mm扣1分			
4			$Ra3.2$	2	每降一级扣2分			
5		型腔	$\phi60^{0}_{-0.05}$mm	6	超差0.01mm扣1分			
6			深度$12^{0}_{-0.05}$mm	6	超差0.01mm扣1分			
7			$Ra3.2\mu m$	2	每降一级扣2分			
8		底部凸台	（30±0.03）mm（2处）	6	超差0.01mm扣1分			
9			$R6$mm（4处）	4	超差不得分			
10			高度1mm	2	超差不得分			
11			$Ra6.3\mu m$	2	每降一级扣2分			
12		十字槽	6mm	3	超差不得分			
13			30mm	3	超差不得分			
14			深度1mm	2	超差不得分			
15			$Ra6.3\mu m$	2	每降一级扣2分			
16		半圆槽	$R4$mm	3	超差不得分			
17			$Ra6.3\mu m$	2	每降一级扣2分			
18	程序编制		完成所有程序编制	10	未全部完成酌情扣分			
			程序正确、简单、规范	10	程序有错、不规范酌情扣分			
19	工艺合理		合理选用刀、量具	5	不合理酌情扣分			
			加工顺序、刀具轨迹合理，切削用量选择合理	5	不合理酌情扣分			
20	安全文明生产		安全、规范操作	5	不规范酌情扣分			
			刀量具摆放规范	3	不规范酌情扣分			
			整理、维护保养	2	不整理酌情扣分			
合计				100				

二、过程评价

1. 自评和互评标准（40%）（见表 2-61）

表 2-61　自评和互评标准表

任务名称					任务编号		
班级		姓名			学号		
评价项目	评价标准	评价结果				分项评分
		优	良	中	差	
职业素养（自评）（10%）	按照要求出勤，着装整齐规范，遵守课堂纪律，在工作中态度端正，精神面貌好，团结协作，遵守安全操作规程，无安全事故	10	8	5	0	
工艺编制、编程与基本操作（自评）（10%）	刀具选择正确，工艺制订合理，程序编写正确	10	8	5	0	
机床操作能力（自评）（5%）	工件安装和找正方法正确，对刀操作规范，机床操作熟练，及时保养、维护和清扫设备	5	3	2	0	
零件加工质量（互评）（10%）	尺寸精度，表面质量符合图样要求，量具使用熟练规范	10	8	5	0	
日常作业完成情况（自评）（5%）	按时、认真完成	5	3	2	0	
综合评价结果						
组长		时间				

2. 教师评价标准（50%）（见表 2-62）

表 2-62　教师评价标准表

任务名称						任务编号		
班级			姓名			学号		
评价项目		评价标准	评价结果				分项评分
			优	良	中	差	
考勤（15%）	迟到	无迟到、早退、旷课现象	5	4	3	0	
	早退		5	4	3	0	
	旷课		5	4	3	0	
工作任务完成情况（30%）	加工工艺	能独立制订任务所规定零件的数控加工工艺	5	4	3	0	
	程序编制	格式正确，代码使用正确，与工艺对应性好，整体优化	5	4	3	0	
	操作规范	对刀规范，无加工碰撞与干涉，对加工过程中出现的异常情况做出正确处理	5	4	3	0	
	零件加工质量	达到图样要求的精度、表面粗糙度和有关技术要求	10	8	5	0	
	职业素质	着装整齐规范、遵守课堂纪律，在工作中态度端正，精神面貌好，团结协作，遵守安全操作规程，无安全事故；及时保养、维护和清扫设备	5	4	3	0	

（续）

任务名称				任务编号			
班级		姓名		学号			
评价项目		评价标准	评价结果				分项评分
			优	良	中	差	
任务报告（5%）	完成时间	按时完成	2	1	0	0	
	报告环节	内容正确、任务（项目）报告环节完整，书写整齐、字体工整	3	2	1	0	
综合评价结果							
教师			时间				

注：教师评价表由教师填写，学生不准填写。

3. 讨论评价标准（10%）（见表2-63）

表2-63　讨论评价标准表

评价项目	评价标准	评价结果				分项评分
		优	良	中	差	
参与程度（2%）	积极讨论、积极寻找解决方案	2	1	0.5	0	
是否完成一定的任务（2%）	担任一个角色促进任务的完成	2	1	0.5	0	
小组汇报情况（2%）	组内轮流派人汇报交流，汇报者口齿清楚、声音洪亮、条理清晰	2	1	0.5	0	
讨论结果（4%）	讨论结果思路清晰、理由充分、结果可行	4	3	2	1	
合计（总分）						

4. 实训鉴定（见表2-64）

表2-64　实训鉴定表

自我鉴定	通过本任务学习，同学们的收获有： 学生签名：＿＿＿＿＿＿ ＿＿＿＿年＿＿月＿＿日
指导教师鉴定	指导教师签名：＿＿＿＿＿＿ ＿＿＿＿年＿＿月＿＿日

综合训练

一、问题解答

1）在加工过程中用到多把刀具时，使用刀具长度补偿功能编程有什么好处？

2）使用刀具长度补偿时，注意事项有哪些？

3）在型腔加工中，常用的 Z 向进刀方式有哪些？需要注意什么？

4）用立铣刀精加工内轮廓时，采用怎样的进刀和退刀方式？

二、任务训练

1）在 60mm×60mm×20mm 的铝合金（2A12）毛坯上，自选刀具和切削用量参数，自编程序加工如图 2-58 所示的零件。

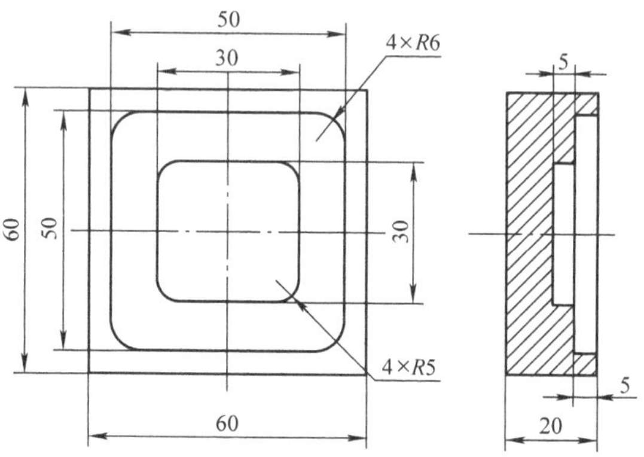

图 2-58　内轮廓加工任务训练

2）在 60mm×60mm×20mm 的毛坯上，加工如图 2-59 所示的带岛屿凹模零件，毛坯材料为铝合金（2A12），合理选择刀具和切削用量参数，编写加工程序。

其中　1 点（25.000，-0.963）　　2 点（24.642，0.894）

　　　3 点（16.257，21.857）　　4 点（11.615，25.000）

　　　5 点（-15.901，25.000）　　6 点（-20.804，20.981）

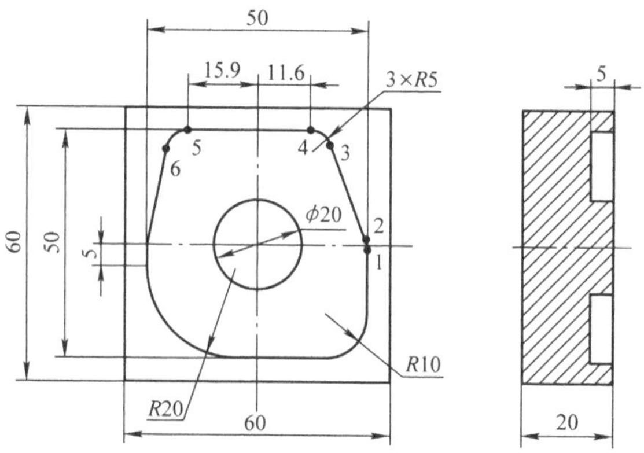

图 2-59　带岛屿凹模零件

知识拓展

一、型腔加工走刀路线

图 2-60 所示为加工型腔的三种进给路线。图 2-60a 是用行切法加工内腔。这种进给路线的优点是走刀路线短，刀位点计算简单，编程方便，缺点是将在相邻两行的转接处留下残留面积，而达不到所要求的表面粗糙度值。

图 2-60b 所示是用环切法加工内腔。这种方法走刀路线比行切法要长，因为需要逐次向外扩展轮廓线，刀位点计算稍微复杂一些，程序较长，但获得的表面质量优于行切法。

图 2-60c 所示的进给路线综合了二者的优点，即先用行切法切去中间部分余量，最后用环切法环切一刀光整轮廓表面，既能使总的进给路线较短，又能获得较小的表面粗糙度值。

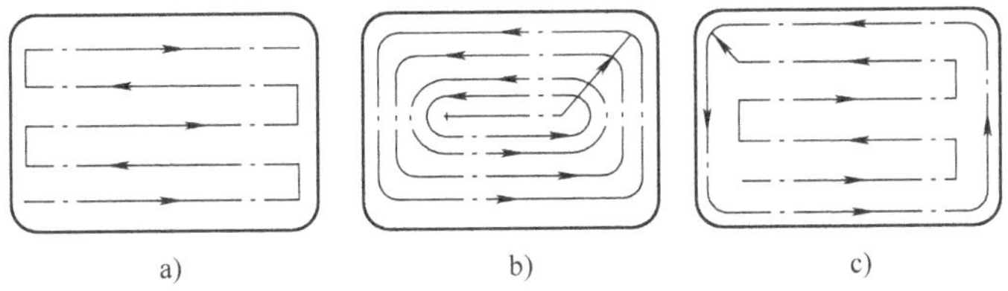

图 2-60　型腔加工路线

二、内轮廓 Z 向进刀方式

内轮廓加工过程中，Z 向如何下刀是必须要考虑的问题。通常情况下，选择的刀具种类不同，其进刀方式也会有所区别。在数控加工中，常用的内轮廓加工 Z 向进刀方式主要有以下几种。

1. 垂直进刀

这种方式是让刀具直接沿 Z 轴下刀至要求的深度后再在 X、Y 平面内铣削。垂直进刀时，一般选择底刃过中心的立铣刀（如键槽铣刀）进行加工。由于采用这种进刀方式铣削时，刀具中心的铣削线速度为零，故应选择较低的进给速度，一般取 X、Y 平面进给速度的 1/2～1/3。

为保证刀具的强度也可以使用普通立铣刀（底刃不过中心）加工内型腔，这时需要先用钻头在工件上钻工艺孔，再用立铣刀进行 Z 向垂直进刀。

这种垂直进刀方式直接明了，不需要太多的计算，其中的工艺孔还可以避免产生较大的冲击力。

2. 斜线式进刀

这种方式是让刀具与工件保持一定斜角进刀，铣削到一定深度后再在 X、Y 平面内铣削。因为采用侧刃加工，走刀时需要考虑刀具切入加工面的角度，这个角度选择要合适。如果选得过小，加工路线会加长；反之，如果选得太大，又会产生底刃切削的情况。

【编程格式】

G01　X__　Y__　Z__　（F__）;　　　斜直线进刀

3. 螺旋式进刀

这种进刀方式让刀具从工件上面开始，沿螺旋线向下切入。使用这种功能铣削型腔时可以在圆弧插补的同时，使刀具做轴向进给，而不必先钻工艺孔，再铣型腔。同斜线式进刀一样，也要考虑切入的角度。由于采用的是连续加工的方式，可以比较容易地保证加工精度。

【编程格式】

G17　G02/G03　X__Y__　Z__　R__　（F__）；　非整圆加工的螺旋式进刀

G17　G02/G03　X__　Y__　Z__　I__J__　（F__）；整圆加工的螺旋式进刀

三、型腔精加工时刀具的切入和切出

当铣削内轮廓表面时，也应尽量遵循从切向切入、切出的方法。若内轮廓曲线不允许外延，无法沿零件曲线的切向切入、切出时，刀具只能沿内轮廓曲线的法向切入、切出，此时刀具的切入、切出点应尽量选在内轮廓曲线两几何元素的交点处，如图2-61a所示。

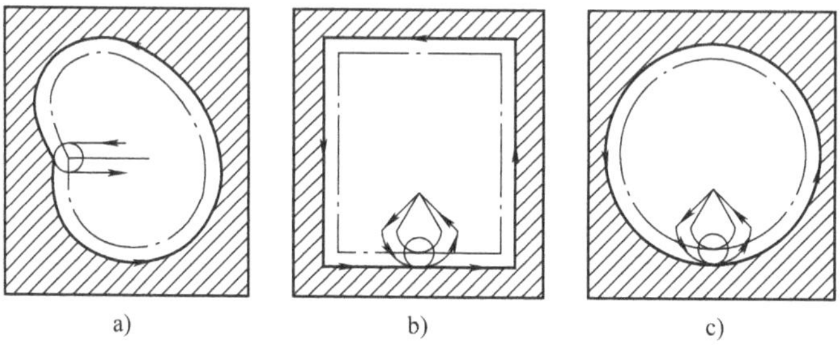

图2-61　内轮廓加工刀具的切入和切出

a）曲线不允许外延　b）几何元素相交无切点　c）铣削内整圆

当内部几何元素相交无切点时，如图2-61b所示，刀具切入、切出点应远离拐角，考虑从直线中间圆弧切入、圆弧切出。

铣削内整圆时，如图2-61c所示，也要遵循从切向切入、切出的原则，最好安排在象限点处由圆弧过渡到圆弧的加工路线以提高内孔表面的加工精度和质量。

任务六　孔的加工*

学习目标

- 能够进行安全操作。
- 能正确选择和使用孔加工刀具，能合理确定切削用量参数。
- 能正确使用固定循环指令编写孔的加工程序。
- 能根据孔的精度要求合理制订加工工艺进行孔的加工。
- 清扫卫生，维护机床，收工具。

任务描述

学校数控实训车间接到一批多孔板零件的加工任务，零件图如图 2-62 所示。材质为铝合金（2A12），要求学生们在 6 学时内，以合作的方式制订该零件的数控铣削加工工艺，自编程序完成零件样件的加工，并完成工艺规程表指导生产，以确定能否投产加工。任务内容如下。

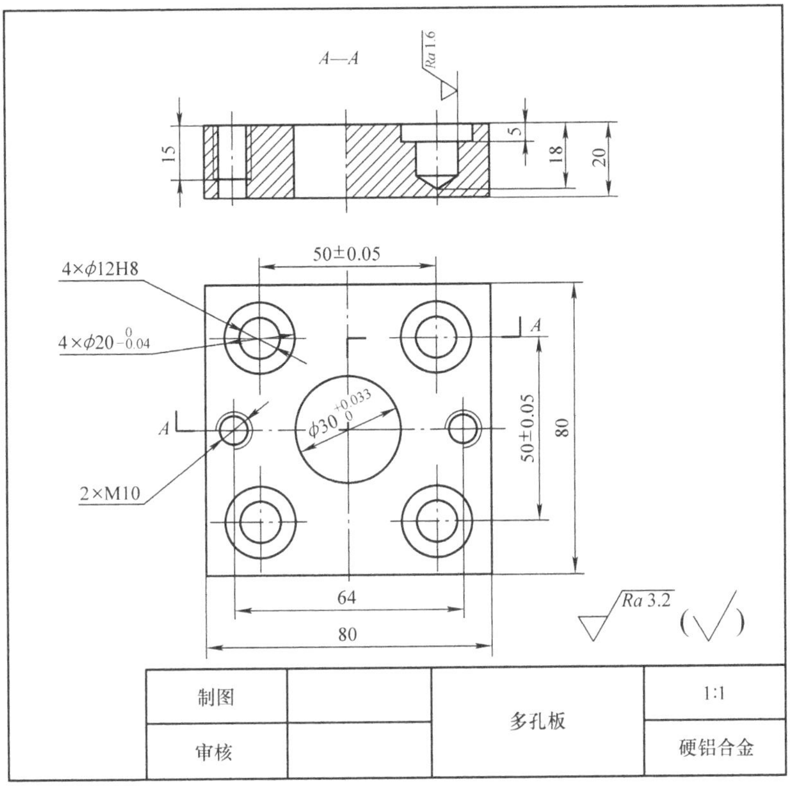

图 2-62 多孔板零件图

1）制订多孔板零件的数控铣削加工工艺。

2）以合作的方式完成多孔板零件的加工。

3）对多孔板零件尺寸精度进行检测，并对误差进行分析。

任务准备

（1）场地、设备、夹具、工具、量具准备 ①数控实训车间或仿真室；②数控铣床 6 台，FANUC 0i 系统；③夹具：机用虎钳；④工具：机用虎钳扳手、内六角扳手、锁刀座、上刀扳手、BT40 刀柄、拉钉、等高垫铁、木锤、光电式寻边器、杠杆表等；⑤刀具：ϕ20mm 立铣刀、A3 中心钻、ϕ11.8mm 的麻花钻、ϕ8.5mm 的麻花钻、ϕ12H7 的铰刀、M10 机用丝锥、ϕ12mm 的立铣刀、ϕ30mm 精镗刀；⑥量具：0～150mm 的游标卡尺、0～30mm 的内测千分尺、0～25mm 的深度千分尺、ϕ12H7 塞规、M10 螺纹塞规、表面粗糙度样板；⑦学习资料：零件图样、工艺规程文件、针对本任务的学习指南、工作页、精度检验单等。

（2）材料准备　毛坯：尺寸为 80mm × 80mm × 25mm 的方形毛坯，材料为铝合金（2A12）。

（3）教学方法　讲授、演示、角色扮演、小组讨论、任务引领、理实一体化、操作训练。

（4）劳动组织　将班级分成 6 个小组，每个小组 5 ~ 6 人，其中 1 人担任组长。小组成员各自承担相应的角色，如操作员、材料员、记录员、工艺员、检验员、安全员等。

知识链接

一、孔加工固定循环

数控加工中，进行孔加工编程时，可以使用多条 G00、G01 等指令来完成，但当加工的孔数较多时，这样做就比较繁琐。为了简化编程，数控系统将孔加工一系列典型的加工动作预先编成程序，存储在内存中，可用包含 G 代码的一个程序段调用，这就是孔加工固定循环。

FANUC 0i 系统的固定循环指令有 G73、G74、G76、G80 ~ G89，通常包含 5 个基本动作，如图 2-63 所示。

动作 1：快速定心。

动作 2：快速接近工件。

动作 3：孔加工（钻孔、镗孔、攻螺纹等）。

动作 4：孔底动作（进给暂停、主轴停止、主轴准停、刀具偏移等）。

动作 5：刀具快速退回。

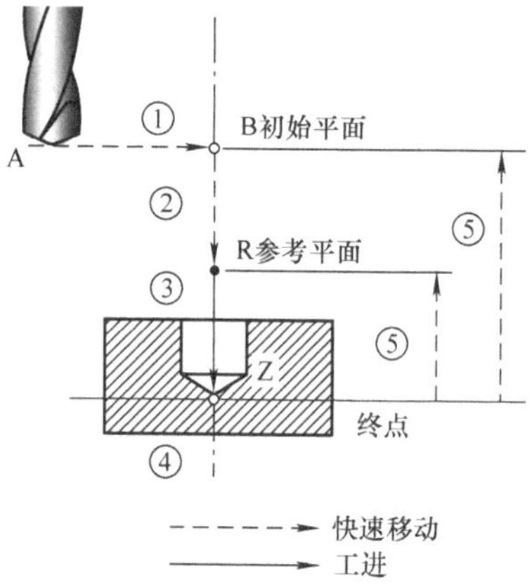

图 2-63　孔加工固定循环的动作

初始平面是执行固定循环指令之前，刀具刀位点所处的高度平面。R 参考平面是刀具由快速下刀转为工作进给时的高度平面，一般为孔表面以上 2 ~ 5mm。对于立式数控铣床，孔加工都在 XY 平面定位，在 Z 轴方向进行加工。

下面介绍常用的孔加工固定循环指令。

1. 钻孔循环指令 G81

按图 2-64 所示的方式钻孔。刀具随主轴正转，先快速定位到孔心位置，快速下刀至 R 参考平面，接着以 F 指令指定的进给速度向下钻孔至孔底平面（无孔底动作），然后快速返回到指定的平面。

【编程格式】

G98/G99　G81　X__　Y__　Z__　F__　R__　K__;

【说明】

（1）G98/G99　指定返回平面。返回初始平面，用 G98 指定，为缺省方式；返回 R 参考平面，用 G99 指定。

（2）X__　Y__　为孔心的坐标，可以是绝对坐标，也可以是相对坐标。

（3）Z__ 为孔底平面的 Z 坐标。

（4）F__ 为进给速度（mm/min）。

（5）R__ 为 R 参考平面的 Z 坐标。

（6）K__ 重复次数，仅在需要重复时才指定，K 的数据不能保存，没有指定 K 时，可认为 K = 1。

【注意】X、Y、Z、R 的数据指定均与编程方式 G90、G91 有关。

2. 取消固定循环指令 G80

取消固定循环用 G80 指令，01 组的 G 代码也可以取消固定循环。

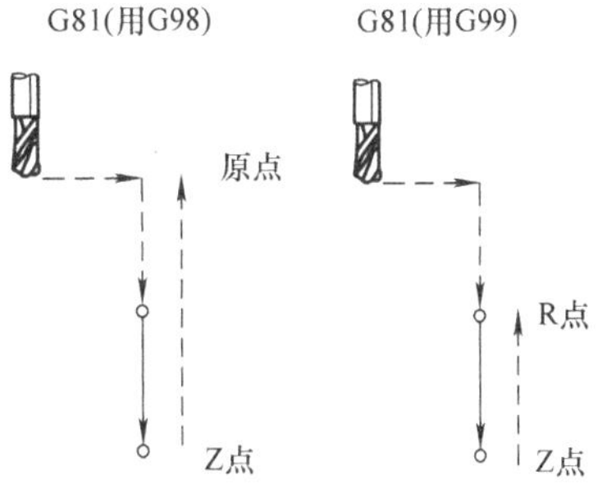

图 2-64 钻孔循环指令 G81

3. 带停顿的钻孔循环指令 G82

按图 2-65 所示的方式钻孔，与 G81 格式类似，唯一的区别是：G82 指令在孔底有暂停，即当钻头加工到孔底时，刀具只做旋转却不做进给运动，从而使孔的表面更光滑，加工不通孔时还可以提高孔深的精度。

【编程格式】

G98/G99 G82 X__ Y__ Z__ F__ R__ P__ ;

【说明】

1）P 为刀具在孔底位置的暂停时间（FANUC 系统单位为毫秒）。

2）该指令一般用于沉孔和盲孔的加工。

3）除 P 外所有参数和 G81 指令相同。

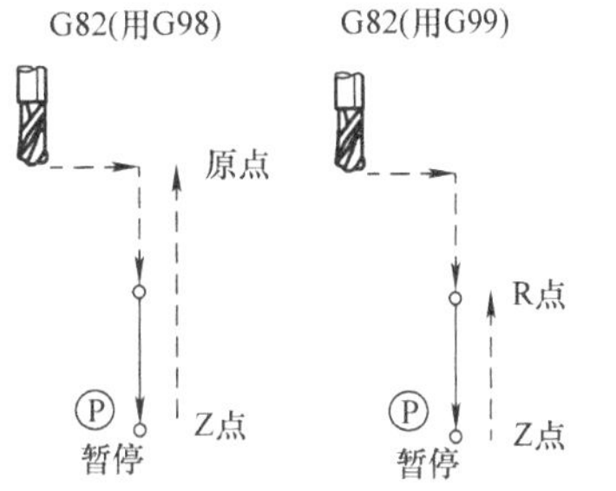

图 2-65 带停顿的钻孔固定循环指令 G82

4. 深孔钻孔循环指令 G83

按图 2-66 所示的方式钻孔。G83 指令的特点是：钻孔时采用间歇进给，有利于排屑，每次进给深度为 q，抬起到 R 参考平面，直到加工到孔底位置为止（图中参数 d 的数值，FANUC 系统由系统内部参数设定）。G83 指令适合加工深孔，但由于有多次提刀动作，钻孔效率较低。

【编程格式】

G98/G99 G83 X__ Y__ Z__ F__ R__ Q__ ;

【说明】

1）Q 为每次进给深度。

2）除 Q 外所有参数和 G81 指令相同。

5. 高速深孔钻循环指令 G73

按图 2-67 所示的方式钻孔。G73 和 G83 指令类似，所不同的是 G73 每次退刀的距离短，因此比 G83 钻孔速度快。

【编程格式】

G98/G99 G73 X__ Y__ Z__ F__ R__ Q__;

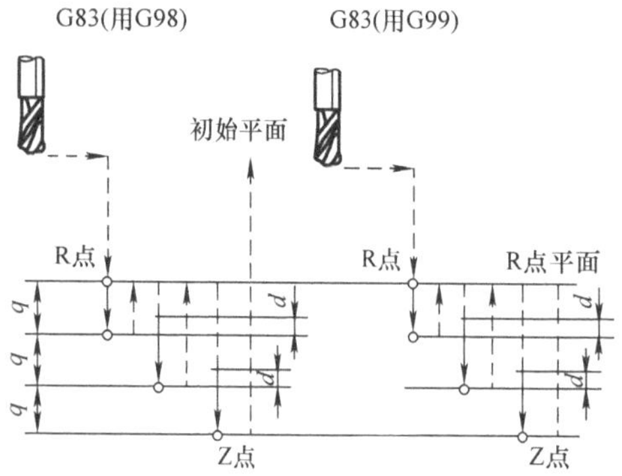

图 2-66　深孔钻孔循环指令 G83

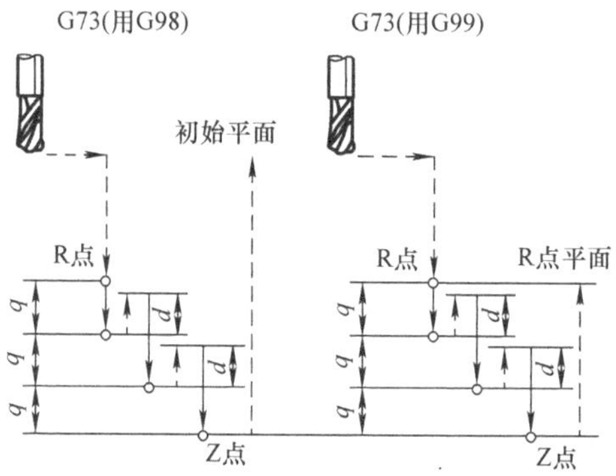

图 2-67　高速深孔钻循环指令 G73

二、常用的孔加工刀具

1. 中心钻

用于零件平面上中心孔的加工。中心钻有二种型式：A 型不带护锥的中心钻、B 型带护锥的中心钻，如图 2-68 所示。

a)　　b)

图 2-68　中心钻

a）A 型不带护锥的中心钻　b）B 型带护锥的中心钻

2. 麻花钻

在数控铣床、加工中心上钻孔，大多是采用普通麻花钻，如图 2-69 所示。根据材料不同，麻花钻有高速钢和硬质合金两种；根据柄部不同，麻花钻有圆柱柄和莫氏锥柄两种。

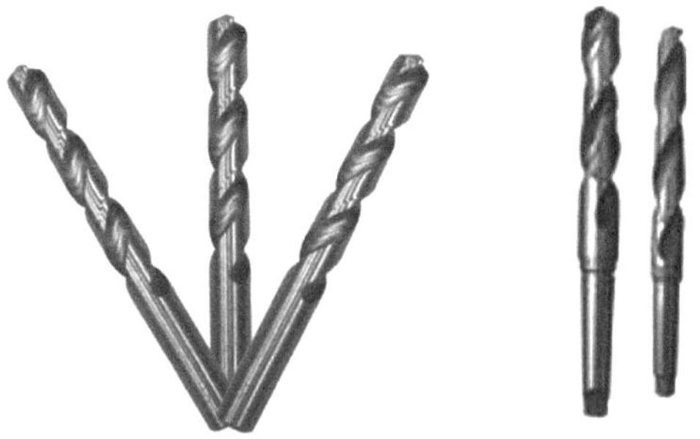

a)　　b)

图 2-69　麻花钻

a）圆柱柄　b）莫氏锥柄

3. 扩孔钻

扩孔钻一般用于孔的半精加工或终加工，用于铰或磨前的预加工或毛坯孔的扩大，扩孔钻有 3 ~4 个主切削刃，没有横刃，因此刚性及导向性好，可以校正孔的轴线偏差，如图

2-70所示。

4. 丝锥

丝锥是目前加工中、小尺寸内螺纹最常用的工具。按照形状可分为直槽丝锥和螺旋槽丝锥，按照使用环境可分为手用丝锥和机用丝锥，如图2-71所示。

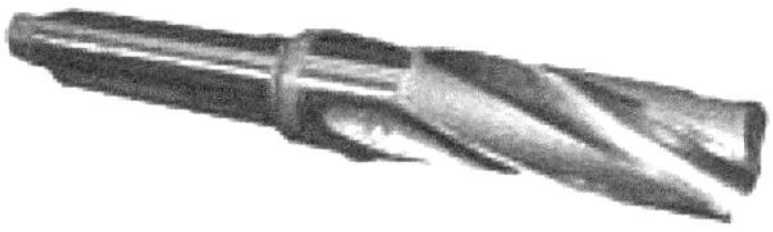

图2-70　扩孔钻

a)　　b)

图2-71　丝锥

a）直槽丝锥　b）螺旋槽丝锥

5. 螺纹铣刀

随着三轴联动数控加工系统的出现，螺纹铣削得以实现，可以使用一把螺纹铣刀加工多种不同旋向的较大直径的内、外螺纹，如图2-72所示。

6. 镗刀

镗刀是镗削刀具的一种，可对已有的孔进行粗加工、半精加工或精加工，如图2-73所示。

a)　　b)　　c)

图2-72　螺纹铣刀

a）整体式　b）机夹式　c）焊接式

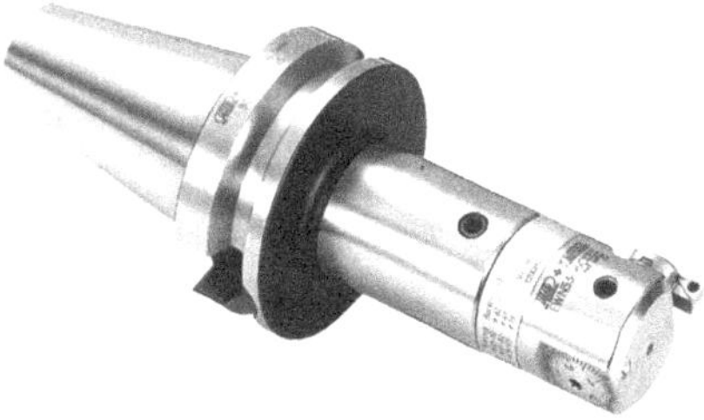

图2-73　镗刀

任务实施

一、任务分析

本任务要加工一个多孔板零件，要在正方形毛坯的中间加工一个ϕ30mm的孔，孔两边各加工一个M10的螺纹孔，四个角上各加工一个上部是ϕ20mm，底部是ϕ12H8的阶梯孔。ϕ30mm的孔和ϕ12H8的孔壁表面粗糙度为$Ra1.6\mu m$，其余部分的表面粗糙度均为$Ra3.2\mu m$，毛坯材料为铝合金（2A12）。根据实训车间的设备情况和学生技能情况可以在规定的时间内完成，达到质量要求。

二、制订加工工艺

1. 工艺分析

（1）装夹、定位　采用机用虎钳装夹，底部用等高垫铁垫起。垫垫铁时注意让出孔的加工位置。

（2）工序安排　加工顺序根据“先面后孔、先粗后精”的原则，制订如下工序步骤。

1）铣削零件上表面，保证零件高度尺寸20mm。

2）打7个中心孔。

3）钻7个底孔。

4）扩5个孔。

5）粗铣中间孔。

6）粗、精铣4个ϕ20mm台阶孔。

7）攻螺纹。

8）铰4个ϕ12mm的孔。

9）精镗中间孔。

（3）刀具、量具选择　刀具：ϕ20mm的立铣刀、A3中心钻、ϕ11.8mm的麻花钻、ϕ8.5mm的麻花钻、ϕ12H7的铰刀、M10机用丝锥、ϕ12mm的立铣刀、ϕ30mm精镗刀；量具：0～150mm的游标卡尺、0～30mm的内测千分尺、0～25mm的深度千分尺、ϕ12H7塞规、M10螺纹塞规、表面粗糙度样板。

（4）合理设计走刀路线　注意确定起刀点、下刀点、抬刀点、加工轨迹。

孔系加工走刀路线的确定主要是考虑：在位置精度满足要求的前提下，走刀路线尽可能短。

（5）确定切削用量　见表2-65。

表2-65　切削用量表

序号	加工项目	刀具	背吃刀量 a_p /mm	主轴转速 n /(r/min)	进给量 v_f /(mm/min)
1	粗、精铣工件上表面	ϕ20mm立铣刀	≈1.5（粗铣）	800	240
			≈0.5（精铣）	1000	180
2	钻中心孔	A3中心钻	2	1200	60
3	钻底孔	ϕ8.5mm麻花钻	—	600	60
4	扩孔	ϕ11.8mm麻花钻	1.65	500	60
5	粗铣中间孔	ϕ12mm立铣刀	2	1200	240
6	粗、精铣4个ϕ20mm台阶孔	ϕ12mm立铣刀	2（粗铣）	1200	240
			精铣同孔深	1300	180
7	攻螺纹	M10机用丝锥	—	100	150
8	铰孔	ϕ12H7机用铰刀	0.1	260	30
9	精镗中间孔	ϕ30mm精镗刀		500	60

2. 填写工序卡片（见表2-66）

表 2-66　数控加工工序卡片（学生填写）

零件图号	2－6－1	数控加工工序卡片	机床型号	
零件名称	多孔板		机床编号	1
零件材料	铝合金（2A12）		使用夹具	机用虎钳

工步描述

工步编号	工步内容	刀具编号	刀具规格	主轴转速 n/（r/min）	进给速度 v_f/（mm/min）	背吃刀量 a_p/mm	刀具偏置
1							
2							
3							
4							
5							
6							
7							
8							
9							

三、模拟加工

1. 程序编制

选择工件上表面的中心为工件原点，并设置在 G54 上。

1）上表面的粗、精加工参考程序（略）。

2）钻中心孔参考程序见表 2-67（A3 中心钻）。

表 2-67　钻中心孔参考程序

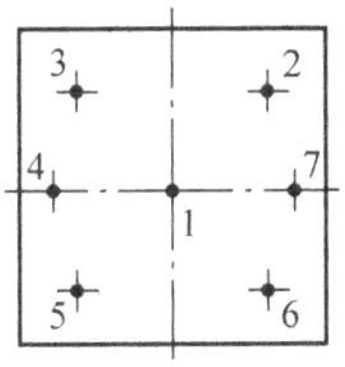

	程序	含义（学生填写）
	O2603	
N2	G54　G17　G40　G49；	
N4	G90　G00　X0.　Y0；	
N6	S1200　M03　F300；	
N8	G43　Z100.　H02；	
N10	G99　G81　X0.　Y0.　Z－2　R5 F60；	
N12	X25.　Y25.；	
N14	X－25.；	
N16	X－32.　Y0.；	
N18	X－25.　Y－25.；	
N20	X25.；	
N22	G98 X32.　Y0；	
N24	G80　G00　Z200.　M05；	
N26	M30；	

3）钻孔参考程序见表 2-68（选用 ϕ8.5mm 的麻花钻）。

表 2-68　钻孔参考程序

程序		含义（学生填写）
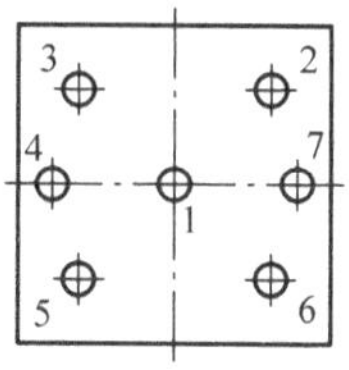		
	O2604	
N2	G54　G17　G40　G49；	
N4	G90　G00　X0.　Y0.；	
N6	S600　M03　F300；	
N8	G43　Z100.　H03；	
N10	G99　G83　X0.　Y0.　Z－23.　R5　Q5　F60；	
N12	X25.　Y25.　Z－18.；	
N14	X－25.；	
N16	X－32.　Y0.　Z－23.；	
N18	X－25.　Y－25.　Z－18.；	
N20	X25.；	
N22	G98　X32.　Y0.　Z－23.；	
N24	G80　G00　Z200.　M05；	
N26	M30；	

4）扩孔参考程序见表 2-69（选用 ϕ11.8mm 的麻花钻）。

表 2-69　扩孔参考程序

程序		含义（学生填写）
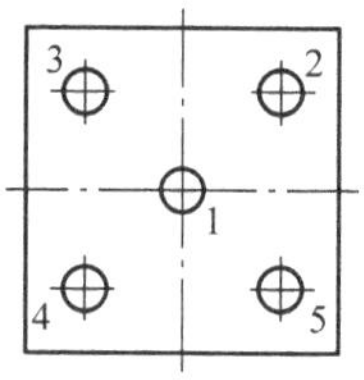		
	O2605	
N2	G54　G17　G40　G49；	
N4	G90　G00　X0.　Y0.；	
N6	S500　M03　F300；	
N8	G43　Z100.　H04；	
N10	G99　G81　X0. Y0. Z－24.　R5　F60；	
N12	X25.　Y25.　Z－18.；	
N14	X－25.；	
N16	Y－25.；	
N18	G98　X25.；	
N20	G80　G00　Z200.　M05；	
N22	M30；	

5）粗铣中间孔参考程序见表 2-70（选用 ϕ12mm 的立铣刀）。

表 2-70　粗铣中间孔参考程序

程序		含义（学生填写）
	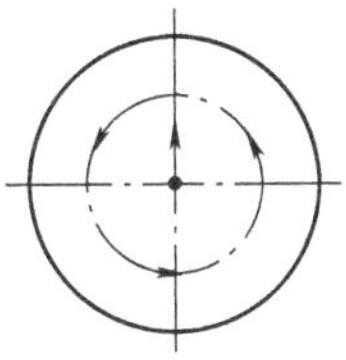	
	O2606　　主程序	
N2	G54　G17　G40　G49；	
N4	G90　G00　X0.　Y0.；	
N6	S1200　M03　F240；	
N8	G43　Z100.　H05；	
N10	Z5.；	
N12	G01　Z0.；	
N14	G41　Y15.　D05；　/D05 = 6.2	
N16	M98　P61　L21；	
N18	G90　G40　G01　Y0.；	
N20	G00　Z200.　M05；	
N22	M30；	
	O0061　　子程序	
N2	G91　G03　J－15　Z－1.；	
N4	M99；	

6）粗、精铣 4 个 ϕ20mm 孔的参考程序见表 2-71（选用 ϕ12mm 的立铣刀）。

表 2-71　粗、精铣 4 个 ϕ20 孔的参考程序

程序		含义（学生填写）
	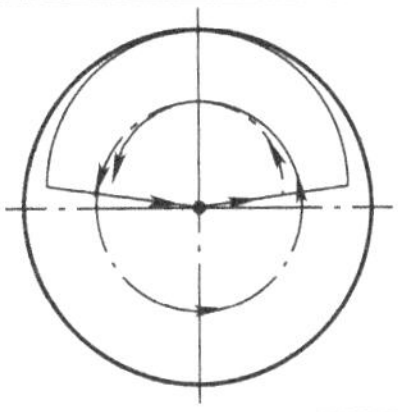	
	O2607　主程序	
N2	G54　G17　G40　G49；	
N4	G90　G00　X0.　Y0.；	
N6	S1200　M03　F280；/精 S1300，F180	
N8	G43　Z100.　H05；	

（续）

程序		含义（学生填写）
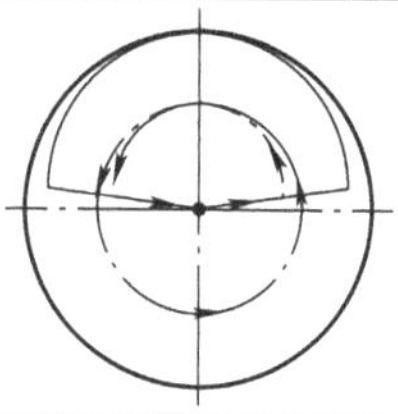		
N10	X25.　Y25.；	
N12	Z5.；	
N14	M98　P62；	
N16	G90　G00　X－25.　Y25.；	
N18	M98　P62；	
N20	G90　G00　X－25.　Y－25.；	
N22	M98　P62；	
N24	G90　G00　X25.　Y－25.；	
N26	M98　P62；	
N28	G00　Z200.　M05；	
N30	M30；	
	O0062　子程序	
N2	G91　Z－5.；	
N4	G41　X8.　Y2.　D05；/粗 D05＝6.8，半精 D05＝6.3，精 D05＝6 或实测	
N6	G03　X－8.　Y8.　R8；	
N8	M98　P63　L5；	
N10	G03　J－10；	
N12	G03　X－8.　Y－8.　R8；	
N14	G40　G01　X8.　Y－2.；	
N16	G00　Z10.；	
N18	M99；	
	O0063　子程序	
N2	G03　J－10　Z－1.；	
N4	M99；	

7）攻螺纹的参考程序见表 2-72（选用 M10mm 丝锥）。

表 2-72　攻螺纹的参考程序

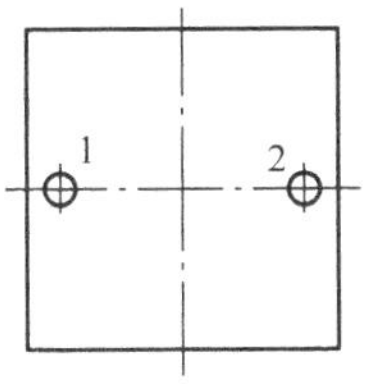

	程序	含义（学生填写）
	O2608	
N2	G54　G17　G40　G49；	
N4	G90　G00　X0.　Y0.；	
N6	S100　M03；	
N8	G43　Z100.　H06；	
N10	G99　G84　X－32.　Y0.　Z－15.　R5　F150；	
N12	G98　X32.；	
N14	G80　G00　Z200.　M05；	
N16	M30；	

8）铰孔的参考程序见表 2-73（选用 ϕ12H7 铰刀）。

表 2-73　铰孔参考程序

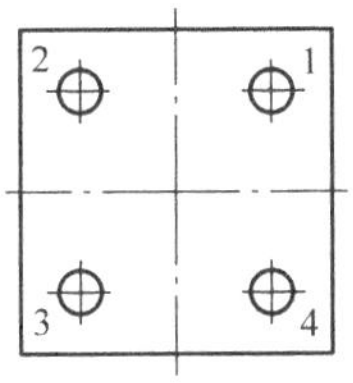

	程序	含义（学生填写）
	O2609	
N2	G54　G17　G40　G49；	
N4	G90　G00　X0.　Y0.；	
N6	S260　M03　F300；	
N8	G43　Z100.　H07；	
N10	G99　G81　X25.　Y25.　Z－14.　R5　F30；	
N12	X－25.；	
N14	Y－25.；	
N16	G98　X25.；	
N18	G80　G00　Z200.　M05；	
N20	M30；	

9）镗孔的参考程序见表 2-74（选用 ϕ30 精镗刀）。

表 2-74　镗孔参考程序

<table>
<tr><th colspan="2">程序</th><th>含义（学生填写）</th></tr>
<tr><td colspan="3">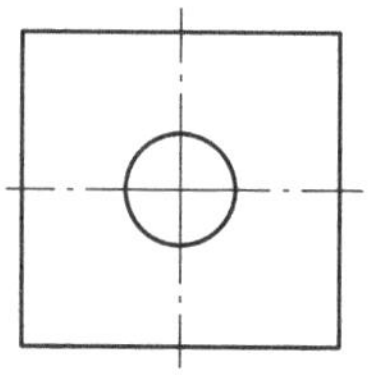</td></tr>
<tr><td></td><td>O2610</td><td></td></tr>
<tr><td>N2</td><td>G54　G17　G40　G49；</td><td></td></tr>
<tr><td>N4</td><td>G90　G00　X0.　Y0.；</td><td></td></tr>
<tr><td>N6</td><td>S500　M03　F300；</td><td></td></tr>
<tr><td>N8</td><td>G43　Z100.　H08；</td><td></td></tr>
<tr><td>N10</td><td>G98　G76　Z-22.　R5　Q0.2　P200　F60；</td><td></td></tr>
<tr><td>N12</td><td>G80　G00　Z200.　M05；</td><td></td></tr>
<tr><td>N14</td><td>M30</td><td></td></tr>
</table>

2. 仿真加工

打开数控加工仿真软件，选择机床、定义毛坯及夹具、选择刀具，进行对刀并设置好工件坐标系，输入加工程序，完成零件的仿真模拟加工，加工过程中注意观察程序运行状态，及时发现并纠正程序中的错误，以免在后续机床实际加工中出现干涉或撞刀等问题。

四、加工工件

1. 召开课前会（见表 2-75）

表 2-75　工作安排表

序号	内容	工作要求
1	明确操作任务	“多孔板”零件的编程与加工
2	召开课前会	1）检查学生出勤、着装，交代安全注意事项，严禁学生在车间打闹、串岗 2）安排工、量、刀具领取 3）各组进行人员分工，明确每个成员的任务和操作顺序

2. 工、量、刃具确定及领取（见表2-76）

表2-76 工、量、刃具清单

序号	名称	规格	单位	数量
1	毛坯	铝合金（2A12）：80mm×80mm×22mm	件	1
2	立铣刀	ϕ20mm	把	1
3	立铣刀	ϕ12mm	把	1
4	中心钻	A3	把	1
5	麻花钻	ϕ8.5mm	把	1
6	麻花钻	ϕ11.8mm	把	1
7	铰刀	ϕ12H8	把	1
8	机用丝锥	M10	把	1
9	精镗刀	ϕ30mm	把	1
10	游标卡尺	0～150mm	把	1
11	内测千分尺	0～30mm	把	1
12	深度千分尺	0～25mm	把	1
13	表面粗糙度样板		副	1
14	杠杆表及表座	0～1.5mm	套	1
15	刀柄	与刀具配套	套	8
16	等高垫铁		副	若干
17	机用虎钳		台	1
18	专用扳手	与机用虎钳配套	套	1
19	木锤		把	1

3. 人员分工（见表2-77）

表2-77 人员分工表

操作员	材料员	记录员	工艺员	检验员	安全员

4. 加工准备

按照数控铣床操作规程进行操作，注意一人操作，其他同学认真观察。

1）开机、回参考点。

2）阅读零件图，检查毛坯尺寸。

3）装夹找正工件。

4）装夹刀具，装上ϕ20mm的立铣刀。

5）对刀并设定工件坐标系及刀具长度补偿值H01。

6）输入程序。

7）程序校验。

把工件坐标系的Z轴朝正方向平移50mm，方法是在00 G54的Z中设为50，打开“图形模拟”窗口，按下“循环启动”键，降低进给速度，检查刀具运动是否正确。

5. 加工工件

（1）粗、精铣工件上表面　调用平面粗加工程序，粗铣上表面，测量这时工件的高度，打开平面精加工程序，修改程序中下刀的程序段，自动加工，保证工件的高度尺寸。

（2）钻中心孔　取下 ϕ20mm 立铣刀，将中心钻安装至主轴上，Z 轴对刀设定刀具长度补偿值 H02，调用“O2603”钻中心孔程序，按下“循环启动”键，完成 7 个中心孔的加工，如图 2-74 所示。

（3）钻底孔　取下中心钻，将 ϕ8.5mm 的麻花钻安装至主轴上，Z 轴对刀刀具长度补偿值 H03，调用“O2604”钻孔程序，按下“循环启动”键，完成 7 个底孔的加工，如图 2-75 所示。

图 2-74　钻中心孔

图 2-75　钻底孔

（4）扩孔　取下 ϕ8.5mm 的麻花钻，将 ϕ11.8mm 的麻花钻安装至主轴上，Z 轴对刀设定刀具长度补偿值 H04，调用“O2605”钻孔程序，按下“循环启动”键，完成 5 个孔的扩孔加工。

（5）粗、精铣 4 个 ϕ20mm 台阶孔　将 ϕ12mm 的立铣刀安装在主轴上、Z 轴对刀设定刀具长度补偿值 H05。在刀补界面 D05 的对应位置输入“6.8”（单边预留 0.8mm 的半精加工余量），调用“O2607”台阶孔加工程序，然后按“循环启动”按钮，完成台阶孔的粗加工。

在刀补界面 D05 的对应位置输入“6.3”（单边预留 0.3mm 精加工余量），调用“O2607”台阶孔加工程序，然后按“循环启动”按钮，完成台阶孔的半精加工。

手动移动工作台至便于工件测量的位置，用内经千分尺测量孔的直径，并依此计算出实际的刀补值，输入至刀补 D05 中，然后按“循环启动”按钮，完成台阶孔的精加工，如图 2-76 所示。

（6）粗铣中间孔　在刀补界面 D05 的对应位置输入“6.2”（单边预留 0.2mm 的半精加工余量），调用“O2606”铣孔程序，按下“循环启动”键，完成中间孔的粗加工，如图 2-77 所示。

（7）攻螺纹　取下 ϕ12mm 的立铣刀，将 M10 机用丝锥安装至主轴上，Z 轴对刀设定刀具长度补偿值 H06，调用“O2608”攻螺纹程序，按下“循环启动”键，完成 2 个螺纹孔的加工。

（8）铰 4 个 ϕ12mm 的孔　取下 M10 机用丝锥，将 ϕ12H8 的机用铰刀安装至主轴上，Z 轴对刀设定刀具长度补偿值 H07，调用“O2609”铰孔程序，按下“循环启动”键，完成 4 个 ϕ12H7 孔的加工，如图 2-78 所示。

图 2-76　精铣 4 个台阶孔

图 2-77　粗铣中间孔

（9）精镗中间孔　取下 ϕ12H8 的机用铰刀，将 ϕ30mm 精镗刀安装至主轴上，Z 轴对刀设定刀具长度补偿值 H08，调用“O2610”镗孔程序，按下“循环启动”键，完成中间孔的镗削加工，如图 2-79 所示。

图 2-78　铰 4 个 ϕ12mm 的孔

图 2-79　精镗中间孔

（10）松开夹具，卸下工件，清理机床。

【注意】

1）毛坯装夹时，一定要考虑垫铁是否与加工部位干涉。

2）装夹工件时，用力要适当，可以在工件与钳口接触面上垫上铜皮，以保护零件表面不被夹伤。

3）螺纹孔加工前，要先用中心钻钻中心孔，然后打底孔，而且底孔的直径一定要根据公式或查表获得。

4）刀具在铣孔时采用软接近的方法，注意刀具的切入切出。

5）镗孔刀对刀时，工件零点偏置值可直接借用第一把刀对刀获得的 X、Y 值，Z 值需重新试切获得。

任务考评

一、零件加工质量检测标准（见表 2-78）

表 2-78　评分标准

班级			姓名	学号		加工日期和时间		总分	
序号	项目		技术要求	配分	评分标准	学生自测	小组检测	教师检测	得分
1	尺寸检测		工件高度 20mm	3	超差不得分				
2		中间孔	$\phi 30^{+0.033}_{0}$ mm	6	超差 0.01 扣 1 分				
4			$Ra1.6\mu m$	3	每降一级扣 2 分				
5		台阶孔	$\phi 20^{0}_{-0.04}$ mm（4 处）	8	超差 0.01 扣 1 分				
6			ϕ12H8（4 处）	8	超差 0.01 扣 1 分				
7			（50 ± 0.05）mm（2 处）	6	超差 0.01 扣 1 分				
8			深度 18mm	3	超差不得分				
9			深度 5mm	3	超差不得分				
10			$Ra1.6\mu m$	3	每降一级扣 2 分				
11			$Ra3.2\mu m$	3	每降一级扣 2 分				
12		螺纹孔	M10（2 处）	8	超差不得分				
13			间距 64mm	3	超差不得分				
14			深度 15mm	3	超差不得分				
15	程序编制		完成所有程序编制	10	未全部完成酌情扣分				
			程序正确、简单、规范	10	程序有错、不规范酌情扣分				
16	工艺合理		合理选用刀、量具	5	不合理酌情扣分				
			加工顺序、刀具轨迹合理，切削用量选择合理	5	不合理酌情扣分				
17	安全文明生产		安全、规范操作	5	不规范酌情扣分				
			刀量具摆放规范	3	不规范酌情扣分				
			整理、维护保养	2	不整理酌情扣分				
合计				100					

二、过程评价

1. 自评和互评标准（40%）（见表 2-79）

表 2-79 自评和互评标准表

任务名称					任务编号			
班级		姓名			学号			
评价项目	评价标准		评价结果					分项评分
			优	良	中	差		
职业素养（自评）（10%）	按照要求出勤，着装整齐规范，遵守课堂纪律，在工作中态度端正，精神面貌好，团结协作，遵守安全操作规程，无安全事故		10	8	5	0		
工艺编制、编程与基本操作（自评）（10%）	刀具选择正确，工艺制订合理，程序编写正确		10	8	5	0		
机床操作能力（自评）（5%）	工件安装和找正方法正确，对刀操作规范，机床操作熟练，及时保养、维护和清扫设备		5	3	2	0		
零件加工质量（互评）（10%）	尺寸精度，表面质量符合图样要求，量具使用熟练规范		10	8	5	0		
日常作业完成情况（自评）（5%）	按时、认真完成		5	3	2	0		
综合评价结果								
组长			时间					

2. 教师评价标准（50%）（见表 2-80）

表 2-80 教师评价标准表

任务名称						任务编号		
班级			姓名			学号		
评价项目		评价标准	评价结果				分项评分	
			优	良	中	差		
考勤（15%）	迟到	无迟到、早退、旷课现象	5	4	3	0		
	早退		5	4	3	0		
	旷课		5	4	3	0		
工作任务完成情况（30%）	加工工艺	能独立制订任务所规定零件的数控加工工艺	5	4	3	0		
	程序编制	格式正确，代码使用正确，与工艺对应性好，整体优化	5	4	3	0		
	操作规范	对刀规范，无加工碰撞与干涉，对加工过程中出现的异常情况做出正确处理	5	4	3	0		
	零件加工质量	达到图样要求的精度、表面粗糙度和有关技术要求	10	8	5	0		
	职业素质	着装整齐规范、遵守课堂纪律，在工作中态度端正，精神面貌好，团结协作，遵守安全操作规程，无安全事故；及时保养、维护和清扫设备	5	4	3	0		
任务报告（5%）	完成时间	按时完成	2	1	0	0		
	报告环节	内容正确、任务（项目）报告环节完整，书写整齐、字体工整	3	2	1	0		
综合评价结果								
教师			时间					

注：教师评价表由教师填写，学生不准填写。

3. 讨论评价标准（10%）（表2-81）

表2-81　讨论评价标准表

评价项目	评价标准	评价结果				分项评分
		优	良	中	差	
参与程度（2%）	积极讨论、积极寻找解决方案	2	1	0.5	0	
是否完成一定的任务（2%）	担任一个角色促进任务的完成	2	1	0.5	0	
小组汇报情况（2%）	组内轮流派人汇报交流，汇报者口齿清楚、声音洪亮、条理清晰	2	1	0.5	0	
讨论结果（4%）	讨论结果思路清晰、理由充分、结果可行	4	3	2	1	
合计（总分）						

4. 实训鉴定（见表2-82）

表2-82　实训鉴定表

自我鉴定	通过本任务学习，同学们的收获有： 学生签名：________ ______年___月___日
指导教师鉴定	指导教师签名：________ ______年___月___日

综合训练

一、问题解答

1）加工孔类零件时，如何保证孔之间的中心距公差？

2）攻螺纹时的注意事项有哪些？

3）在攻M8、M10、M12螺纹孔时，应分别选择直径为多少的麻花钻打底孔？

4）试写出铰孔和镗孔的应用范围。

二、任务训练

1）在60mm×60mm×20mm的精毛坯上，加工如图2-80所示的零件，毛坯材料为铝合金（2A12），合理选择刀具和切削用量参数，编写加工程序。

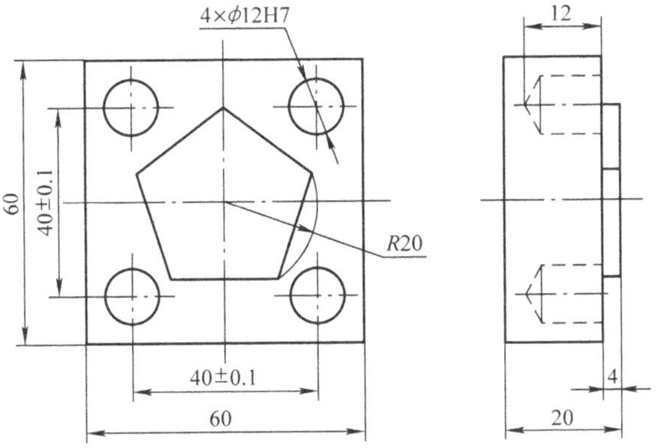

图 2-80　钻孔加工训练零件一

2）在 60mm×60mm×20mm 的精毛坯上，加工如图 2-81 所示的零件，毛坯材料为铝合金（2A12），合理选择刀具和切削用量参数，编写加工程序。

其中 1 点（10.875，5.331）　2 点（16.339，2.379）

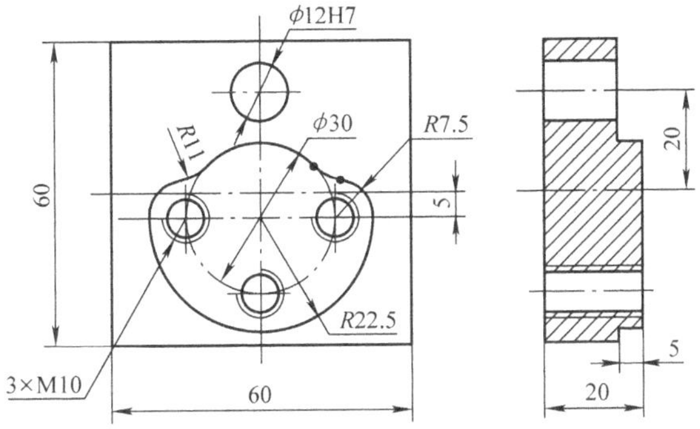

图 2-81　钻孔加工训练零件二

知识拓展

一、孔加工工艺

孔加工是数控铣削中的重要加工内容，在数控铣床上加工孔的方法很多，根据孔的尺寸精度、位置精度及表面粗糙度值等要求，一般有钻中心孔、钻孔、扩孔、锪孔、铰孔、镗孔、拉孔、磨孔、铣孔等。生产实践证明，必须根据孔的加工要求，合理地选择加工方法和加工步骤。图 2-82 所示为孔加工工艺路线框图。

1. 钻中心孔（定位）

为了防止把孔钻偏，钻孔前先用中心钻在平面上预钻一中心孔，便于钻头钻入时定心。

2. 钻孔

钻孔是用麻花钻头在工件实体材料上加工孔的方法。钻孔直径范围为 0.1～100mm，广泛用于孔的粗加工，也可作为不重要孔的最终加工。

3. 扩孔

扩孔是用扩孔钻对工件上已有的孔进行扩大，可获得正确的几何形状和较小的表面粗糙度值，扩孔的加工余量一般为0.2～4mm。

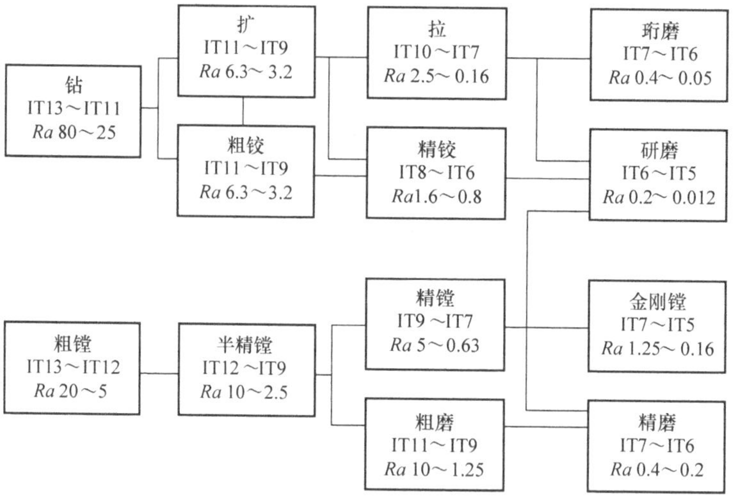

图2-82　孔加工工艺路线框图

4. 铰孔

铰孔是用铰刀从工件壁上切除微量金属层，以提高孔的尺寸精度和减小表面粗糙度值的加工方法。适合对中、小直径孔进行精加工。铰孔前，应经过钻孔、扩孔等加工，精铰时的铰削余量一般取0.1～0.2mm。

5. 镗孔

镗孔是对锻出、铸出或钻出的孔的进一步加工，镗孔可扩大孔径，提高精度值，减小表面粗糙度值，还可以较好地纠正原来孔轴线的偏斜，特别适合加工孔距和位置精度要求较高的孔系。镗孔可以分为粗镗、半精镗和精镗。精镗孔的单边余量一般要小于0.4mm。

二、螺纹

常用螺纹有粗牙螺纹和细牙螺纹之分。在机械设计中，我们通常用的是粗牙螺纹。

1. 普通粗牙螺纹公称直径和螺距的关系

粗牙螺纹在标注时不会标出螺距，其螺距是通过查表得到的。

2. 攻螺纹前底孔直径的确定

攻螺纹前底孔的直径可以使用公式求得，也可以通过查表求得。

$$\begin{cases}\text{加工钢料及塑性材料时，} D=d-P \\ \text{加工铸铁及脆性金属时，} D=d-1.1P\end{cases}$$

式中　P——螺距（mm）；

d——螺纹公称直径（mm）。

攻不通孔时，钻孔深度＝所需螺孔深度＋$0.7d$。

3. 螺纹孔的加工

在数控铣床或加工中心上加工螺纹孔通常有三种方法。

（1）弹性攻螺纹　使用浮动式攻螺纹夹头，利用丝锥自身的导向作用完成内螺纹加工。若采用这种方式，数控机床主轴的回转和Z轴的进给不需要严格同步。

（2）刚性攻螺纹 刚性攻螺纹要求数控机床的主轴必须配置有编码器，以保证主轴的回转和Z轴的进给严格地同步，即主轴每转一圈，Z轴进给一个螺距，即

$$进给速度 v_f = 主轴转速 n \times 螺纹螺距 P$$

在FANUC 0i系统中，在G84或G74指令前面，加一程序段指令M29，则机床进入刚性攻螺纹模式。

刚性攻螺纹模式编程的格式为

M29 S ____；

（3）使用螺纹铣刀加工 上述两种方法仅用于定尺寸的螺纹刀，一种规格的刀具只能够加工同等规格的螺纹，而使用螺纹刀铣削螺纹的特点是：可以使用同一把刀具加工直径不同的左旋和右旋螺纹，如果使用单齿螺纹铣刀还可以加工不同螺距的螺纹孔，编程时使用螺旋插补指令。

三、试切法调整镗刀尺寸

如图2-83所示，b为刀头伸出长度，d为镗孔后孔的直径，D为镗刀杆直径，L为游标卡尺测量长度，$L = D + b = D + (d/2 - D/2) = D/2 + d/2$。

首先对镗刀进行粗调整，用对刀板或游标卡尺将镗刀刀尖预调至理想尺寸（−0.1mm范围）内，用自动方式使主轴到达孔轴线位置，在孔口处试切1～2mm并测量，稍微松开两个紧定导向螺钉，再转动双螺纹调节套，根据测量情况进行微调。微调好后，再将两个紧定导向螺钉拧紧，镗刀即可工作。

注意：试切法调整镗刀一定要遵循“少进多试”的原则，否则一旦镗刀尺寸偏大会出现废品。

粗镗刀调整精度可在±0.05mm内，精镗刀则一定要调整到精度要求范围内。

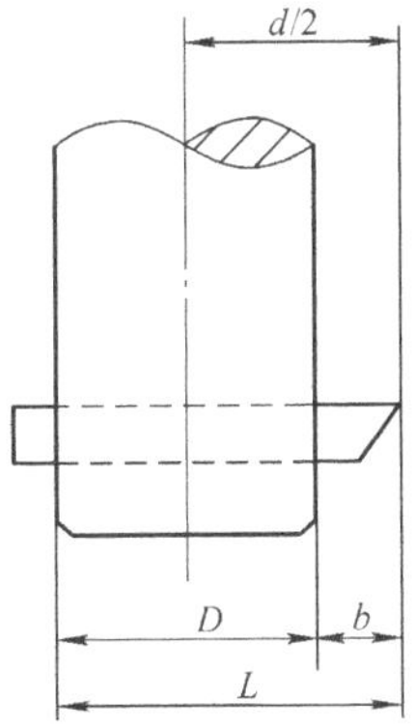

图2-83 粗调镗刀示意图

单元三 综合技能训练

项目一 制作舵轮模型

学习目标

- 能进行安全操作。
- 能正确选择和使用铣刀，能合理确定切削用量参数。
- 能熟练分析零件特征，并采用合适的加工方法进行零件铣削的编程与加工。
- 能够根据图样要求合理控制零件尺寸。
- 清扫卫生，维护机床，收工具。

项目描述

学校数控实训车间接到舵轮模型的加工项目（图 3-1）。要求学生们在 24 学时内试制完成各零件加工并组装成型。该模型有三个组装件属于铣削加工零件，需要使用数控铣床加工。其余三件需要数控车削加工，由数控车削组完成。项目内容如下。

1）制订底座、立柱和轮盘三个零件的数控铣削加工工艺。

2）以合作的方式完成所有零件的加工。

3）对零件的加工尺寸精度误差进行分析。

项目准备

（1）场地、设备、夹具、工具、量具准备　①数控车间或实训室；②数控铣床 6 台，FANUC 0i 系统或华中系统；③夹具：机用虎钳，自定心卡盘；④工具：机用虎钳扳手、内六角扳手、等高垫铁、油石、寻边器、杠杆表、磁力表座、卸刀座和扳手等；⑤刀具：面铣刀 ϕ63mm，立铣刀 ϕ12mm、ϕ16mm 等，键槽铣刀 ϕ8mm，钻头 ϕ8mm、ϕ7.8mm，铰刀 ϕ8H7，中心钻，倒角铣刀；⑥量具：内测千分尺、千分尺、游标卡尺、游标万能角度尺、ϕ8H7 和 ϕ6H7 光滑塞规等；⑦学习资料：工艺手册、工序单、工艺卡、精度检验单、评价表等。

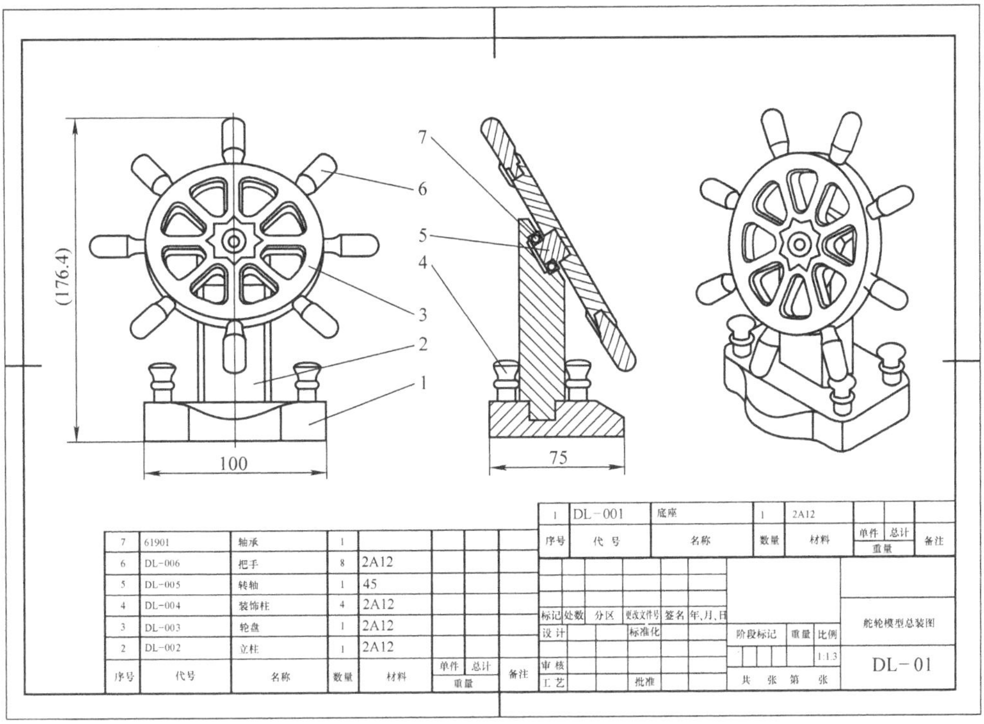

图 3-1　舵轮模型

（2）材料准备　毛坯：尺寸为 110mm × 80mm × 25mm、ϕ45mm × 115mm、ϕ110mm × 15mm，毛坯材料为铝合金（2A12）。

（3）教学方法　讲授、演示、角色扮演、小组讨论、理实一体化、独立工作。

（4）劳动组织　将班级分成 5 ~ 6 个小组，每个工作组 5 ~ 6 人，其中 1 人担任组长，1 人担任材料员（兼任记录员），其中包括 1 名工艺员、1 名检验员、1 名安全员。

知识链接

一、倒角铣刀的使用

1. 倒角铣刀的种类

倒角铣刀可以方便地对零件的棱边进行倒角加工，其具有倒角精度高，编程操作方便的特点。根据倒角铣刀的材料与结构不同，常见的倒角铣刀可分为表 3-1 中所示的三种类型。

2. 倒角铣刀的用法

使用倒角铣刀对零件进行倒角加工，需要掌握倒角铣刀的相关尺寸信息，不同的倒角铣刀，其尺寸信息有所差别，该信息可以从刀具包装盒上获得，也可用量具测量获得。下面以高速钢倒角铣刀为例，对倒角铣刀的尺寸参数及用法进行说明。

倒角铣刀的使用，是通过对刀具半径补偿 D 值的设置与下刀深度 Z 的配合来实现的，图 3-2 为倒角铣刀加工结构示意图。

图中，C 为倒角尺寸。Z_1 为倒角铣刀加工时超出材料的深度，此值一般取 1mm 左右。ϕd 为倒角铣刀底面直径，有的倒角铣刀此值为零，即底面为尖角。D 为刀具半径补偿值，Z

表 3-1　倒角铣刀类型

类型	实物图	特　点
高速钢倒角铣刀		制造成本较低，刀具寿命短，加工效率不高，适用于批量不大、材料硬度低的零件加工
整体硬质合金倒角铣刀	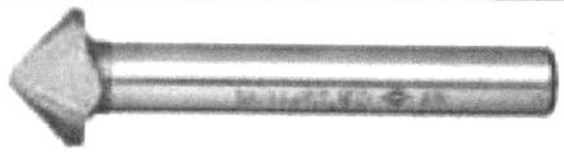	制造成本较高，刀具寿命长，加工效率高，适用于精度要求较高、材料硬度高的零件加工
可转位机夹倒角铣刀		刀片可以更换，经济性较好，刀具寿命长，适用于精度要求高、大批量生产的零件加工

为刀具下刀深度值。

根据以上几何关系，可以确定：

$$D = d/2 + Z_1$$

$$Z = C + Z_1$$

因此在使用倒角铣刀加工刀具时，只需要确定倒角铣刀底面直径和需要铣削的倒角尺寸，即可计算出 D 值和 Z 值，分别将 D 值输入至数控系统中，轮廓铣削程序中的下刀深度 Z 值替换为计算出的数值，即可完成零件的倒角加工。

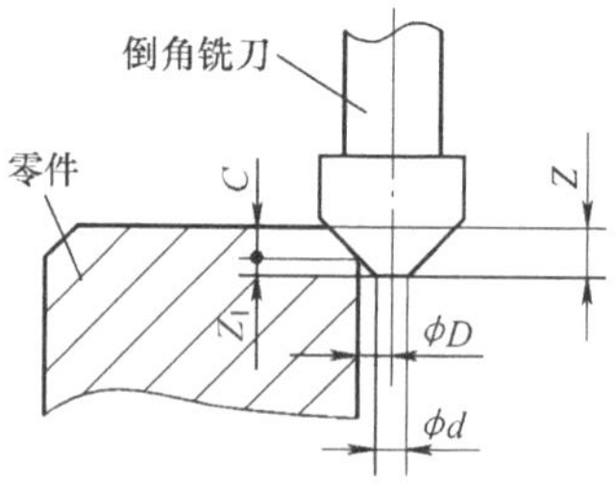

图 3-2　刀具铣刀加工结构示意图

二、斜面零件的加工方法

在数控铣削加工中，有时会遇到带有斜面的零件，对于此类零件，可以通过装夹找正角度的方法完成斜面的加工。装夹找正角度的方法通常可以分为两种，一种是采用具有角度调整功能的平口钳进行装夹，如图 3-3 所示。此种方法的优点是角度找正方便，可随意调整装夹角度，但缺点是需要配备具有调整角度功能的平口钳。

另一种方法是可以通过常用的游标万能角度尺作为辅助工具实现斜面角度的找正装夹，该方法的优点是可以方便地找正装夹角度，对工作条件要求较低，但缺点是找正角度存在一定误差，适用于对斜面角度要求不高的场合。本任务中的底座和立柱零件的斜面加工即采用该方法完成，其找正装夹的示意图如图 3-4 所示。

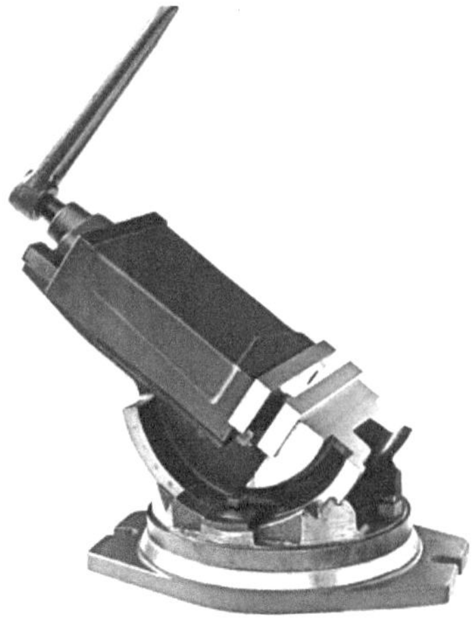

图 3-3　带有角度调整功能的平口钳

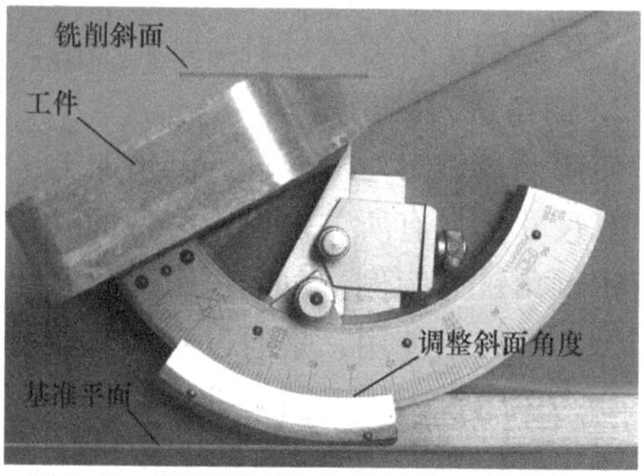

图 3-4　用游标万能角度尺找正铣削斜面

项目实施

召开课前会，具体要求见表 3-2。

表 3-2 工作安排表

序号	内容	工作要求					
1	明确训练任务	数控铣床基本操作					
2	召开课前会	1）检查学生出勤、着装，交代安全注意事项，严禁学生在车间打闹、串岗 2）各组进行人员分工，明确每个成员的任务和操作顺序					
3	人员分工	操作员	材料员	记录员	工艺员	检验员	安全员

任务一 加工底座零件

一、任务分析

底座零件如图 3-5 所示，该零件毛坯尺寸为 110mm × 80mm × 25mm，需要铣削外形、30°斜面、铰孔以及长方槽，其中长方槽需要与立柱过渡配合，精度与表面粗糙度要求较高。4 × ϕ8H7 孔需要与装饰柱过渡配合。

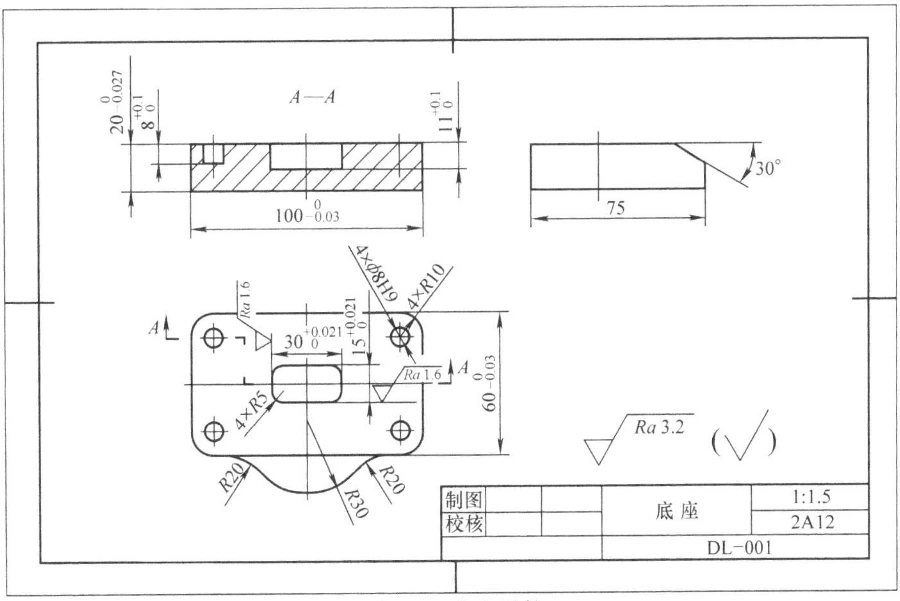

图 3-5 底座零件

二、制订加工工艺

1. 工艺分析

（1）装夹、定位 外轮廓、内轮廓及孔加工：采用机用虎钳装夹，底部用等高垫铁垫起；斜面：采用机用虎钳装夹两侧面，使用游标万能角度尺找正斜面角度。

（2）工序安排 加工顺序根据“基面先行，先粗后精”的原则，考虑到该零件需要铣削外轮廓形状，因此制订工序步骤如下。

1）用等高垫铁垫起工件，保证毛坯伸出钳口 21mm 左右并找正夹紧工件，粗精铣平面后对刀设置坐标系，粗精铣外轮廓及内轮廓形状，钻孔并铰孔。

2）卸下工件，以上平面为定位面装夹至机用虎钳，根据实测情况粗、精铣上平面，保证零件高度尺寸。

3）卸下工件，用游标万能角度尺找正角度装夹，铣削 30°斜面。

（3）刀具、量具选择　刀具：上下平面采用 ϕ63mm 面铣刀加工，外轮廓采用 ϕ16mm 立铣刀粗精铣，内轮廓采用 ϕ10mm 键槽铣刀粗精铣，4 × ϕ8H9 孔采用中心钻定位，ϕ7.8mm 钻头钻孔，ϕ8H9 铰刀铰孔。量具：0 ~ 150mm 游标卡尺、游标万能角度尺、0 ~ 150mm 深度卡尺、千分尺、内测千分尺、光滑塞规等。

（4）合理设计走刀路线　注意确定起刀点、下刀点、抬刀点、加工轨迹。

平面铣：自机用虎钳装夹方向的任何一个外侧下刀，采用行切法，粗铣时为了提高效率，双向加工，精铣时为了保证表面质量，采用单向加工。

轮廓铣：由于零件无硬皮，为保证表面质量，粗、精加工采用顺铣方式，进退刀采用圆弧切入切出方式。

钻铰孔：为保证孔的位置精度和尺寸精度，采用中心钻定位、钻头粗加工、铰刀精加工的方式。

（5）确定切削用量　根据工序安排的工艺路线，确定各切削用量见表 3-3。

表 3-3　切削用量表

序号	加工项目	刀具	背吃刀量 a_p /mm	主轴转速 n /(r/min)	进给量 v_f /(mm/min)
1	铣上平面	ϕ63mm 面铣刀	0.3（粗铣）	800	240
			0.2（精铣）	1000	150
2	铣外轮廓	ϕ16mm 立铣刀	≈10（粗铣）	800	240
			20（精铣）	1000	150
3	铣内轮廓（长方槽）	ϕ10mm 键槽铣刀	≈4（粗铣）	1000	200
			7（精铣）	1200	120
4	钻孔	ϕ7.8mm 钻头	—	800	80
5	铰孔	ϕ8H7 铰刀	—	400	30
6	铣底平面及 30°斜面	ϕ63mm 面铣刀	≈2（粗铣）	800	240
			0.2（精铣）	1000	150

2. 设计走刀路线

外轮廓与内轮廓加工从轮廓上边的中点处进刀，均采用圆弧切入切出方式进退刀。走刀路线如图 3-6 所示。

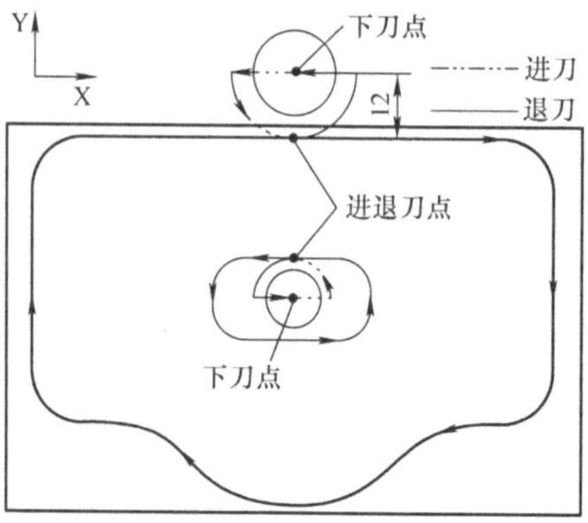

图 3-6　走刀路线图

3. 填写工序卡片（见表 3-4）

表 3-4 数控加工工序卡片（学生填写）

零件图号	DL－001	数控加工工序卡片	机床型号	
零件名称	底座		机床编号	
零件材料	铝合金		使用夹具	机用虎钳

工步描述

工步编号	工步内容	刀具编号	刀具规格	主轴转速 n /（r/min）	进给速度 v_f/（mm/min）	背吃刀量 a_p/mm	刀具偏置
1							
2							
3							
4							
5							
6							
7							
8							

三、模拟加工

1. 程序编制

选择工件上表面距离毛坯后面 32.5mm 的中心处为编程原点，并设置在 G54 上，如图 3-7 所示。

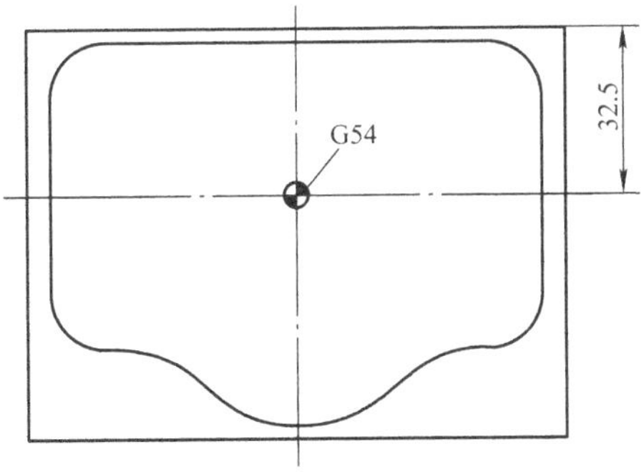

图 3-7 编程原点

1）外轮廓的铣削加工参考程序见表 3-5（粗、精铣通过设置刀具半径值实现）。

表 3-5 外轮廓的铣削加工参考程序

程序		含义
	O0311	程序号
N2	G17 G40 G54 G90；	设置程序初始状态
N4	M3 S800；	主轴以 800r/min 的转速正转
N6	G0 X0. Y40. Z50.；	刀具快速定位

（续）

	程序	含义
N8	Z5. ;	刀具快速下刀
N10	G1　Z－10.　F150;	Z向下刀（可修改此值完成粗铣的分层铣削）
N12	G41　D1　X－10.　F240;	加入刀具半径补偿
N14	G3　X0.　Y30.　R10. ;	圆弧切向进刀
N16	G1　X50.　R10. ;	铣削外轮廓，设置各倒圆角参数
N18	Y－30. R10. ;	
N20	X25.98　R10. ;	
N22	G2 X－25.98　R20. ;	
N24	G1 X－50. R20. ;	
N26	Y30. R10. ;	
N28	X0. ;	
N30	G3 X10.　Y40.　R10. ;	圆弧切向退刀
N32	G40　G1　X0. ;	取消半径补偿
N34	Z2. ;	Z向抬刀
N36	G0　Z50. ;	Z向快速退刀
N38	M30;	程序结束

2）内轮廓的铣削加工参考程序见表3-6。

表3-6　内轮廓的铣削加工参考程序

	程序	含义
	O0312	程序号
N2	G17　G40　G54　G90;	设置程序初始状态
N4	M3　S1000;	主轴以1000r/min的转速正转
N6	G0　X0.　Y0.　Z50. ;	刀具快速定位
N8	Z5. ;	刀具快速下刀
N10	G1　Z－4.　F80;	Z向下刀（可修改此值完成粗铣的分层铣削）
N12	G41　D1　X7.5　F200;	加入刀具半径补偿
N14	G3　X0　Y7.5　R7.5;	圆弧切向进刀
N16	G1　X－15.0. ;	铣削内轮廓
N18	Y－7.5;	
N20	X15.0;	
N22	Y7.5;	
N24	X0. ;	
N26	G3　X－7.5　Y0　R7.5;	圆弧切向退刀
N28	G40　G1　X0. ;	取消半径补偿
N30	Z2. ;	Z向抬刀
N32	G0　Z50. ;	Z向快速退刀
N34	M30;	程序结束

3）钻孔的加工参考程序见表3-7。

表3-7 钻孔的加工参考程序

程序		含义
	O0313	程序号
N2	G17 G40 G54 G90；	设置程序初始状态
N4	M3 S800；	主轴以800r/min的转速正转
N6	G0 X0. Y0. Z50.；	刀具快速定位
N8	G99 G81 X40. Y20. Z-10. R3. F80；	设定G81参数并钻第一个孔
N10	X-40.；	钻第二个孔
N12	Y-20.；	钻第三个孔
N14	X40.；	钻第四个孔
N16	G80 G0 Z50.；	取消钻孔循环，Z向快速退刀
N18	M30；	程序结束

2. 仿真加工

将加工程序输入至数控仿真软件中，并设置毛坯、刀具及坐标偏置等参数，然后利用数控仿真软件完成零件的仿真模拟加工，加工过程中注意观察程序运行状态，及时发现并纠正程序中的错误，以免在后续机床实际加工中出现干涉或撞刀等问题。

四、加工准备

1. 加工准备

1）阅读零件图，检查毛坯尺寸。

2）开机、回参考点。

3）根据数控铣床操作规程进行安全操作，注意一人操作，其他同学观察。

4）工件找正装夹，如图3-8所示。

图3-8 工件找正装夹

2. 对刀，设定工件坐标系

（1）X、Y轴对刀 将寻边器装好后安装到主轴上，分别寻边X向和Y向两侧，通过相对坐标值的设置找到零件中心位置，如图3-9所示。最后在坐标系设置界面中输入X值和Y值完成X轴和Y轴的对刀操作。

（2）Z轴对刀

1）取下寻边器，装上ϕ63mm面铣刀。

2）MDI方式输入“M03S500”并按“程序运行”键使主轴正转。

3）手轮方式移动刀具接近零件，并控制铣刀轻轻接触零件上平面。

4）移动铣刀沿Y向离开零件，Z向用手轮下降0.3mm左右。

5）切换至手动方式，进给倍率调整至200mm/min左右，然后手动控制X轴和Y轴对零件上平面进行铣削。

a) b) c)

图 3-9 X、Y 轴对刀

a）X 向寻边 b）Y 向寻边 c）相对坐标设置

6）完成上平面铣削后，抬起刀具并取下，换上 ϕ16mm 立铣刀，并将 Z 轴设定器放于工件上平面上。

7）手轮移动 Z 轴下刀，轻轻接触 Z 轴设定器，待指示灯亮后，反向移动 Z 轴一格，然后将手轮倍率调至 0.01 档位，再控制手轮向 Z 负方向移动，待指示灯亮后（见图 3-10），表示当前 Z 坐标为 Z50，将此值输入至坐标系设置界面中的 Z 轴参数里完成 Z 轴对刀。

图 3-10 Z 轴对刀

3. 输入程序

输入加工参考程序。

4. 校验程序

把工件坐标系的 Z 轴朝正方向平移 50mm ，方法是在 00 G54 的 Z 中设为 50，按下“循环启动”键，降低进给速度，检查刀具运动是否正确。

五、加工工件

1. 粗铣外轮廓

在刀补界面 D1 值对应位置输入“8.8”（单边预留 0.8mm 加工余量），然后在编辑方式调用“O0311”外轮廓加工程序，切换至程序运行状态，打开单段执行功能，控制好进给倍率和主轴倍率，按“循环启动”键，并注意观察刀具运动情况，防止撞刀和意外（见图 3-11），待刀具正常切削后，可关闭单段功能，但要时刻注意程序运行情况。

图 3-11 控制好进给倍率

2. 半精铣和精铣外轮廓

粗铣完成后，在刀补界面 D1 值对应位置输入“8.4”（预留 0.4mm 精加工余量），然后按“循环启动”键，完成外轮廓的半精加工。

待程序运行结束后，手动移动工作台至便于工件测量的位置，用千分尺测量长宽尺寸，并依此计算出实际的刀补值，输入至刀补 *D* 值中，然后按“循环启动”键，完成外轮廓的精加工，如图 3-12 所示。

图 3-12 精铣外轮廓

精加工完成后需及时测量实际尺寸，以确定尺寸是否超差。

3. 粗、精铣内轮廓

取下 ϕ16mm 立铣刀，换上 ϕ10mm 键槽铣刀，用 Z 轴设定器对刀并输入坐标值，调用“O0312”内轮廓加工程序，采用粗铣→半精铣→精铣的步骤完成内轮廓的粗、精铣削。

4. 钻铰 4 个 ϕ8H9 孔

（1）孔定位 取下 ϕ10mm 键槽铣刀，将快换夹头装上中心钻并安装至主轴上，Z 轴对刀设定坐标值，调用“O0313”钻孔程序，并将 G81 指令中的“Z－10.”改为“Z－3.”，然后运行程序完成中心钻的孔定位加工。

（2）钻孔 取下快换夹头上的中心钻，换上 ϕ7.8mm 钻头，Z 轴对刀设定坐标值，将“O0313”程序中的“Z－3.”改回“Z－10.”，然后运行程序完成钻孔加工。

（3）铰孔 取下快换夹头，换上 ϕ8H9 铰刀，Z 轴对刀设定坐标值，将“O0313”程序中的“S800”改为“S300”及 G81 指令中的“Z－10.”改为“Z－8.”，并通过进给倍率开关将倍率调至 30% 左右，最后运行程序完成铰孔加工。铰孔完成后及时用光滑塞规进行测量，以确保铰孔尺寸正确。

5. 铣削下平面，保证高度

以上步骤完成后，松开机用虎钳，卸下工件，清理毛刺，然后已加工平面朝下装夹工件，主轴换上 ϕ63mm 面铣刀，手动铣削平面至图样规定的高度尺寸。

6. 铣 30°斜面

松开夹具，卸下工件，改用游标万能角度尺辅助找正斜面角度的方法装夹工件（见图 3-13），工件夹紧后，手动铣削斜面至图样要求尺寸。

7. 加工完成

松开夹具，卸下工件，清理机床，如图 3-14 所示。

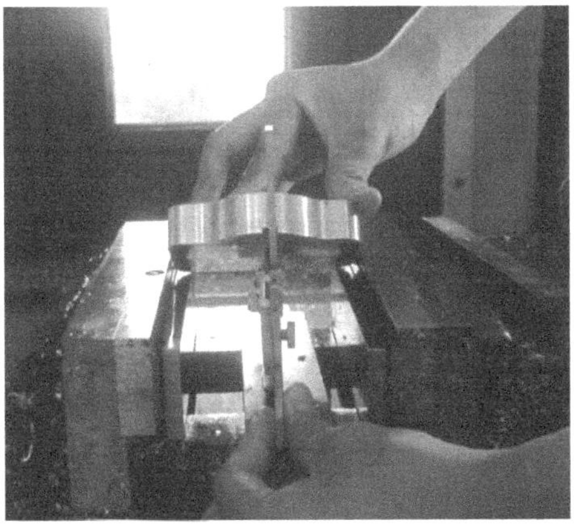

图 3-13 游标万能角度尺找正斜面角度

图 3-14 清理机床

【注意】

1）对于平面铣削，由于采用的是大直径面铣刀，可不用编写加工程序，直接手动方式铣削即可，但一定要注意选择合适的进给倍率和控制刀具的位置及进给方向。

2）键槽铣刀可以在工件材料上方下刀，但要控制下刀的速度，并及时观察切削状态，防止崩刀现象的发生。

任务考评

一、零件加工质量检测标准

底座零件评分标准见表 3-8。

表 3-8　底座零件评分标准

班级		姓名	学号	加工日期和时间		总分	
项目	序号	技术要求	配分	评分标准	学生、小组自测	教师检测	得分
尺寸检测	1	长度 $100_{-0.03}^{\ 0}$ mm	6	超差 0.01 扣 1 分			
	2	宽度 $60_{-0.03}^{\ 0}$ mm	6	超差 0.01 扣 1 分			
	3	高度 $20_{-0.027}^{\ 0}$ mm	6	超差 0.01 扣 1 分			
	4	方槽长度 $30_{\ 0}^{+0.021}$ mm	6	超差 0.01 扣 1 分			
	5	方槽宽度 $15_{\ 0}^{+0.021}$ mm	6	超差 0.01 扣 1 分			
	6	方槽深度 $11_{\ 0}^{+0.1}$ mm	4	超差 0.01 扣 2 分			
	7	内孔直径 ϕ8H9（4 处）	6	超差不得分			
	8	内孔深度 $8_{\ 0}^{+0.1}$ mm（4 处）	4	超差 0.01 扣 2 分			
	9	宽度尺寸 75mm	2	超差不得分			
	10	斜面角度 30°	4	超差不得分			
	11	圆角半径 *R*10mm（4 处）	2	超差不得分			
	12	圆角半径 *R*5mm（4 处）	2	超差不得分			
	13	圆弧半径 *R*20mm（2 处）	2	超差不得分			
	14	圆弧半径 *R*30mm	2	超差不得分			
	15	表面粗糙度 *Ra*1.6μm	2	每降一级扣 1 分			
编程	16	加工工序卡	10	不合理每处扣 1 分			
	17	程序正确、简单、规范	10	每错一处扣 1 分			
操作	18	机床操作规范	5	出错一次扣 1 分			
	19	工件、刀具装夹正确	5	出错一次扣 1 分			
安全文明生产	20	安全操作	5	安全事故停止操作			
	21	整理机床、维护保养	5	酌情扣分			
合计			100				

二、过程评价

1. 自评和互评标准（40%）（见表 3-9）

表 3-9 自评和互评标准表

<table>
<tr><th>任务名称</th><th colspan="6"></th><th>任务编号</th><th></th></tr>
<tr><th>班级</th><th></th><th>姓名</th><th colspan="4"></th><th>学号</th><th></th></tr>
<tr><th rowspan="2">评价项目</th><th rowspan="2" colspan="2">评价标准</th><th colspan="4">评价结果</th><th rowspan="2" colspan="2">分项评分</th></tr>
<tr><th>优</th><th>良</th><th>中</th><th>差</th></tr>
<tr><td>职业素养（自评）（10%）</td><td colspan="2">按照要求出勤，着装整齐规范，遵守课堂纪律，在工作中态度端正，精神面貌好，团结协作，遵守安全操作规程，无安全事故</td><td>10</td><td>8</td><td>5</td><td>0</td><td colspan="2"></td></tr>
<tr><td>工艺编制、编程与基本操作（自评）（10%）</td><td colspan="2">刀具选择正确，工艺制订合理，程序编写正确</td><td>10</td><td>8</td><td>5</td><td>0</td><td colspan="2"></td></tr>
<tr><td>机床操作能力（自评）（5%）</td><td colspan="2">工件安装和找正方法正确，对刀操作规范，机床操作熟练，及时保养、维护和清扫设备</td><td>5</td><td>3</td><td>2</td><td>0</td><td colspan="2"></td></tr>
<tr><td>零件加工质量（互评）（10%）</td><td colspan="2">尺寸精度，表面质量符合图样要求，量具使用熟练规范</td><td>10</td><td>8</td><td>5</td><td>0</td><td colspan="2"></td></tr>
<tr><td>日常作业完成情况（自评）（5%）</td><td colspan="2">按时、认真完成</td><td>5</td><td>3</td><td>2</td><td>0</td><td colspan="2"></td></tr>
<tr><td colspan="3">综合评价结果</td><td colspan="4"></td><td colspan="2"></td></tr>
<tr><td>组长</td><td colspan="2"></td><td colspan="2">时间</td><td colspan="4"></td></tr>
</table>

2. 教师评价标准（50%）（见表 3-10）

表 3-10 教师评价标准表

<table>
<tr><th colspan="2">任务名称</th><th colspan="6"></th><th>任务编号</th><th></th></tr>
<tr><th colspan="2">班级</th><th></th><th>姓名</th><th colspan="4"></th><th>学号</th><th></th></tr>
<tr><th colspan="2" rowspan="2">评价项目</th><th colspan="2" rowspan="2">评价标准</th><th colspan="4">评价结果</th><th colspan="2" rowspan="2">分项评分</th></tr>
<tr><th>优</th><th>良</th><th>中</th><th>差</th></tr>
<tr><td rowspan="3">考勤（15%）</td><td>迟到</td><td colspan="2" rowspan="3">无迟到、早退、旷课现象</td><td>5</td><td>4</td><td>3</td><td>0</td><td colspan="2" rowspan="3"></td></tr>
<tr><td>早退</td><td>5</td><td>4</td><td>3</td><td>0</td></tr>
<tr><td>旷课</td><td>5</td><td>4</td><td>3</td><td>0</td></tr>
<tr><td rowspan="5">工作任务完成情况（30%）</td><td>加工工艺</td><td colspan="2">能独立制订任务所规定零件的数控加工工艺</td><td>5</td><td>4</td><td>3</td><td>0</td><td colspan="2" rowspan="5"></td></tr>
<tr><td>程序编制</td><td colspan="2">格式正确，代码使用正确，与工艺对应性好，整体优化</td><td>5</td><td>4</td><td>3</td><td>0</td></tr>
<tr><td>操作规范</td><td colspan="2">对刀规范，无加工碰撞与干涉，对加工过程中出现的异常情况做出正确处理</td><td>5</td><td>4</td><td>3</td><td>0</td></tr>
<tr><td>零件加工质量</td><td colspan="2">达到图样要求的精度、表面粗糙度和有关技术要求</td><td>10</td><td>8</td><td>5</td><td>0</td></tr>
<tr><td>职业素质</td><td colspan="2">着装整齐规范，遵守课堂纪律，在工作中态度端正，精神面貌好，团结协作，遵守安全操作规程，无安全事故；及时保养、维护和清扫设备</td><td>5</td><td>4</td><td>3</td><td>0</td></tr>
<tr><td rowspan="2">任务报告（5%）</td><td>完成时间</td><td colspan="2">按时完成</td><td>2</td><td>1</td><td>0</td><td>0</td><td colspan="2" rowspan="2"></td></tr>
<tr><td>报告环节</td><td colspan="2">内容正确、任务（项目）报告环节完整，书写整齐、字体工整</td><td>3</td><td>2</td><td>1</td><td>0</td></tr>
<tr><td colspan="4">综合评价结果</td><td colspan="4"></td><td colspan="2"></td></tr>
<tr><td colspan="2">教师</td><td colspan="2"></td><td colspan="2">时间</td><td colspan="4"></td></tr>
</table>

注：教师评价表由教师填写，学生不准填写。

3. 讨论评价标准（10%）（见表3-11）

表3-11　讨论评价标准表

评价项目	评价标准	评价结果				分项评分
		优	良	中	差	
参与程度（2%）	积极讨论、积极寻找解决方案	2	1	0.5	0	
是否完成一定的任务（2%）	担任一个角色促进任务的完成	2	1	0.5	0	
小组汇报情况（2%）	组内轮流派人汇报交流，汇报者口齿清晰、声音洪亮、条理清晰	2	1	0.5	0	
讨论结果（4%）	讨论结果思路清晰、理由充分、结果可行	4	3	2	1	
合计（总分）						

4. 实训鉴定（见表3-12）

表3-12　实训鉴定表

自我鉴定	通过本任务学习，同学们的收获有： 学生签名：________ ______年___月___日
指导教师鉴定	 指导教师签名：________ ______年___月___日

知识拓展

一、质量管理

质量管理是指“在质量方面指挥和控制组织的协调活动”。在质量方面的指挥和控制活动通常包括：制定质量方针和质量目标以及质量策划、质量控制、质量保证和质量改进。

1. 产品质量

产品质量是指“产品的一组固有特性满足要求的程度”。

2. 产品质量的形成过程

产品质量是经过生产的全过程一步一步产生、形成和实现的。好的产品质量，首先是设计和生产出来的，不是单纯检验出来的。一般来说，产品质量产生和形成的过程，大致经过市场调查研究、新产品设计和开发、工艺策划和开发、生产技术准备、制定制造计划、采购、测试仪表配置、生产制造、工序控制、检验、测试、销售、售后服务等多个环节。上述环节的全部活动称为产品质量形成的全过程。这些环节构成了一个系统，各个环节相互依存、相互联系、相互促进。产品质量就是在这个系统中经过每一个环节的作用而逐步形成的。其详细过程可以用一个螺旋形上升循环示意图来表示，如图 3-15 所示。此曲线称为朱兰质量螺旋曲线。

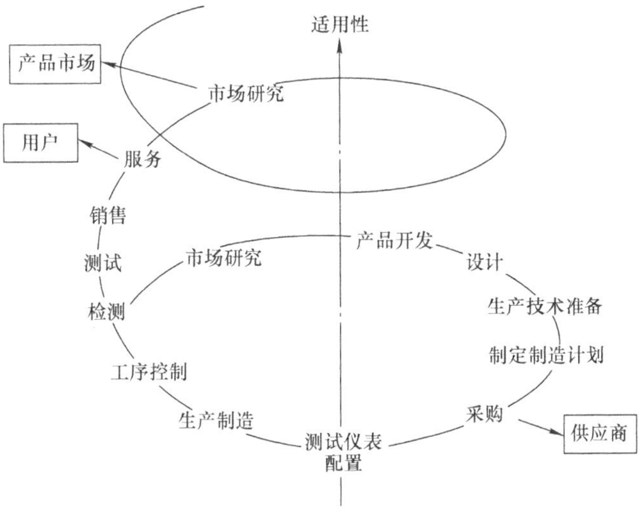

图 3-15　产品质量螺旋形上升循环示意图

从图中可以看到，产品质量在产生、形成和实现的过程中，各个环节之间存在着相互依存、相互制约、相互促进的关系，并不断循环，周而复始。每经过一次循环，产品质量就提高一步。

从产品质量的产生、形成和实现的过程出发，可以把产品质量进一步分解如下。

（1）市场调研质量　即确定和完善满足市场需要的产品质量。

（2）设计质量　即把市场需要转化为在规定等级内的产品设计特性，最终要通过图样和技术文件的质量来体现。

（3）制造质量　即确保为顾客所提供的产品同所设计的特性相一致。换句话说，它是指按设计规定制造产品时实际达到的实物质量（即符合性质量）。

（4）使用质量　即在产品寿命周期内按需要提供服务保障的质量。

二、南车企业精神

南车企业精神：积极倡导诚信、敬业、创新、超越的企业精神。

诚信：老老实实做人，诚诚恳恳待人，不说假话，不做虚事，实实在在。

敬业：已经入了这个行，就把它做到极致，分分秒秒不得怠慢，时时刻刻如履薄冰。

创新：不要把过去积累的经验当包袱，不断挑战自己，善于接受新事物。

超越：不断树立新的标杆，然后去超越，要记住新的标杆永远是自己设定的。

任务二 加工立柱零件

一、任务分析

立柱零件如图3-16所示，该零件需要把 $\phi48\text{mm}\times115\text{mm}$ 的棒料铣削成横截面为 $40\text{mm}\times25\text{mm}$ 的长方体，并对四条边倒角；需要铣削30°斜面，并在斜面上铣削 $\phi24^{+0.021}_{0}\text{mm}$ 和 $\phi20\text{mm}$ 的阶梯孔，用于安装轴承；还需要在底面铣削 $30\text{mm}\times15\text{mm}$ 的带圆角的矩形外轮廓，用于将其固定在底座上。

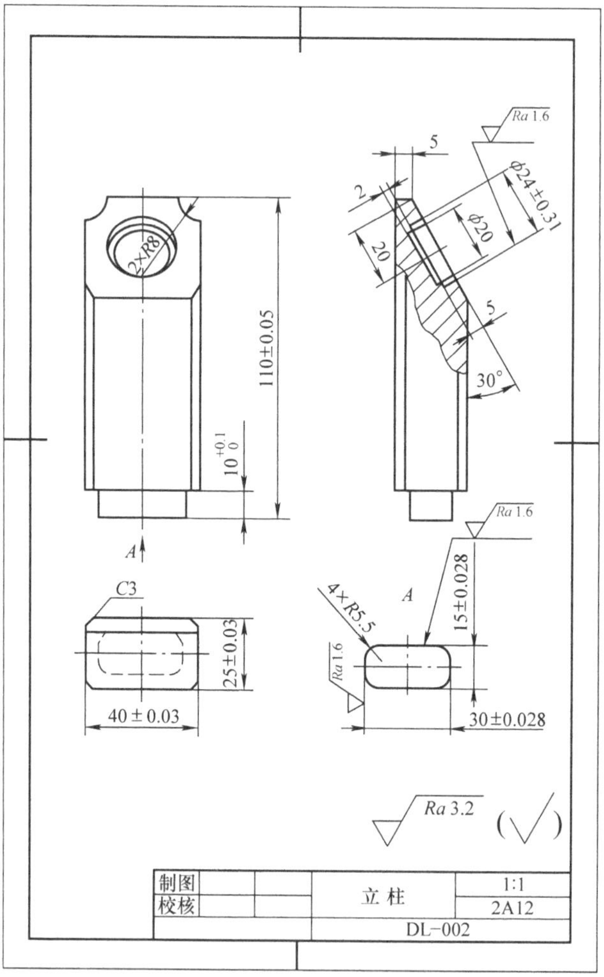

图3-16 立柱零件

二、制订加工工艺

1. 工艺分析

（1）装夹、定位 长方体及倒角和矩形外轮廓加工：采用机用虎钳装夹，底部用等高垫铁垫起；斜面及阶梯孔加工：采用机用虎钳装夹，底部用等高垫铁垫起，游标万能角度尺找正角度。

（2）工序安排 该零件毛坯为 ϕ48mm × 115mm，需要加工成一端有两个 *R*8mm 凹圆弧的长方体，由于其宽度方向余量较大，因此制订工序步骤如下。

1）用等高垫铁垫起工件，保证毛坯伸出钳口 38mm 左右，用机用虎钳装夹圆柱毛坯的两端面，上平面粗、精铣削去掉 10mm 余量，对刀铣削外轮廓至 26mm 深度，并对两条边进行倒角加工。

2）卸下工件，将已加工好的上平面作为定位面装夹至机用虎钳，铣削对面并保证 25mm 尺寸，并对两条边进行倒角加工。

3）卸下工件，将有 *R*8mm 凹圆弧的一面向下作为定位基准面装夹至机用虎钳，粗精铣削图中 *A* 向带圆角的矩形外轮廓。

4）卸下工件，用游标万能角度尺找正角度装夹，铣削 30°斜面，并对刀铣削阶梯孔。

（3）刀具、量具选择 刀具：大平面及斜面采用 ϕ63mm 面铣刀加工，外轮廓采用 ϕ12mm 立铣刀粗精铣，阶梯孔采用 ϕ10mm 键槽铣刀粗精铣，倒角采用倒角铣刀加工。量具：0 ~ 150mm 游标卡尺、0 ~ 150mm 深度卡尺、千分尺、内测千分尺。

（4）合理设计走刀路线 注意确定起刀点、下刀点、抬刀点、加工轨迹。

平面铣：自机用虎钳装夹方向的任何一个外侧下刀，采用行切法，粗铣时为了提高效率，双向加工，精铣时为了保证表面质量，采用单向加工。

轮廓铣：由于零件无硬皮，为保证表面质量，粗、精加工采用顺铣方式，进退刀采用切向切入切出方式。

倒角铣削：利用倒角铣刀的几何参数，通过设置 Z 坐标值与刀具半径 *D* 值实现倒角尺寸的保证。

（5）确定切削用量 根据工序安排的工艺路线，确定各切削用量见表 3-13。

表 3-13 切削用量表

序号	加工项目	刀具	背吃刀量 a_p /mm	主轴转速 n /(r/min)	进给量 v_f /(mm/min)
1	铣平面（上下平面、斜面）	ϕ63mm 面铣刀	2（粗铣）	800	240
			0.2（精铣）	1000	150
2	铣外轮廓	ϕ12mm 立铣刀	≈8（粗铣）	800	200
			25（精铣）	1000	150
3	铣内轮廓（阶梯孔）	ϕ10mm 键槽铣刀	≈5（粗铣）	1000	200
			5/2（精铣）	1200	120
4	铣倒角	倒角铣刀	3	800	100

2. 设计走刀路线

外轮廓加工从毛坯的右下角点外部下刀，采用直线切入切出方式沿外形轮廓进退刀，如图 3-17a 所示。

矩形外轮廓加工从上方中心的外部下刀，采用圆弧切入切出方式进退刀，走刀路线如图 3-17b 所示。

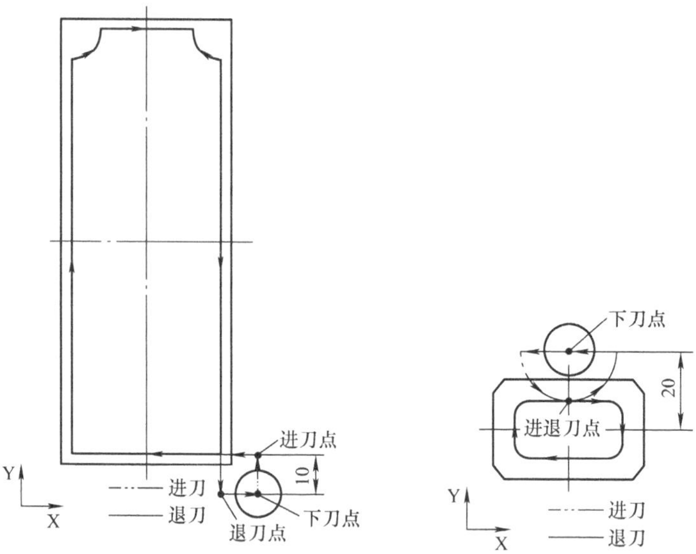

a)　　　　b)

图 3-17　走刀路线图

a）外轮廓　b）矩形外轮廓

3. 填写工序卡片（见表 3-14）

表 3-14　数控加工工序卡片（学生填写）

零件图号	DL－002	数控加工工序卡片	机床型号	MVC650
零件名称	立柱		机床编号	
零件材料	铝合金		使用夹具	机用虎钳

工步描述

工步编号	工步内容	刀具编号	刀具规格	主轴转速 n /(r/min)	进给速度 v_f /(mm/min)	背吃刀量 a_p /mm	刀具偏置
1							
2							
3							
4							
5							
6							
7							
8							

三、模拟加工

1. 程序编制

选择工件上表面中心处为编程原点，并将坐标偏置设置在 G54 上。

1）外轮廓的铣削加工参考程序见表 3-15（粗、精铣通过设置刀具半径值实现）。

表 3-15　外轮廓的铣削加工参考程序

程序		含义
	O0314	程序号
N2	G17　G40　G54　G90；	设置程序初始状态
N4	M3　S800；	主轴以 800r/min 的转速正转
N6	G0　X30.　Y－65.　Z50.；	刀具快速定位
N8	Z5.；	刀具快速下刀
N10	G1　Z－8.　F150；	Z 向下刀（可修改此值完成粗铣的分层铣削）
N12	G41　D1　Y－55.　F200；	加入刀具半径补偿
N14	X20.；	铣削外轮廓
N16	Y47.；	
N18	G3　X－12.　Y55.　R8.；	
N20	G1　X12.；	
N22	G3　X20.　Y47.　R8.；	
N24	G1　Y－65.；	
N26	G40　X30.；	退刀并取消半径补偿
N28	Z2.；	Z 向抬刀
N30	G0　Z50.；	Z 向快速退刀
N32	M30；	程序结束

2）*C*3 倒角的铣削加工参考程序　见表 3-16。

表 3-16　*C*3 倒角的铣削加工参考程序

程序		含义
	O0315	程序号
N2	G17　G40　G54　G90；	设置程序初始状态
N4	M3　S800；	主轴以 800r/min 的转速正转
N6	G0　X－30.　Y－60.　Z50.；	刀具快速定位
N8	Z5.；	刀具快速下刀
N10	G1　Z－4.　F150；	Z 向下刀（此值根据公式“Z＝C＋Z1”计算）
N12	G41　D1　X－20.　F200；	加入刀具半径补偿
N14	Y60.；	铣左边倒角
N16	G40　G1　X－30.；	X 向退刀取消半径补偿
N18	G1　Z2.；	Z 向抬刀
N20	G0　X30.；	X 轴快速定位
N22	Z－4.　F150；	Z 向下刀
N24	G41　D1　X20.　F200；	加入刀具半径补偿
N26	Y－60.；	铣右边倒角
N28	G40　G1　X30.；	X 向退刀取消半径补偿
N30	Z2.；	Z 向抬刀
N32	G0　Z50.；	Z 向快速退刀
N34	M30；	程序结束

3）A 向矩形外轮廓的铣削加工参考程序见表 3-17。

表 3-17　A 向矩形外轮廓的铣削加工参考程序

程序		含义
	O0316	程序号
N2	G17　G40　G54　G90；	设置程序初始状态
N4	M3　S800；	主轴以 800r/min 的转速正转
N6	G0　X0.　Y20.　Z50.；	刀具快速定位
N8	Z5.；	刀具快速下刀
N10	G1　Z-5.　F80；	Z 向下刀（可修改此值完成粗铣的分层铣削）
N12	G41　D1　X-12.5　F200；	加入刀具半径补偿
N14	G3　X0　Y12.5　R12.5；	圆弧切向进刀
N16	G1　X15.0，R5.5；	铣削内轮廓，设置各倒圆角参数
N18	Y-7.5，R5.5；	
N20	X-15.0，R5.5；	
N22	Y7.5，R5.5；	
N24	X0.；	
N26	G3　X12.5　Y20.　R12.5；	圆弧切向退刀
N28	G40　G1　X0.；	取消半径补偿
N30	Z2.；	Z 向抬刀
N32	G0　Z50.；	Z 向快速退刀
N34	M30；	程序结束

2. 仿真加工

将加工程序输入至数控仿真软件中，并设置毛坯、刀具及坐标偏置等参数，然后利用数控仿真软件完成零件的仿真模拟加工，加工过程中注意观察程序运行状态，及时发现并纠正程序中的错误，以免在后续机床实际加工中出现干涉或撞刀等问题。

四、加工准备

1. 加工准备

1）阅读零件图，检查毛坯尺寸。

2）开机、回参考点。

3）根据数控铣床操作规程进行安全操作，注意一人操作，其他同学观察。

4）工件找正装夹，如图 3-18 所示。

图 3-18　工件找正装夹

2. 对刀，设定工件坐标系

（1）X、Y 轴对刀　将寻边器装好后安装到主轴上，分别寻边 X 轴和 Y 轴两侧，通过相对坐标值的设置找到零件中心位置，如图 3-19 所示。最后在坐标系设置界面中输入 X 值和 Y 值完成 X 轴和 Y 轴的对刀操作。

a) b) c)

图 3-19 X、Y 轴对刀

a）X 向寻边 b）Y 向寻边 c）相对坐标设置

（2）Z 轴对刀

1）取下寻边器，装上 ϕ63mm 面铣刀。

2）MDI 方式输入“M03S700”并按“程序运行”键使主轴正转。

3）手轮方式移动刀具接近零件，并控制铣刀轻轻接触圆柱面，相对坐标 Z 值清零。

4）移动铣刀离开工件，并用手轮方式分层铣削上平面至 Z－9.5。

5）手轮方式调整坐标为 Z－10，切换至手动方式，进给倍率调整至 200mm/min 左右，然后手动控制 X 轴和 Y 轴对零件上平面进行铣削。

6）完成上平面铣削后，抬起刀具并取下，换上 ϕ12mm 立铣刀，并将 Z 轴设定器放于工件上平面上。

7）手轮移动 Z 轴下刀，轻轻接触 Z 轴设定器，待指示灯亮后，反向移动 Z 轴一格，然后将手轮倍率调至 0.01 档位，再控制手轮向 Z 负方向移动，待指示灯亮后（见图 3-20），表示当前 Z 坐标为 Z50，将此值输入至坐标系设置界面中的 Z 轴参数里完成 Z 轴对刀。

图 3-20 Z 轴对刀

3. 输入程序

输入加工参考程序。

4. 校验程序

把工件坐标系的 Z 轴朝正方向平移 50mm，方法是在 00 G54 的 Z 中设为 50，按下“循环启动”键，降低进给速度，检查刀具运动是否正确。

五、加工工件

1. 粗铣外轮廓

在刀补界面 D1 值对应位置输入“6.8”（单边预留 0.8mm 加工余量），然后在编辑方式调用“O0314”外轮廓加工程序，再切换至程序运行状态，打开单段执行功能，控制好进给倍率和主轴倍率，按“循环启动”键，并注意观察刀具运动情况，防止撞刀和意外，待刀具正常切削后，可关闭单段功能，但要时刻注意程序运行情况。

2. 半精铣和精铣外轮廓

粗铣完成后，在刀补界面 D1 值对应位置输入“6.4”（预留 0.4mm 精加工余量），然后按“循环启动”键，完成外轮廓的半精加工。

待程序运行结束后，手动移动工作台至便于工件测量的位置，用千分尺测量长宽尺寸，并依此计算出实际的刀补值，输入至刀补 D 值中，然后按“循环启动”键，完成外轮廓的精加工（见图 3-21）。

精加工完成后需及时测量实际尺寸，以确定尺寸是否超差。

3. 铣上平面倒角

取下 ϕ12mm 立铣刀，换上 ϕ10mm 倒角铣刀（$\phi d=2$），用 Z 轴设定器对刀并输入坐标值，调用“O0315”铣倒角加工程序，刀补值按“$D=\phi d/2+Z_1$”公式计算输入 2，然后按“循环启动”键完成倒角加工，如图 3-22 所示。

图 3-21　精铣外轮廓

图 3-22　铣倒角

4. 粗、精铣削下平面

松开机用虎钳，卸下工件，清理毛刺，然后已加工平面朝下装夹工件，主轴换上 ϕ63mm 面铣刀，手动铣削平面至图样规定的尺寸。

5. 铣下平面倒角

主轴换上 ϕ10mm 倒角铣刀（$\phi d=2$），用 Z 轴设定器对刀并输入坐标值，调用“O0315”铣倒角加工程序，刀补值按“$D=\phi d/2+Z_1$”公式计算输入 2，然后按“循环启动”键完成倒角加工。

6. 粗、精铣削 *A* 向矩形外轮廓

1）松开机用虎钳，卸下工件，清理毛刺，然后垂直找正并装夹工件，主轴换上光电寻边器对 X 轴和 Y 轴坐标。

2）取下寻边器，换上 ϕ12mm 立铣刀，并用 Z 轴设定器对刀设定 Z 坐标。

3）调用“O0316”程序，采用粗铣→半精铣→精铣的步骤完成矩形外轮廓的铣削加工，如图 3-23 所示。

7. 铣 30°斜面

松开机用虎钳，卸下工件，改用游标万能角度尺辅助找正斜面角度的方法装夹工件（见图 3-24），工件夹紧后，手动铣削斜面至图样要求尺寸。

图 3-23 粗、精铣矩形外轮廓

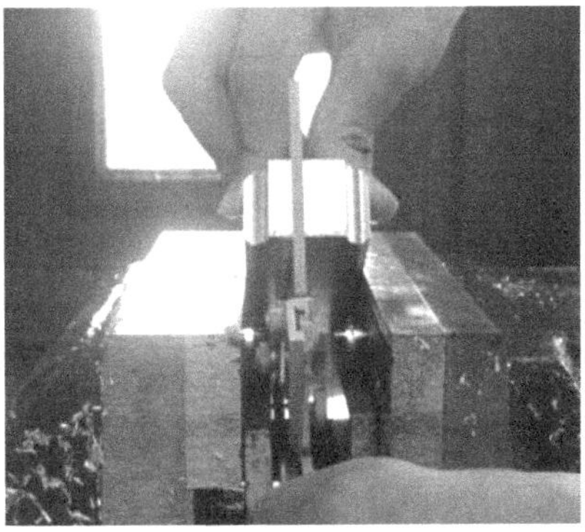

图 3-24 游标万能角度尺找正斜面角度

8. 加工完成

松开夹具，卸下工件，清理机床。

任务考评

一、零件加工质量检测标准

立柱零件的评分标准见表 3-18。

表 3-18 立柱零件评分标准

班级		姓名	学号	加工日期和时间		总分	
项目及配分	序号	技术要求	配分	评分标准	学生、小组自测	教师检测	得分
尺寸检测	1	长度（40 ±0.03）mm	6	超差 0.01mm 扣 1 分			
	2	宽度（25 ±0.03）mm	6	超差 0.01mm 扣 1 分			
	3	高度（110 ±0.05）mm	6	超差 0.01mm 扣 1 分			
	4	矩形长度（30 ±0.028）mm	6	超差 0.01mm 扣 1 分			
	5	矩形宽度（15 ±0.028）mm	6	超差 0.01mm 扣 1 分			
	6	矩形深度 $10^{+0.1}_{0}$mm	4	超差 0.01mm 扣 2 分			
	7	阶梯孔直径 $\phi24 \pm 0.31$mm	6	超差不得分			
	8	孔深 5mm	2	超差 0.01 扣 2 分			
	9	阶梯孔直径 $\phi20$mm	4	超差不得分			
	10	孔深 2mm	2	超差不得分			
	11	斜面高度 5mm	2	超差不得分			
	12	斜面角度 30°	2	超差不得分			
	13	圆弧半径 *R*8mm（2 处）	2	超差不得分			
	14	圆角半径 *R*5.5mm（4 处）	2	超差不得分			
	15	倒角 *C*3	2	超差不得分			
	16	表面粗糙度 $Ra1.6\mu m$	2	表面粗糙度值每增大一级扣 1 分			

（续）

项目及配分	序号	技术要求	配分	评分标准	学生、小组自测	教师检测	得分
编程	17	加工工序卡	10	不合理每处扣1分			
	18	程序正确、简单、规范	10	每错一处扣1分			
操作	19	机床操作规范	5	出错一次扣1分			
	20	工件、刀具装夹正确	5	出错一次扣1分			
安全文明生产	21	安全操作	5	出现安全事故停止操作			
	22	整理机床、维护保养	5	酌情扣分			
合计			100				

二、过程评价

1. 自评和互评标准（40%）（见表3-19）

表3-19　自评和互评标准表

任务名称				任务编号				
班级		姓名		学号				
评价项目	评价标准			评价结果				分项评分
				优	良	中	差	
职业素养（自评）（10%）	按照要求出勤，着装整齐规范，遵守课堂纪律，在工作中态度端正，精神面貌好，团结协作，遵守安全操作规程，无安全事故			10	8	5	0	
工艺编制、编程与基本操作（自评）（10%）	刀具选择正确，工艺制订合理，程序编写正确			10	8	5	0	
机床操作能力（自评）（5%）	工件安装和找正方法正确，对刀操作规范，机床操作熟练，及时保养、维护和清扫设备			5	3	2	0	
零件加工质量（互评）（10%）	尺寸精度，表面质量符合图样要求，量具使用熟练规范			10	8	5	0	
日常作业完成情况（自评）（5%）	按时、认真完成			5	3	2	0	
综合评价结果								
组长				时间				

2. 教师评价标准（50%）（见表3-20）

表3-20 教师评价标准表

任务名称					任务编号				
班级			姓名		学号				
评价项目		评价标准			评价结果				分项评分
					优	良	中	差	
考勤（15%）	迟到	无迟到、早退、旷课现象			5	4	3	0	
	早退				5	4	3	0	
	旷课				5	4	3	0	
工作任务完成情况（30%）	加工工艺	能独立制订满足任务要求的数控加工工艺			5	4	3	0	
	程序编制	格式正确，代码使用正确，与工艺对应性好，整体优化			5	4	3	0	
	操作规范	对刀规范，无加工碰撞与干涉，对加工过程中出现的异常情况做出正确处理			5	4	3	0	
	零件加工质量	达到图样要求的精度、表面粗糙度和有关技术要求			10	8	5	0	
	职业素质	着装整齐规范，遵守课堂纪律，在工作中态度端正，精神面貌好，团结协作，遵守安全操作规程，无安全事故；及时保养、维护和清扫设备			5	4	3	0	
任务报告（5%）	完成时间	按时完成			2	1	0	0	
	报告环节	内容正确、任务（项目）报告环节完整，书写整齐、字体工整			3	2	1	0	
综合评价结果									
教师					时间				

注：教师评价表由教师填写，学生不准填写。

3. 讨论评价标准（10%）（见表3-21）

表3-21 讨论评价标准表

评价项目	评价标准	评价结果				分项评分
		优	良	中	差	
参与程度（2%）	积极讨论、积极寻找解决方案	2	1	0.5	0	
是否完成一定的任务（2%）	担任一个角色促进任务的完成	2	1	0.5	0	
小组汇报情况（2%）	组内轮流派人汇报交流，汇报者口齿清楚、声音洪亮、条理清晰	2	1	0.5	0	
讨论结果（4%）	讨论结果思路清晰、理由充分、结果可行	4	3	2	1	
合计（总分）						

4. 实训鉴定（见表3-22）

表3-22　实训鉴定表

自我鉴定	通过本任务学习，同学们的收获有： 学生签名：________ ______年___月___日
指导教师鉴定	指导教师签名：________ ______年___月___日

知识拓展

“OEC”管理法是Overall Every Control and Clear的缩写。其中，O（Overall）表示全方位，E（Every）表示每人、每天、每件事，C（Control 、Clear）表示控制、清理。“OEC”管理法可理解为：日事日毕，日清日高。即每天的工作每天完成，每天的工作要清理并要每天有所提高。“OEC”管理法由三个体系构成：目标体系、日清体系和激励机制。首先确立目标，日清是完成目标的基础工作，日清的结果必须与正负激励挂钩才有效。

任务三　加工轮盘零件

一、任务分析

轮盘零件如图3-25所示，该零件毛坯尺寸为ϕ110mm×15mm，需要铣削ϕ100mm外轮廓，八个环形阵列内轮廓，ϕ16±0.28mm内孔需要与转轴零件过渡配合，圆柱面上的八个孔的精度与表面粗糙度要求较高。同时需要用中心钻完成雕刻加工。

根据实训车间的设备情况和学生技能情况，以上零件的加工可以在规定的时间内完成，达到质量要求。

二、制订加工工艺

1. 工艺分析

（1）装夹、定位　轮盘外轮廓及内轮廓加工：采用自定心卡盘装夹；圆柱面上均布孔

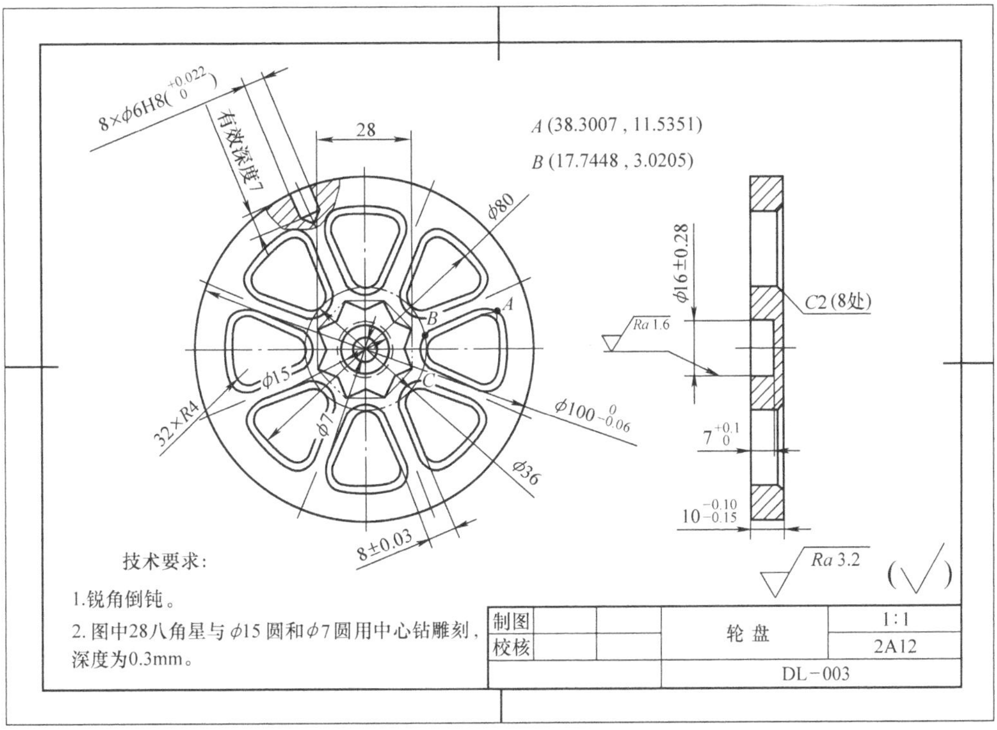

图 3-25 轮盘零件

加工：采用机用虎钳装夹，磁力表座加杠杆表找正。

（2）工序安排 该零件毛坯为 $\phi110\text{mm}\times15\text{mm}$，需要加工成 $\phi100\text{mm}\times10\text{mm}$ 的圆盘，由于其厚度方向余量为 5mm 左右，因此确定工序步骤如下。

1）用自定心卡盘装夹工件，毛坯伸出卡爪 9mm，对上平面进行粗、精铣削去掉 0.4mm 左右余量，对刀铣削 $\phi100_{-0.06}^{\ 0}$ 外圆轮廓至 7.6mm 深度，然后换键槽铣刀铣削 $\phi16\pm0.028$ 内孔。

2）卸下工件，将已加工好的上平面作为定位面装夹至自定心卡盘，铣削对面并保证 $10_{-0.15}^{-0.10}$mm 高度尺寸，铣削八角星，并对它们进行倒角加工，最后换中心钻雕刻加工。

3）卸下工件，将工件安装在机用虎钳上，用杠杆表找正工件，对刀后钻铰 ϕ6H8 孔，并用同样的方法完成其余孔的加工。

（3）刀具、量具选择 刀具：大平面采用 ϕ63mm 面铣刀加工，外轮廓采用 ϕ12mm 立铣刀粗精铣，内轮廓采用 ϕ8mm 键槽铣刀粗精铣，内孔采用 ϕ10mm 键槽铣刀粗精铣，倒角采用倒角铣刀加工，图形采用中心钻雕刻，圆周均布孔采用中心钻定位，ϕ5.8mm 钻头钻孔，ϕ6H8 铰刀铰孔。量具：0～150mm 游标卡尺、0～150mm 深度尺、千分尺、内测千分尺、ϕ6H8 光滑塞规等。

（4）合理设计走刀路线 注意确定起刀点、下刀点、抬刀点、加工轨迹。

平面铣：自定心卡盘装夹的任何一个外侧下刀，采用行切法，粗铣时为了提高效率，双向加工，精铣时为了保证表面质量，采用单向加工。

轮廓铣：由于零件无硬皮，为保证表面质量，粗、精加工采用顺铣方式，进退刀采用圆弧切入切出方式。

倒角铣削：利用倒角铣刀的几何参数，通过设置 Z 坐标值与刀具半径 *D* 值实现倒角尺寸的保证。

雕刻加工：采用中心钻直接下刀的方法，沿轮廓线走刀，雕刻出图形。

（5）确定切削用量　根据工序安排的工艺路线，确定各切削用量见表 3-23。

表 3-23　切削用量表

序号	加工项目	刀具	背吃刀量 a_p /mm	主轴转速 n /(r/min)	进给量 v_f /(mm/min)
1	铣平面（上下平面）	ϕ63mm 面铣刀	0.3（粗铣）	800	240
			0.2（精铣）	1000	150
2	铣外轮廓	ϕ12mm 立铣刀	≈5（粗铣）	800	200
			10（精铣）	1000	150
3	铣内孔	ϕ10mm 键槽铣刀	≈3.5（粗铣）	1000	200
			10（精铣）	1200	120
4	铣内轮廓（八角星）	ϕ8mm 键槽铣刀	≈5（粗铣）	1000	180
			10（精铣）	1200	120
5	铣倒角	倒角铣刀	2	800	100

2. 设计走刀路线

外轮廓加工从毛坯的正上方外部下刀，采用圆弧切入切出方式沿外形轮廓进退刀，内轮廓加工采用直进法从材料上方下刀，并采用圆弧切入切出方式进退刀。走刀路线如图 3-26 所示。

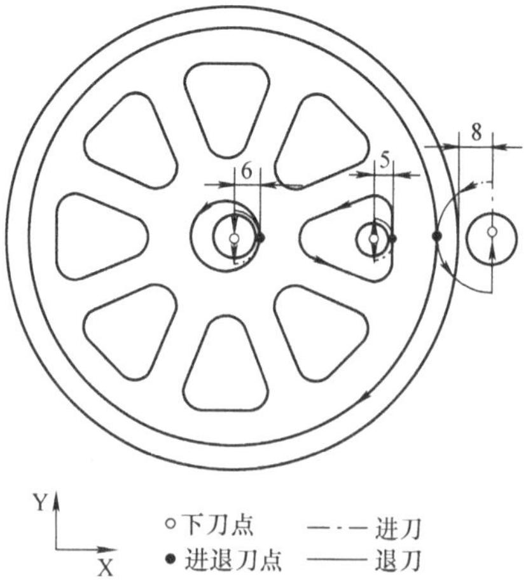

图 3-26　走刀路线图

3. 填写工序卡片（见表 3-24）

表 3-24 数控加工工序卡片（学生填写）

零件图号	DL－003	数控加工工序卡片	机床型号	MVC650
零件名称	轮盘		机床编号	
零件材料	铝合金		使用夹具	自定心卡盘、机用虎钳

工步描述							
工步编号	工步内容	刀具编号	刀具规格	主轴转速 n /(r/min)	进给速度 v_f /(mm/min)	背吃刀量 a_p /mm	刀具偏置
1							
2							
3							
4							
5							
6							
7							
8							

三、模拟加工

1. 程序编制

选择工件上表面中心处为编程原点，并将坐标偏置设置在 G54 上。

1）外圆轮廓的铣削加工参考程序见表 3-25（粗、精铣通过设置刀具半径值实现）。

表 3-25 外圆轮廓的铣削加工参考程序

程序		含义
	O0317；	程序号
N2	G17 G40 G54 G90；	设置程序初始状态
N4	M3 S800；	主轴以 800r/min 的转速正转
N6	G0 X63. Y0. Z50.；	刀具快速定位
N8	Z5.；	刀具快速下刀
N10	G1 Z－5. F150；	Z 向下刀（可修改此值完成粗铣的分层铣削）
N12	G41 D1 Y13. F200；	加入刀具半径补偿
N14	G3 X50. Y0. R13.；	圆弧切向进刀
N16	G2 I－50.；	铣削整圆外轮廓
N18	G3 X63. Y－13. R13.；	圆弧切向退刀
N20	G40 G1 Y0.；	退刀并取消半径补偿
N22	Z2.；	Z 向抬刀
N24	G0 Z50.；	Z 向快速退刀
N26	M30；	程序结束

2）内孔的铣削加工参考程序见表 3-26（粗、精铣通过设置刀具半径值实现）。

表 3-26　内孔的铣削加工参考程序

程序		含义
	O0318；	程序号
N2	G17　G40　G54　G90；	设置程序初始状态
N4	M3　S1000；	主轴以 1000r/min 的转速正转
N6	G0　X2.　Y0.　Z50.；	刀具快速定位
N8	Z5.；	刀具快速下刀
N10	G1　Z－3.5　F80；	Z 向下刀（可修改此值完成粗铣的分层铣削）
N12	G41　D1　Y－6.　F150；	加入刀具半径补偿
N14	G3　X8.　Y0.　R6.；	圆弧切向进刀
N16	G2　I－8.；	铣削内孔
N18	G3　X2.　Y6.　R6.；	圆弧切向退刀
N20	G40　G1　Y0.；	退刀并取消半径补偿
N22	Z2.；	Z 向抬刀
N24	G0　Z50.；	Z 向快速退刀
N26	M30；	程序结束

3）圆形阵列内轮廓的铣削加工参考程序见表 3-27。

表 3-27　圆形阵列内轮廓的铣削加工参考程序

程序		含义
	O0319；	程序号
N2	G17　G40　G54　G90；	设置程序初始状态
N4	M3　S1000；	主轴以 1000r/min 的转速正转
N6	G0　X0.　Y0.　Z50.；	刀具快速定位
N8	#1＝0.；	设置角度参数
N10	G68　X0.　Y0.　R#1；	采用变量设置坐标系旋转
N12	G0　X35.　Y0.；	刀具快速定位
N14	Z2.；	快速下刀
N16	G1　Z－5.　F80；	Z 向下刀（可修改此值完成粗铣的分层铣削）
N18	G41　D1　Y－5.　F180；	加入刀具半径补偿
N20	G3　X40.　Y0　R5.；	圆弧切向进刀
N22	X38.3　Y11.535　R40.；	
N24	G1　X17.745　Y3.021；	
N26	G2　Y－3.021　R18.；	铣削内轮廓
N28	G1　X38.3　Y－11.535；	
N30	G3　X40.　Y0　R40.；	

（续）

程序		含义
N32	X35. Y5. R5.；	圆弧切向退刀
N34	G40 G1 Y0.；	取消半径补偿
N36	Z2.；	Z 向抬刀
N38	G0 Z10.；	Z 向快速退刀
N40	X0. Y0.；	刀具快速返回原点
N42	#1 = #1 + 45.；	角度增加 45 度
N44	IF［#1LT360.］ GOTO10；	有条件跳转，当#1 小于 360°时跳转至 N10
N46	G0 Z50.；	快速抬刀
N48	M30；	程序结束

2. 仿真加工

将加工程序输入至数控仿真软件中，并设置毛坯、刀具及坐标偏置等参数，然后利用数控仿真软件完成零件的仿真模拟加工，加工过程中注意观察程序运行状态，及时发现并纠正程序中的错误，以免在后续机床实际加工中出现干涉或撞刀等问题。

四、加工准备

1. 加工准备

1）阅读零件图，检查毛坯尺寸。

2）开机、回参考点。

3）根据数控铣床操作规程进行安全操作，注意一人操作，其他同学观察。

4）工件找正装夹。

2. 对刀，设定工件坐标系

（1）X、Y 轴对刀 将寻边器装好后安装到主轴上，分别寻边 X 向和 Y 向两侧，通过相对坐标值的设置找到零件中心位置，如图 3-27 所示。最后在坐标系设置界面中输入 X 值和 Y 值完成 X 轴和 Y 轴的对刀操作。

a) b) c)

图 3-27 X、Y 轴对刀

a）X 向寻边 b）Y 向寻边 c）相对坐标设置

（2）Z 轴对刀

1）取下寻边器，装上 ϕ63mm 面铣刀。

2）MDI 方式输入“M03S500”并按“程序运行”键使主轴正转。

3）手轮方式移动刀具接近零件，并控制铣刀轻轻接触零件上平面。

4）移动铣刀沿 Y 向离开零件，Z 向用手轮下降 0.3mm 左右。

5）切换至手动方式，进给倍率调整至 200mm/min 左右，然后手动控制 X 轴和 Y 轴对零件上平面进行铣削。

6）完成上平面铣削后，抬起刀具并取下，换上 ϕ12mm 立铣刀，并将 Z 轴设定器放于工件上平面上。

7）手轮移动 Z 轴下刀，轻轻接触 Z 轴设定器，待指示灯亮后，反向移动 Z 轴一格，然后将手轮倍率调至 0.01 档位，再控制手轮向 Z 负方向移动，待指示灯亮后（见图 3-28），表示当前 Z 坐标为 Z50，将此值输入至坐标系设置界面中的 Z 轴参数里完成 Z 轴对刀。

图 3-28　Z 轴对刀

3. 输入程序

输入加工参考程序。

4. 校验程序

把工件坐标系的 Z 轴朝正方向平移 50mm ，方法是在 00 G54 的 Z 中设为 50，按下“循环启动”键，降低进给速度，检查刀具运动是否正确。

五、加工工件

1. 粗铣外圆轮廓

在刀补界面 D1 值对应位置输入“6.8”（单边预留 0.8mm 加工余量），然后在编辑方式调用“O0317”外圆轮廓加工程序，切换至程序运行状态，打开单段执行功能，控制好进给倍率和主轴倍率，按“循环启动”键，并注意观察刀具运动情况，防止撞刀和意外，待刀具正常切削后，可关闭单段功能，但要时刻注意程序运行情况。

2. 半精铣和精铣外圆轮廓

粗铣完成后，在刀补界面 D1 值对应位置输入“6.4”（预留 0.4mm 精加工余量），然后按“循环启动”键，完成外圆轮廓的半精加工。

待程序运行结束后，手动移动工作台至便于工件测量的位置，用千分尺测量长宽尺寸，并依此计算出实际的刀补值，输入至刀补 D 值中，然后按循环启动键，完成外圆轮廓的精加工，如图 3-29 所示。

精加工完成后需及时测量实际尺寸，以确定尺寸是否超差。

3. 粗、精铣内孔

取下 ϕ12mm 立铣刀，换上 ϕ10mm 键槽铣刀，用 Z 轴设定器对刀并输入坐标值，调用“O0318”内孔加工程序，采用粗铣→半精铣→精铣的步骤完成内孔的粗精铣削，如图 3-30

所示。

4. 铣削下平面，保证高度

松开自定心卡盘，卸下工件，清理毛刺，然后已加工平面朝下装夹工件，主轴换上 ϕ63mm 面铣刀，手动铣削平面至图样规定的高度尺寸。

图 3-29 精铣外轮廓

图 3-30 粗精铣内孔

5. 铣八角星及其倒角

1）取下 ϕ63mm 面铣刀，换上 ϕ8mm 键槽铣刀，Z 轴设定器对刀并输入坐标值，调用“O0319”程序，采用粗铣→精铣的步骤完成阵列图形的铣削加工，如图 3-31 所示。

2）取下 ϕ8mm 键槽铣刀，换上 ϕ10mm 倒角铣刀，Z 轴设定器对刀并输入坐标值，修改“O0319”程序中 N16 程序段的“Z－5.”为“Z－3.”，并将半径补偿 D 值修改为“2”，然后按“循环启动”键完成倒角加工，如图 3-32 所示。

图 3-31 粗精铣 8 个阵列图形

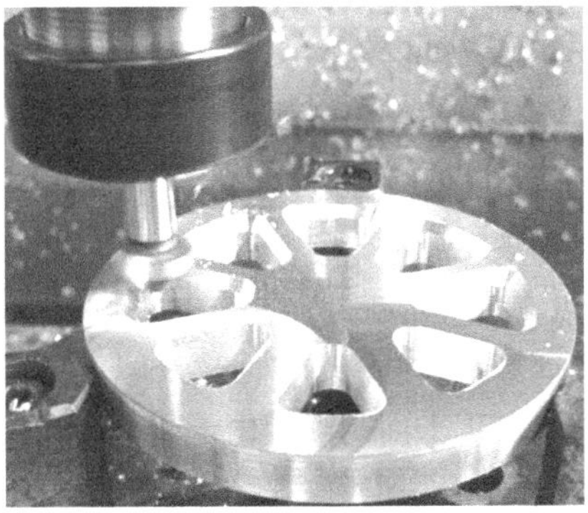

图 3-32 铣倒角

6. 雕刻图形

取下 ϕ10mm 倒角铣刀，换上中心钻，Z 轴设定器对刀并输入坐标值，调用雕刻加工程序完成图形的雕刻加工。

7. 钻铰 8 × ϕ6H8 孔

（1）装夹找正对刀

1）松开自定心卡盘，卸下工件，清理毛刺，然后用机用虎钳装夹工件，并用杠杆表找正，如图 3-33a 所示。

2）将光电寻边器装在主轴上，然后分别寻 X 轴和 Y 轴两侧并分中对刀，如图 3-33b 所示，将主轴中心定位于工件中心处，完成 X 轴和 Y 轴对刀。

a)　　　b)

图 3-33　找正对刀

a）杠杆表找正　b）寻边器分中

（2）孔定位　取下光电寻边器，将快换夹头装上中心钻并安装至主轴上，主轴正转并用手轮方式钻孔完成中心钻的孔定位加工。

（3）钻孔　主轴停转并抬起主轴，取下快换夹头上的中心钻，换上 ϕ5.8mm 钻头，然后主轴正转并用手轮方式钻孔完成钻孔加工。

（4）铰孔　主轴停转并抬起主轴，取下快换夹头，换上 ϕ6H7 铰刀，主轴正转并将转速调整至 300r/min 左右，然后用手轮方式下刀完成铰孔加工。铰孔完成后及时用光滑塞规进行测量，以确保铰孔尺寸正确。

用同样的方法分别完成另外 7 个孔的钻铰加工。

8. 加工完成

松开夹具，卸下工件，清理机床。

【注意】

1）对于平面铣削，由于采用的是大直径面铣刀，可不用编写加工程序，直接手动方式铣削即可，但一定要注意选择合适的进给倍率和控制刀具的位置及进给方向。

2）键槽铣刀可以在工件材料上方下刀，但要控制下刀的速度，并及时观察切削状态，防止崩刀现象的发生。

任务考评

一、零件的加工质量检测标准

轮盘零件的评分标准见表 3-28。

表 3-28 轮盘零件评分标准

班级		姓名		学号	加工日期和时间	总分	
项目及配分	序号	技术要求	配分	评分标准	学生、小组自测	教师检测	得分
尺寸检测	1	轮盘外径 $\phi 100_{-0.03}^{0}$ mm	8	超差 0.01 扣 1 分			
	2	轮盘厚度 $10_{-0.15}^{-0.10}$ mm	4	超差 0.01 扣 1 分			
	3	内孔直径 $\phi 16_{0}^{+0.018}$ mm	8	超差 0.01 扣 1 分			
	4	内孔深度 $7_{0}^{+0.1}$ mm	4	超差 0.01 扣 1 分			
	5	均布孔直径 ϕ6H8（8 处）	8	超差 0.01 扣 1 分			
	6	均布孔深度 7mm（8 处）	4	超差 0.01 扣 2 分			
	7	内轮廓直径 ϕ36mm	3	超差不得分			
	8	内轮廓直径 ϕ80mm	3	超差 0.01 扣 2 分			
	9	宽度（8 ±0.03）mm	6	超差不得分			
	10	雕刻 28 八角星	2	超差不得分			
	11	雕刻 ϕ15mm 圆	2	超差不得分			
	12	雕刻 ϕ7mm 圆	2	超差不得分			
	13	圆角半径 R4mm（32 处）	2	超差不得分			
	14	倒角 C2（8 处）	2	超差不得分			
	15	表面粗糙度 Ra1.6μm	2	每降一级扣 1 分			
编程	16	加工工序卡	10	不合理每处扣 1 分			
	17	程序正确、简单、规范	10	每错一处扣 1 分			
操作	18	机床操作规范	5	出错一次扣 1 分			
	19	工件、刀具装夹正确	5	出错一次扣 1 分			
安全文明生产	20	安全操作	5	安全事故停止操作			
	21	整理机床、维护保养	5	酌情扣分			
合计			100				

二、过程评价

1. 自评和互评标准（40%）（见表 3-29）

表 3-29 自评和互评标准表

任务名称			任务编号			
班级	姓名		学号			
评价项目	评价标准	评价结果				分项评分
		优	良	中	差	
职业素养（自评）（10%）	按照要求出勤，着装整齐规范，遵守课堂纪律，在工作中态度端正，精神面貌好，团结协作，遵守安全操作规程，无安全事故	10	8	5	0	

（续）

任务名称				任务编号			
班级		姓名		学号			
评价项目	评价标准			评价结果			分项评分
				优	良	中	差	
工艺编制、编程与基本操作（自评）（10%）	刀具选择正确，工艺制订合理，程序编写正确	10	8	5	0	
机床操作能力（自评）（5%）	工件安装和找正方法正确，对刀操作规范，机床操作熟练，及时保养、维护和清扫设备	5	3	2	0	
零件加工质量（互评）（10%）	尺寸精度，表面质量符合图样要求，量具使用熟练规范	10	8	5	0	
日常作业完成情况（自评）（5%）	按时、认真完成	5	3	2	0	
综合评价结果						
组长		时间				

2. 教师评价标准（50%）（见表3-30）

表3-30　教师评价标准表

任务名称					任务编号		
班级			姓名		学号		
评价项目		评价标准	优	良	中	差	分项评分
考勤（15%）	迟到	无迟到、早退、旷课现象	5	4	3	0	
	早退		5	4	3	0	
	旷课		5	4	3	0	
工作任务完成情况（30%）	加工工艺	能独立制订任务所规定零件的数控加工工艺	5	4	3	0	
	程序编制	格式正确，代码使用正确，与工艺对应性好，整体优化	5	4	3	0	
	操作规范	对刀规范，无加工碰撞与干涉，对加工过程中出现的异常情况做出正确处理	5	4	3	0	
	零件加工质量	达到图样要求的精度、表面粗糙度和有关技术要求	10	8	5	0	
	职业素质	着装整齐规范，遵守课堂纪律，在工作中态度端正，精神面貌好，团结协作，遵守安全操作规程，无安全事故；及时保养、维护和清扫设备	5	4	3	0	
任务报告（5%）	完成时间	按时完成	2	1	0	0	
	报告环节	内容正确、任务（项目）报告环节完整，书写整齐、字体工整	3	2	1	0	
综合评价结果							
教师			时间				

注：教师评价表由教师填写，学生不准填写。

3. 讨论评价标准（10%）（见表 3-31）

表 3-31 讨论评价标准表

评价项目	评价标准	评价结果				分项评分
		优	良	中	差	
参与程度（2%）	积极讨论、积极寻找解决方案	2	1	0.5	0	
是否完成一定的任务（2%）	担任一个角色促进任务的完成	2	1	0.5	0	
小组汇报情况（2%）	组内轮流派人汇报交流，汇报者口齿清楚、声音洪亮、条理清晰	2	1	0.5	0	
讨论结果（4%）	讨论结果思路清晰、理由充分、结果可行	4	3	2	1	
合计（总分）						

4. 实训鉴定（见表 3-32）

表 3-32 实训鉴定表

自我鉴定	通过本任务学习，同学们的收获有： 学生签名：________ ______年____月____日
指导教师鉴定	指导教师签名：________ ______年____月____日

知识拓展

环形阵列形状的铣削加工

在本任务中，轮盘零件上有八个环形阵列的内轮廓需要铣削加工，对于此类零件，可以通过宏指令与 G68 指令结合的方法进行编程加工，以达到提高编程和加工效率的目的。具体编程方法如下。

试编写如图 3-34 所示图形的加工程序，其铣削深度为 0.5mm。

编程分析：该形状为典型的环形阵列图形，在编程时，只需要编写其中一个形状的加工程序，且在程序中通过 G68 指令实现坐标系旋转，对 G68 指令中的 R 值进行参数化设置，并通过条件跳转功能实现程序的循环加工，便可以完成该图形程序的编制。

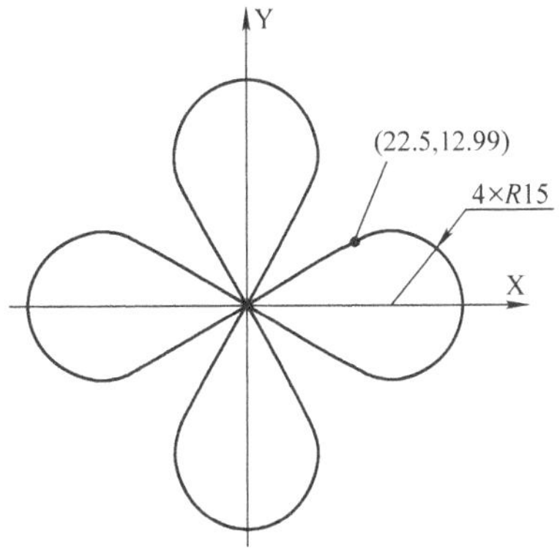

图 3-34 环形阵列编程举例

加工程序及程序含义见表 3-33。

表 3-33　加工程序及程序含义

程序		含义
	O0310	程序号
N2	G17　G40　G54　G90；	设置程序初始状态
N4	M3 S800；	主轴以 800r/min 的转速正转
N6	G0 X0 Y0 Z50.；	刀具快速定位
N8	#1 =0.；	设置坐标系选择角度 R 值为 0
N10	G68 X0 Y0 R#1；	坐标系旋转（初始值为 0，因此坐标系不旋转）
N12	G0 Z5.；	刀具快速下刀
N14	G1 Z－0.5 F150；	Z 向下刀切削
N16	X22.5 Y－12.99 F200；	铣削右侧的图形
N18	G3 Y12.99 R15.；	
N20	G1 X0 Y0；	
N22	#1 = #1 +90.；	坐标系旋转角度增加 90°
N24	IF［#1LT360.］GOTO10；	条件跳转，当角度小于 360°时，程序跳转至 N10 程序段继续执行；当角度等于或大于 360°时，程序执行下一段 N26
N26	G1 Z2.；	Z 向抬刀
N28	G0 Z50.；	Z 向快速退刀
N30	M30；	程序结束

任务四　数控车削加工零件*

任务分析

舵轮模型有三个零件需要用数控车床加工，需要交给数控车削组完成，三个零件的图样如下：

1. 装饰柱零件图样

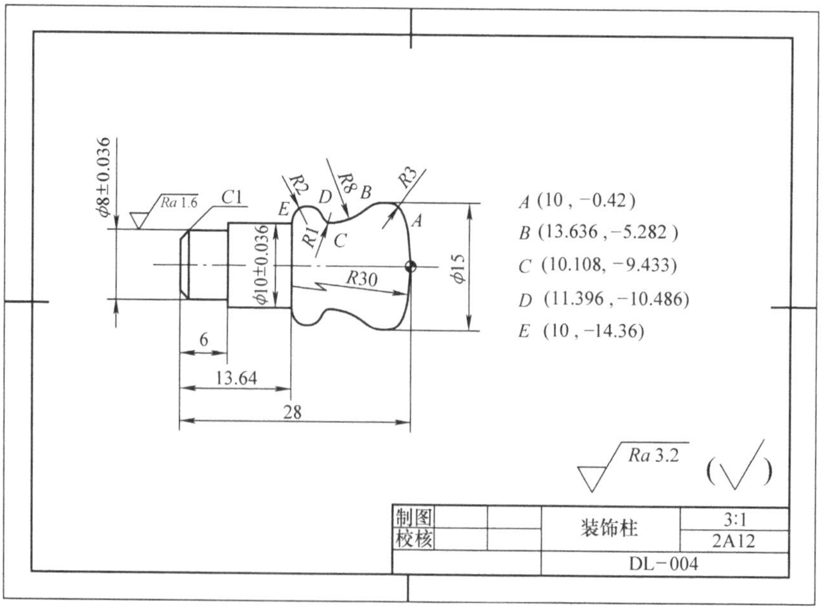

图 3-35　装饰柱零件

2. 转轴零件图样

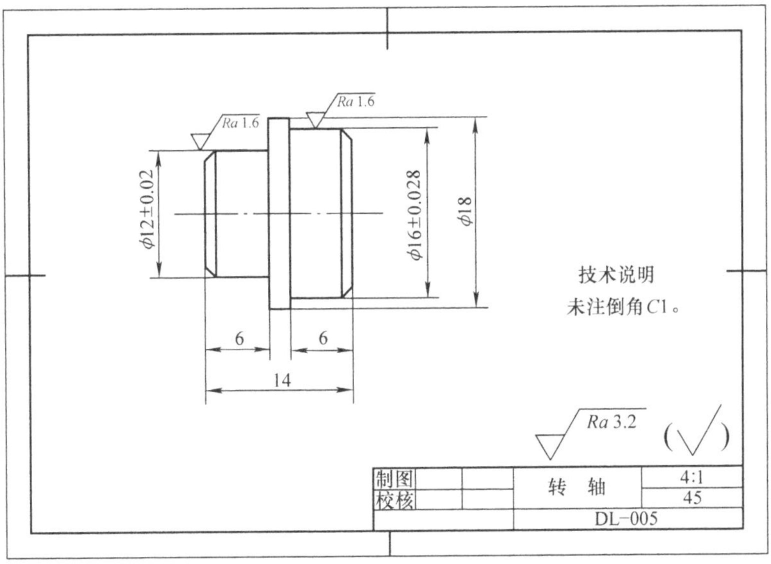

图 3-36 转轴零件

3. 把手零件图样

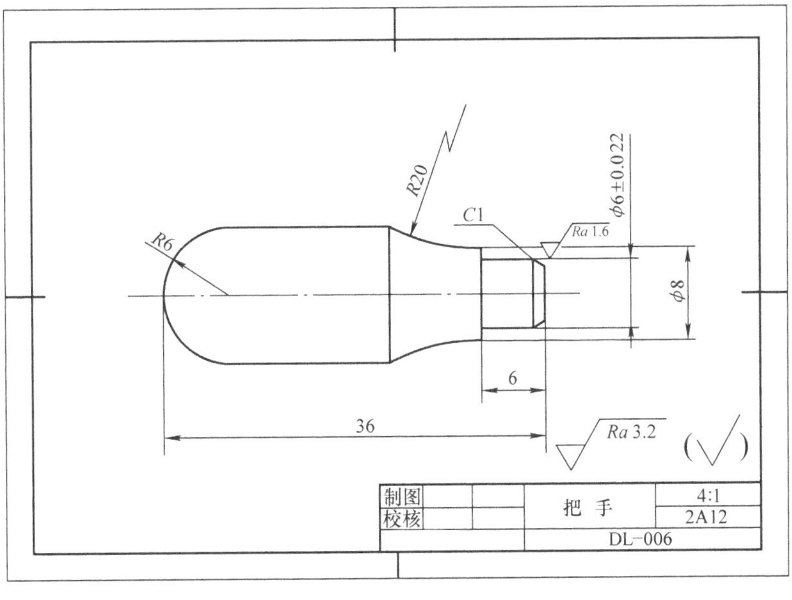

图 3-37 把手零件

项目二 制作虎钳

学习目标

- 能进行安全操作。
- 能正确选择和使用铣刀，能合理确定切削用量参数。
- 能够快速、正确地进行工件找正。
- 根据图样的装配要求，能够合理安排零件加工顺序。
- 能熟练分析零件特征，并采用合适的加工方法进行零件铣削的编程与加工。
- 能够根据图样要求合理控制零件尺寸。
- 清扫卫生，维护机床，收工具。

项目描述

学校数控实训车间接到虎钳的加工项目，虎钳总装图如图 3-38 所示。要求学生们在 24 学时内试制完成各零件加工并组装成型。该模型有四个组装件属于铣削加工零件，需要使用数控铣床加工。其余两件需要数控车削加工，由数控车削组完成。项目内容如下。

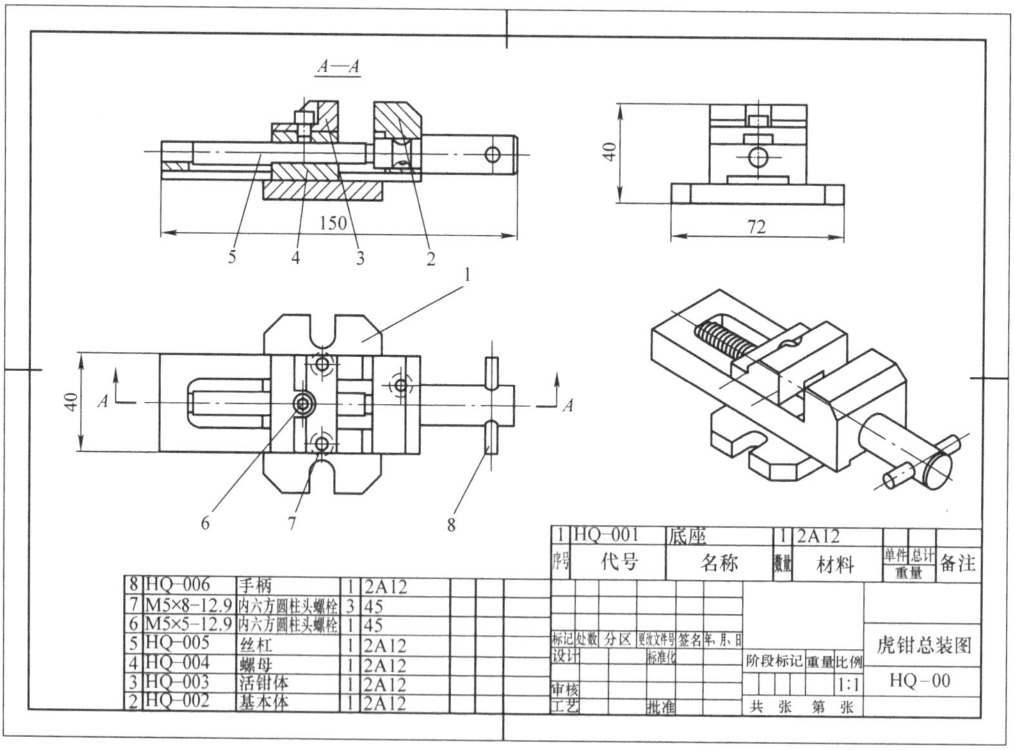

图 3-38 虎钳总装图

1）制订底座、基本体、螺母和活钳体四个零件的数控铣削加工工艺。

2）以合作的方式完成所有零件的加工。

3）对零件的加工尺寸精度误差进行分析。

4）掌握零件之间的装配要求。

项目准备

（1）场地、设备、夹具、工具、量具　①数控车间或实训室；②数控铣床 5 台，FANUC 0i 系统或华中系统；③夹具：机用虎钳，自定心卡盘；④工具：机用虎钳扳手、内六角扳手、等高垫铁、油石、寻边器、杠杆表、磁力表座、卸刀座、锉刀和扳手等；⑤刀具：ϕ100mm 和 ϕ63mm 的面铣刀，ϕ4mm、ϕ10mm、ϕ12mm、ϕ20mm 的立铣刀，ϕ8mm、ϕ12mm 的键槽铣刀，ϕ4.1mm、ϕ5mm、ϕ6mm、ϕ7.8mm、ϕ8mm、ϕ8.5mm、ϕ11.8mm 的钻头，ϕ8H7、ϕ12H7 铰刀，ϕ2mm、ϕ3mm 的中心钻，D6.3×90°、D30×90°倒角铣刀；M5、M10 的丝锥；⑥量具：内测千分尺、千分尺、游标卡尺、深度尺、塞尺等；⑦学习资料：工艺手册、工序单、工艺卡、精度检验单、评价表等。

（2）材料准备　毛坯：尺寸为 115mm×45mm×40mm、75mm×55mm×15mm、44mm×32mm×22mm、30mm×26mm×25mm，毛坯材料为铝合金（2A12）。

（3）教学方法　讲授、演示、角色扮演、小组讨论、理实一体化、独立工作。

（4）劳动组织　将班级分成 5～6 个小组，每个工作组 5～6 人，其中 1 人担任组长，1 人担任材料员（兼任记录员），其余包括 1 名工艺员、1 名检验员、1 名安全员。

知识链接

一、右旋攻螺纹循环指令 G84

G84 指令用于加工右旋螺纹孔。执行过程如图 3-39 所示：主轴正转；X、Y 定位；Z 向快速下刀至 R 参考平面；以指令 F 给定的速度进给到 Z 点；主轴反转以指令 F 给定的速度返回 R 参考平面，若在 G98 方式下，再快速返回初始平面。

【编程格式】

G98/G99　G84　X__　Y__　Z__　F__　R__　;

【说明】

1）在 G84 切削螺纹期间速率修正无效，即使按下进给保持按钮，移动也不会中途停止，必须到循环结束机床才会停止。

2）F 表示进给速度，攻螺纹时要保证主轴转速和刀具进给速度的比例关系。

进给速度 = 主轴转速 × 螺纹螺距

二、左旋攻螺纹循环指令 G74

G74 指令用于切削左旋螺纹孔。如图 3-40 所示，主轴反转进刀，正转退刀，正好与 G84 指令中的主轴转向相反，其他运动均与 G84 指令相同。

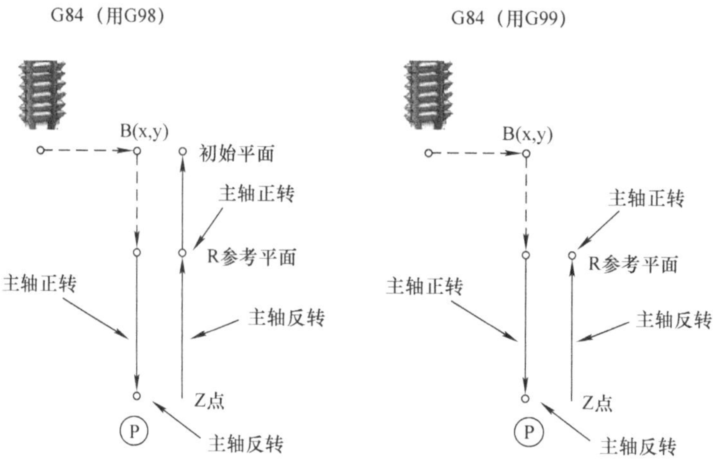

图 3-39　右旋攻螺纹循环指令 G84

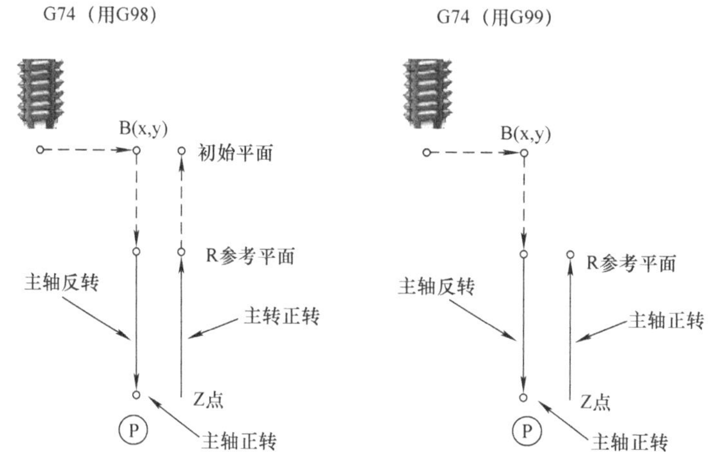

图 3-40　左旋攻螺纹循环指令 G74

【编程格式】

G98/G99　G74　X__　Y__　Z__　F__　R__　;

【说明】

1）该指令即使攻螺纹前为正转，当执行攻螺纹时会自动转为反转。

2）指令的其他参数和 G84 指令相同。

项目实施

由于该任务是由六个零件组成的配合件，有一定的装配要求。其中丝杠和手柄两个数控车削零件已经加工完成。四个需要铣削的零件中，基本体同时与丝杠、螺母、底座进行配合；螺母与丝杠、活钳体配合；活钳体与基本体、螺母配合；底座要与基本体配合。基于优先加工配合要素多的零件的原则，四个零件的加工顺序为：基本体→螺母→活钳口→底座。

任务一 加工基本体零件

一、任务分析

基本体零件如图 3-41 所示，该零件需要铣削上下两面、外形、宽 26mm 沟槽、83mm × 20mm 方槽、*C*1 倒角、M5 螺孔及沉头孔、侧边 ϕ8mm 及 ϕ12mm 同心孔、深 16mm 台阶面、宽 4mm 的沟槽以及 *C*6 的倒角。其中 ϕ8mm 与 ϕ12mm 两孔要与丝杠装配，同轴度要求较高；螺母、丝杠、基本体三者配合，所以两孔与宽 26mm 沟槽的底面的垂直度要求较高。

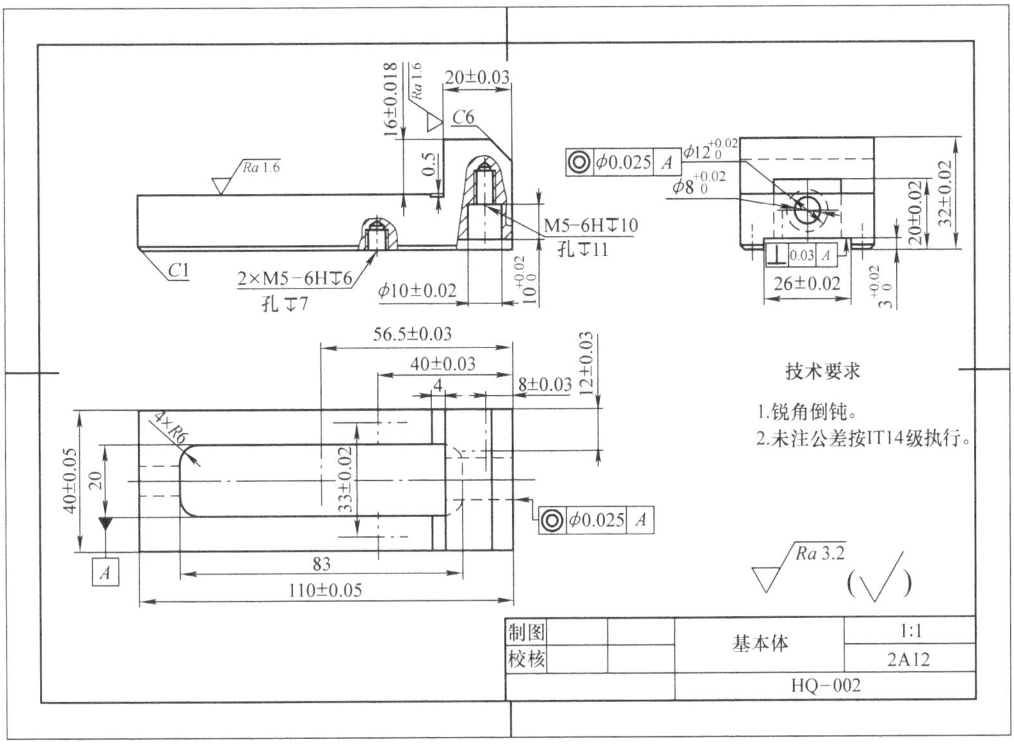

图 3-41 基本体零件

二、制订加工工艺

1. 工艺分析

（1）装夹、定位 该零件所有的加工内容，均采用机用虎钳装夹，底部用等高垫铁垫起。

（2）工序安排 加工顺序根据“基面先行，先粗后精”的原则，考虑到该零件需要铣削外轮廓形状，因此制订工序步骤如下。

1）用等高垫铁垫起工件，保证毛坯伸出钳口 35mm 左右并找正夹紧工件，粗、精铣零件底平面后对刀设置坐标系，粗、精铣外轮廓，宽 26mm 沟槽和 83mm × 20mm 方槽，加工

C1 倒角、钻三个 M5 螺纹底孔沉头孔，手工攻螺纹。

2）卸下工件，将工件立起，以右侧面为定位面装夹至机用虎钳左侧，用百分表找正。对刀、钻中心孔、钻 ϕ7.8mm 孔，铰 ϕ8mm 的孔。

3）卸下工件，将工件立起，以左侧面为定位面装夹至机用虎钳左侧，用百分表找正。对刀、钻中心孔、钻 ϕ11.8mm 孔，铰 ϕ12mm 的孔。

4）卸下工件，以底平面为定位面装夹至机用虎钳，根据实测情况粗、精铣上平面，保证零件高度尺寸，铣深 16mm 的台阶、4mm 的沟槽、C6 的倒角。

（3）刀具、量具选择　刀具：上下平面采用 ϕ100mm 面铣刀加工，外轮廓、底面宽 26mm 的沟槽采用 ϕ20mm 立铣刀粗、精铣，83mm×20mm 方槽采用 ϕ12mm 键槽铣刀分层铣削，C1 倒角采用 D6.3×90°倒角铣刀铣削，三个 M5 螺纹底孔采用中心钻定位、ϕ4.1mm 钻头钻孔，ϕ10mm 的立铣刀沉孔，采用 M5 丝锥手工攻螺纹，左侧面 ϕ8mm 的孔采用中心钻定位、ϕ7.8mm 钻头钻孔、ϕ8H7 铰刀铰孔、右侧面 ϕ12mm 的孔采用中心钻定位、ϕ11.8mm 钻头钻孔、ϕ12mm 铰刀铰孔，正面 16mm 台阶采用 ϕ100mm 面铣刀铣削，4mm 沟槽采用 ϕ4mm 立铣刀铣削，C6 倒角采用 D30×90°倒角铣刀分层铣削。量具：0～150mm 游标卡尺、0～100mm 深度尺、千分尺、内测千分尺。

（4）合理设计走刀路线　注意确定起刀点、下刀点、抬刀点、加工轨迹。

平面铣：自机用虎钳装夹方向的任何一个外侧下刀，采用行切法，粗铣时为了提高效率，双向加工，精铣时为了保证表面质量，采用单向加工。

轮廓铣：由于零件无硬皮，为保证表面质量，粗、精加工采用顺铣方式，进退刀采用圆弧切入切出方式。

大沟槽铣削：从零件左侧或右侧下刀，采用行切法，粗、精加工采用顺铣方式，利用刀具补偿进行精加工。

大倒角铣削：自机用虎钳装夹方向的任何一个外侧下刀，分层切削，粗加工采用双向加工，精加工采用单向加工。

（5）确定切削用量　根据工序安排的工艺路线，确定各切削用量见表 3-34。

表 3-34　切削用量

序号	加工项目	刀具	背吃刀量 a_p/mm	主轴转速 n/(r/min)	进给量 v_f/(mm/min)
1	铣上下两面	ϕ100mm 面铣刀	0.5（粗铣）	500	300
			0.2（精铣）	700	200
2	铣外轮廓	ϕ20mm 立铣刀	≈10（粗铣）	1000	280
			34（精铣）	1200	160
3	铣 26mm 宽槽	ϕ20mm 立铣刀	3（粗铣）	800	200
			3（精铣）	1200	160
4	铣倒角	D6.3×90°倒角铣刀	1	1000	120
5	铣 80mm×20mm 凹槽	ϕ12mm 键槽铣刀	—	1000	150
6	钻孔	ϕ4.1mm 钻头	—	1000	60
7	铣沉孔	ϕ10mm 立铣刀	≈10	1200	100

（续）

序号	加工项目	刀具	背吃刀量 a_p/mm	主轴转速 n/(r/min)	进给量 v_f/(mm/min)
8	钻孔	ϕ11.8mm 钻头	—	700	100
9	铰孔	ϕ12H7 铰刀	0.1	350	35
10	钻孔	ϕ7.8mm 钻头	—	800	80
11	铰孔	ϕ8H7 铰刀	0.1	400	30
12	铣 16mm 台阶	ϕ50mm 面铣刀	2（粗铣）	500	250
			0.2（精铣）	700	200
13	铣 4mm 沟槽	ϕ4mm 立铣刀	≈0.5	1500	80
14	铣倒角	D30×90°倒角铣刀	≈3（粗铣）	600	150
			0.2（精铣）	800	100

2. 设计走刀路线

工件底面外轮廓及倒角加工从轮廓右上角处进刀，采用直线切入切出方式进退刀；底面宽 26mm 沟槽的加工采用直线进退刀方式，从沟槽的右上角切入、从沟槽右下角切出；83mm×20mm 方槽的加工从轮廓的左上角直接上下刀。走刀路线如图 3-42 所示。

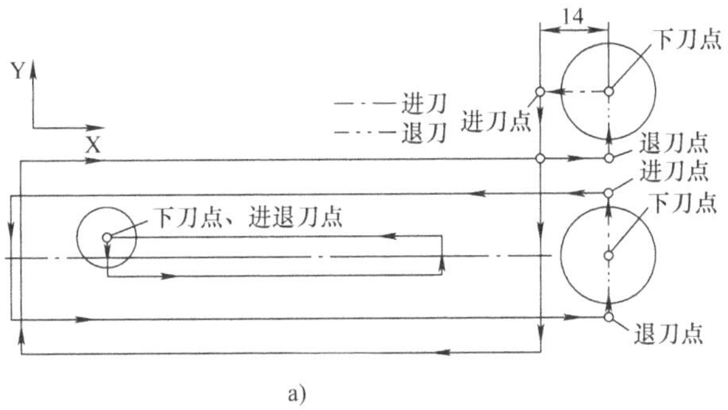

a)

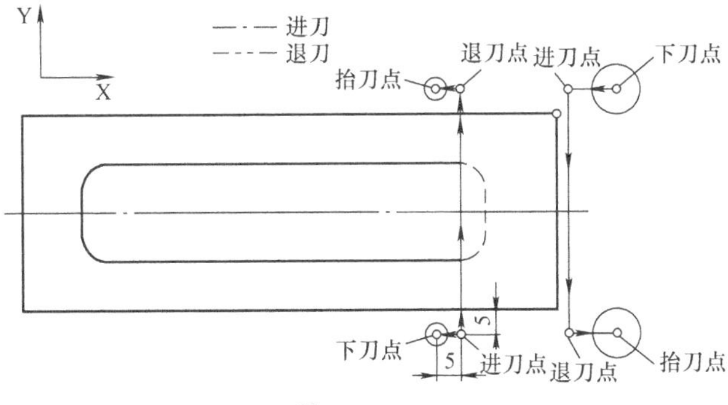

b)

图 3-42 走刀路线图

a）底面轮廓及沟槽加工路线 b）4mm 宽沟槽及倒角加工路线

3. 填写工序卡片（见表3-35）

表3-35　数控加工工序卡片（学生填写）

<table>
<tr><td>零件图号</td><td>HQ－002</td><td rowspan="3">数控加工工序卡片</td><td>机床型号</td><td colspan="4"></td></tr>
<tr><td>零件名称</td><td>基本体</td><td>机床编号</td><td colspan="4"></td></tr>
<tr><td>零件材料</td><td>铝合金</td><td>使用夹具</td><td colspan="4">机用虎钳</td></tr>
<tr><td colspan="8">工步描述</td></tr>
<tr><td>工步编号</td><td>工步内容</td><td>刀具编号</td><td>刀具规格</td><td>主轴转速 n /(r/min)</td><td>进给速度 v_f /(mm/min)</td><td>背吃刀量 a_p /mm</td><td>刀具偏置</td></tr>
<tr><td>1</td><td></td><td></td><td></td><td></td><td></td><td></td><td></td></tr>
<tr><td>2</td><td></td><td></td><td></td><td></td><td></td><td></td><td></td></tr>
<tr><td>3</td><td></td><td></td><td></td><td></td><td></td><td></td><td></td></tr>
<tr><td>4</td><td></td><td></td><td></td><td></td><td></td><td></td><td></td></tr>
<tr><td>5</td><td></td><td></td><td></td><td></td><td></td><td></td><td></td></tr>
<tr><td>6</td><td></td><td></td><td></td><td></td><td></td><td></td><td></td></tr>
<tr><td>7</td><td></td><td></td><td></td><td></td><td></td><td></td><td></td></tr>
<tr><td>8</td><td></td><td></td><td></td><td></td><td></td><td></td><td></td></tr>
</table>

三、模拟加工

1. 程序编制

选择工件上表面右上角处为编程原点，并设置为G54。

1）底面外轮廓及倒角铣削的加工参考程序见表3-36（粗、精铣通过设置刀具半径值实现）。

表3-36　底面外轮廓及倒角的铣削加工参考程序

<table>
<tr><td colspan="2">程序</td><td>含义</td></tr>
<tr><td></td><td>O0321</td><td>程序号</td></tr>
<tr><td>N2</td><td>G17　G40　G54　G90；</td><td>设置程序初始状态</td></tr>
<tr><td>N4</td><td>M3　S1000；</td><td>主轴以1000r/min的转速正转</td></tr>
<tr><td>N6</td><td>G0　X14.　Y14.　Z50.；</td><td>刀具快速定位</td></tr>
<tr><td>N8</td><td>Z5.；</td><td>刀具快速下刀</td></tr>
<tr><td>N10</td><td>G1　Z－34.　F100；</td><td>Z向下刀（可修改此值完成倒角铣削）</td></tr>
<tr><td>N12</td><td>G41　D1　X0.　F280；</td><td>加入刀具半径补偿（可修改此值完成外轮廓粗、精铣及倒角铣削）</td></tr>
<tr><td>N14</td><td>Y－40.；</td><td>直线切向进刀</td></tr>
<tr><td>N16</td><td>X－110.；</td><td rowspan="2">铣削外轮廓</td></tr>
<tr><td>N18</td><td>Y0.；</td></tr>
<tr><td>N20</td><td>X14.；</td><td>直线切向退刀</td></tr>
<tr><td>N22</td><td>G40　Y14.；</td><td>取消半径补偿</td></tr>
</table>

（续）

程序		含义
N24	Z2. ;	Z 向抬刀
N26	G0 Z50. ;	Z 向快速退刀
N28	M30;	程序结束

2）铣削底面宽 26mm 沟槽的加工参考程序见表 3-37。

表 3-37 铣削底面宽 26mm 沟槽的加工参考程序

程序		含义
	O0322	程序号
N2	G17 G40 G54 G90;	设置程序初始状态
N4	M3 S800;	主轴以 800r/min 的转速正转
N6	G0 X14. Y－20. Z50. ;	刀具快速定位
N8	Z5. ;	刀具快速下刀
N10	G1 Z－3. F200;	Z 向下刀
N12	G41 Y－10. D1;	加入刀具半径补偿（可修改此值完成沟槽粗精铣）
N14	X－112. ;	直线切向进刀
N16	Y－30. ;	沟槽加工
N18	X14. ;	
N20	G40 Y－20. ;	取消刀具补偿
N22	Z5. ;	Z 向抬刀
N24	G0 Z50. ;	Z 向快速退刀
N26	M30;	程序结束

3）铣削底面 80mm×20mm 凹槽的加工参考程序见表 3-38。

表 3-38 铣削底面 80mm×20mm 凹槽的加工参考程序

程序		含义
	O0323	程序号
N2	G17 G40 G54 G90;	设置程序初始状态
N4	M3 S1000;	主轴以 1000r/min 的转速正转
N6	G0 X－92. Y－16. Z50. ;	刀具快速定位
N8	Z5. ;	快速下刀
N10	G1 Z－20. F150;	Z 向下刀（可修改此值完成分层铣削）
N12	Y－24. ;	凹槽加工
N14	X－21. ;	
N16	Y－16. ;	
N18	X－92. ;	
N20	Z5. ;	Z 向抬刀
N22	G0 Z50. ;	Z 向快速退刀
N24	M30;	程序结束

4）钻孔、铣沉孔的加工参考程序见表 3-39。

表 3-39　钻孔、铣沉孔的加工参考程序

程序		含义
	O0324	程序号
N2	G17　G40　G54　G90；	设置程序初始状态
N4	M3　S1000；	主轴以 1000r/min 的转速正转
N6	G0　X0.　Y0.　Z50.；	刀具快速定位
N8	G99　G81　X－8.　Y－28. Z－24.　R3.　F80；	设定 G81 参数并钻第一个孔，将 Z 值改为－13 铣削沉孔
N10	/ X－40.　Y－3.5　Z－7.；	钻第二个孔
N12	/ Y－36.5.；	钻第三个孔
N12	G80　G0　Z50.；	取消钻孔循环，Z 向快速退刀
N14	M30；	程序结束

5）钻左、右两同心孔的加工参考程序见表 3-40。

表 3-40　钻左、右两同心孔的加工参考程序

程序		含义
	O0325	程序号
N2	G17　G40　G54　G90；	设置程序初始状态
N4	M3　S700；	主轴以 700r/min 的转速正转
N6	G0　X10.　Y10.　Z50.；	刀具快速定位
N8	G98　G81　X0.　Y0. Z－24.　R3.　F100；	钻孔（可修改 Z 值实现左右两孔钻的孔定位、钻孔、铰孔）
N12	G80　G0　Z50.；	取消钻孔循环，Z 向快速退刀
N14	M30；	程序结束

6）铣削 4mm 沟槽的加工参考程序见表 3-41。

表 3-41　铣削 4mm 沟槽的加工参考程序

程序		含义
	O0326	程序号
N2	G17　G40　G54　G90；	设置程序初始状态
N4	M3　S1500；	主轴以 1500r/min 的转速正转
N6	G0　X－25.　Y－45.　Z50.；	刀具快速定位
N8	Z－14.；	快速下刀
N10	G1　Z－16.5　F80；	Z 向下刀
N12	G41　X－20.　D1；	建立刀具半径补偿（D1＝2）
N14	Y5.；	铣削沟槽
N16	G40　G0　X－25.；	取消刀具半径补偿
N18	G0　Z50.；	Z 向快速退刀
N20	M30；	程序结束

7）铣削 $C6$ 倒角的加工参考程序见表 3-42。

表 3-42 铣削 $C6$ 倒角的加工参考程序

程序		含义
	O0327	程序号
N2	G17 G40 G54 G90;	设置程序初始状态
N4	M3 S600;	主轴以 600r/min 的转速正转
N6	G0 X12. Y5. Z50.;	刀具快速定位
N8	Z5.;	刀具快速下刀
N10	G1 Z-4. F150;	Z 向下刀（此值根据公式"$Z=C+Z_1$"计算，修改改值实现分层切削）
N12	G41 D1 X0. F150;	加入刀具半径补偿（$D1=\phi d/2+Z_1=3$）
N14	Y-45.;	铣倒角
N16	G40 G1 X12.;	X 向退刀取消半径补偿
N18	G0 Z50.;	Z 向快速退刀
N20	M30;	程序结束

2. 仿真加工

将加工程序输入至数控仿真软件中，并设置毛坯、刀具及坐标偏置等参数，然后利用数控仿真软件完成零件的仿真模拟加工，加工过程中注意观察程序运行状态，及时发现并纠正程序中的错误，以免在后续机床实际加工中出现干涉或撞刀等问题。

四、加工准备

1. 加工准备

1）阅读零件图，检查毛坯尺寸。

2）开机、回参考点。

3）根据数控铣床操作规程进行安全操作，注意一人操作，其他同学观察。

4）工件找正装夹，如图 3-43 所示。

图 3-43 工件找正装夹

2. 对刀，设定工件坐标系

（1）X、Y 轴对刀 将寻边器装好后安装到主轴上，分别寻边 X 向和 Y 向两侧，通过相对坐标值的设置找到零件中心位置，如图 3-44 所示。最后在坐标系设置界面中输入 X 值和 Y 值完成 X 轴和 Y 轴的对刀操作。

（2）Z 轴对刀

1）取下寻边器，装上 ϕ50mm 面铣刀。

2）MDI 方式输入"M03S700"并按"程序运行"键使主轴正转。

3）手轮方式移动刀具接近零件，并控制铣刀轻轻接触零件上平面。

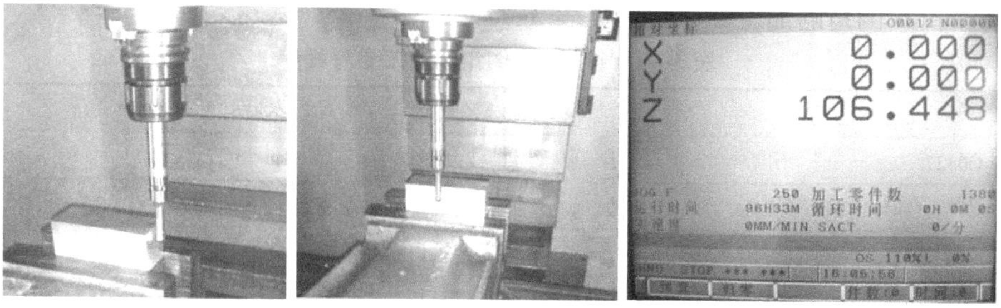

a)　　b)　　c)

图 3-44　X、Y 轴对刀

a）X 向寻边　b）Y 向寻边　c）相对坐标设置

4）移动铣刀沿 Y 向离开零件，Z 向用手轮下降 0.5mm 左右。

5）切换至手动方式，进给倍率调整至 200mm/min 左右，然后手动控制 X 轴和 Y 轴对零件上平面进行铣削。

6）完成上平面铣削后，抬起刀具并取下，换上 ϕ20mm 立铣刀，并将 Z 轴设定器放于工件上平面上。

7）手轮移动 Z 轴下刀，轻轻接触 Z 轴设定器，待指示灯亮后，反向移动 Z 轴一格，然后将手轮倍率调至 0.01 档位，再控制手轮向 Z 负方向移动，待指示灯亮后（见图 3-45），表示当前 Z 坐标为 Z50，将此值输入至坐标系设置界面中的 Z 轴参数里完成 Z 轴对刀。

图 3-45　Z 轴对刀

3. 输入程序

输入加工参考程序

4. 校验程序

把工件坐标系的 Z 轴朝正方向平移 50mm，方法是在 00　G54 的 Z 中设为 50，按下“循环启动”键，降低进给速度，检查刀具运动是否正确。

五、加工工件

1. 外轮廓铣削

（1）粗铣外轮廓　在刀补界面 D1 值对应位置输入“10.6”（单边预留 0.6mm 加工余量），然后在编辑方式调用“O0321”外轮廓加工程序，切换至程序运行状态，打开单段执行功能，控制好进给倍率和主轴倍率，按“循环启动”键，并注意观察刀具运动情况，防止撞刀和意外（见图 3-46），待刀具正常切削后，可关闭单段功能，但要时刻注意程序运行情况。

（2）半精铣和精铣外轮廓　粗铣完成后，在刀补界面 D1 值对应位置输入“10.3”（预留 0.3mm 精加工余量），然后按“循环启动”键，完成外轮廓的半精加工。

待程序运行结束后，手动移动工作台至便于工件测量的位置，用千分尺测量长宽尺寸，并依此计算出实际的刀补值，输入至刀补 D 值中，然后按循环启动键，完成外轮廓的精加工（见图 3-47）。

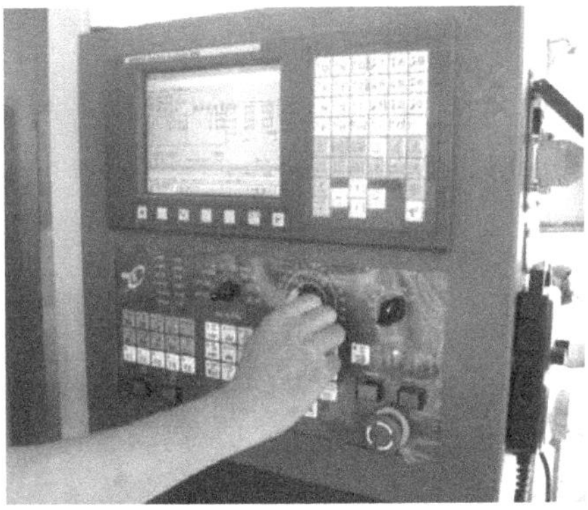

图 3-46　控制好进给倍率

图 3-47　精铣外轮廓

精加工完成后需及时测量实际尺寸，以确定尺寸是否超差。

2. 铣削底面宽 26mm 沟槽

（1）粗铣宽槽　在刀补界面 D1 值对应位置输入“10.6”（单边预留 0.6mm 加工余量），然后在编辑方式调用“O0322”宽 26mm 沟槽加工程序，切换至程序运行状态，打开单段执行功能，控制好进给倍率和主轴倍率，按循环启动按钮，并注意观察刀具运动情况，防止撞刀和意外，待刀具正常切削后，可关闭单段功能，但要时刻注意程序运行情况。

（2）半精铣和精铣宽槽　粗铣完成后，在刀补界面 D1 值对应位置输入“10.3”（预留 0.3mm 精加工余量），然后按“循环启动”键，完成外轮廓的半精加工。

待程序运行结束后，手动移动工作台至便于工件测量的位置，用千分尺测量长宽尺寸，并依此计算出实际的刀补值，输入至刀补 D 值中，然后按“循环启动”键，完成外轮廓的精加工（见图 3-48）。

精加工完成后需及时测量实际尺寸，以确定尺寸是否超差。

3. 铣削 83mm × 20mm 方槽

取下刀具，换成 ϕ12mm 键槽铣刀，调用“O0323”方槽加工程序，将 Z 值改成“－15”，切换至程序运行状态，打开单段执行功能，控制好进给倍率和主轴倍率，按“循环启动”键，并注意观察刀具运动情况，防止撞刀和意外，待刀具正常切削后，可关闭单段功能，但要时刻注意程序运行情况。

运行完毕之后，利用深度尺测量槽的深度，然后修改程序中的 Z 值，然后按“循环启动”键，完成 83mm × 20mm 方槽的加工（见图 3-49）。

4. 倒角铣削

取下刀具，换成 D6.3 × 90°倒角铣刀（$\phi d=2$），用 Z 轴设定器对刀并输入坐标值，调用“O0321”加工程序，刀补值按“$D=\phi d/2+Z_1$”公式计算输入 2，Z 值按“$Z=C+Z_1$”公式计算，改为“－2”，然后运行程序，实现倒角的加工（见图 3-50）。

5. 孔的加工

（1）孔定位　取下 D6.3 × 90°倒角铣刀，将快换夹头装上中心钻并安装至主轴上，Z 轴对刀在 G54 中设定坐标值，调用“O0324”钻孔程序，将 G81 指令中的“Z－24.”改为“Z－3.”，然后运行程序完成中心钻的孔定位加工（见图 3-51）。

图 3-48　精铣宽槽

图 3-49　铣削方槽

图 3-50　铣削倒角

图 3-51　钻中心孔

（2）钻孔　取下快换夹头上的中心钻，换上 ϕ4.1mm 钻头，Z 轴对刀在 G54 中设定坐标值，将“O0324”程序中的“Z－3.”改回“Z－24.”，然后运行程序完成钻孔加工（见图 3-52）。

（3）铣沉孔　取下快换夹头，换回 ϕ10mm 立铣刀，Z 轴对刀设定坐标值，将“O0324”程序中 G81 指令中的“Z－24.”改为“Z－13.”，按下控制面板上“程序跳”按钮，然后运行程序完成沉孔加工（见图 3-53）。

图 3-52　钻孔

图 3-53　铣沉孔

(4) 手工攻螺纹　利用M5的丝锥，手工攻三个螺纹孔，注意三个螺纹孔的深度。

6. 加工左、右两侧同心孔

1）卸下工件，将工件立起，以右侧面为定位面装夹至机用虎钳左侧，用百分表找正。对刀，将零点设置到左侧孔的中心，置于G54（见图3-54）。

2）调出“O0325”程序，将G81中的Z值改为“-3”。装上中心钻，将Z值置于G54，运行钻孔程序（见图3-55）。

图3-54　工件找正

图3-55　钻中心孔

3）程序不变，将G81中的Z值改为“-15”。快换夹头换上ϕ7.8mm的钻头，设定Z值，运行钻孔程序（见图3-56）。

4）程序不变，将G81中的Z值改为“-15”。换成ϕ8mm的铰刀，设定Z值，运行铰孔程序。

5）同样的步骤加工右侧孔。

7. 铣削下平面，保证高度

松开机用虎钳，卸下工件，清理毛刺，然后已加工的平面朝下装夹工件，主轴换上ϕ100mm面铣刀，手动铣削平面至图样规定的高度尺寸，并设置Z的零点。

8. 对刀

将零点设置于工件上表面中心。

图3-56　钻孔

9. 台阶的铣削

装上ϕ50mm面铣刀，采用手动方式自机用虎钳装夹方向的任何一个外侧下刀，采用行切法，粗铣时为了提高效率，双向加工，精铣时为了保证表面质量，采用单向加工。台阶面的高度方向加工到位，右侧方向留1mm左右的余量（见图3-57）。

10. 加工4mm宽沟槽

卸下ϕ50mm面铣刀，换上ϕ4mm立铣刀，设定Z值。调用“O0326”程序，将D1改为“2”，运行程序铣削4mm宽沟槽（见图3-58）。

图 3-57　铣削台阶面

图 3-58　铣削 4mm 宽沟槽

11. 加工 *C*6 倒角

换上 D30 × 90° 倒角铣刀（ϕd = 4mm），用 Z 轴设定器对刀并输入坐标值，调用“O0327”铣倒角加工程序，刀补值按“$D1 = \phi d/2 + Z_1$”公式计算输入“3”，然后按“循环启动”键完成倒角第一层加工。将下刀深度 Z 值由“Z－4.”改为“Z－6.8”，然后按“循环启动”键完成倒角第二层加工。将主轴转速“S600”改为“S800”，进给速度“F150”改为“F100”，下刀深度 Z 值由“Z－6.8”改为“Z－7”，再次按“循环启动”键完成倒角第三层加工（见图 3-59）。

12. 加工完成

松开夹具，卸下工件，清理机床，如图 3-60 所示。

图 3-59　铣削倒角

图 3-60　清理机床

【注意】

1）加工 M5 螺纹时，由于孔较浅，公称直径较小，应尽量采用手动攻螺纹，防止丝锥折断。

2）铣削 *C*6 倒角时，由于倒角尺寸较大，分三刀切削，防止崩刀。

任务考评

一、零件加工质量检测标准

基本体零件评分标准见表 3-43。

表 3-43 基本体零件评分标准

班级		姓名	学号	加工日期和时间		总分	
项目及配分	序号	技术要求	配分	评分标准	学生、小组自测	教师检测	得分
尺寸检测	1	长度$110^{+0.05}_{-0.05}$mm	4	超差 0.01 扣 1 分			
	2	宽度$40^{+0.05}_{-0.05}$mm	4	超差 0.01 扣 1 分			
	3	高度$32^{+0.02}_{-0.02}$mm	4	超差 0.01 扣 1 分			
	4	沟槽宽度$26^{+0.02}_{-0.02}$mm	3	超差 0.01 扣 1 分			
	5	沟槽深度 $3^{+0.02}_{0}$mm	3	超差 0.01 扣 1 分			
	6	方槽长度 83mm	2	超差 0.05 扣 1 分			
	7	方槽宽度 20mm	2	超差 0.05 扣 1 分			
	8	方槽深度$20^{+0.02}_{-0.02}$mm	3	超差 0.01 扣 1 分			
	9	孔距$33^{+0.02}_{-0.02}$mm	4	超差 0.01 扣 1 分			
	10	台阶深度$16^{+0.018}_{-0.018}$mm	3	超差 0.01 扣 1 分			
	11	凸台宽度$20^{+0.03}_{-0.03}$mm	2	超差 0.01 扣 1 分			
	12	沟槽深度 0.5mm	2	超差 0.05 扣 1 分			
	13	孔径 $\phi 8^{+0.02}_{0}$mm	3	超差 0.01 扣 1 分			
	14	孔径 $\phi 12^{+0.02}_{0}$mm	3	超差 0.01 扣 1 分			
	15	沉孔直径 $\phi 10^{+0.02}_{-0.02}$mm	2	超差 0.01 扣 1 分			
	16	沉孔深度$10^{+0.02}_{0}$mm	2	超差 0.01 扣 1 分			
	17	圆弧半径 $R6$ mm	2	超差不得分			
	18	倒角 $C1$	2	超差不得分			
	19	倒角 $C6$	2	超差不得分			
	20	同轴度 0.025mm	4	超差 0.01 扣 2 分			
	21	垂直度 0.03mm	4	超差 0.01 扣 2 分			
	22	表面粗糙度 $Ra1.6\mu m$	2	每降一级扣 1 分			
编程	23	加工工序卡	10	不合理每处扣 1 分			
	24	程序正确、简单、规范	10	每错一处扣 1 分			
操作	25	机床操作规范	5	出错一次扣 1 分			
	26	工件、刀具装夹正确	5	出错一次扣 1 分			
安全文明生产	27	安全操作	5	安全事故停止操作			
	28	整理机床、维护保养	5	酌情扣分			
合计			100				

二、过程评价

1. 自评和互评标准（40%）（见表3-44）

表3-44　自评和互评标准表

任务名称				任务编号				
班级		姓名		学号				
评价项目	评价标准			评价结果				分项评分
				优	良	中	差	
职业素养（自评）（10%）	按照要求出勤，着装整齐规范，遵守课堂纪律，在工作中态度端正，精神面貌好，团结协作，遵守安全操作规程，无安全事故			10	8	5	0	
工艺编制、编程与基本操作（自评）（10%）	刀具选择正确，工艺制订合理，程序编写正确			10	8	5	0	
机床操作能力（自评）（5%）	工件安装和找正方法正确，对刀操作规范，机床操作熟练，及时保养、维护和清扫设备			5	3	2	0	
零件加工质量（互评）（10%）	尺寸精度，表面质量符合图样要求，量具使用熟练规范			10	8	5	0	
日常作业完成情况（自评）（5%）	按时、认真完成			5	3	2	0	
综合评价结果								
组长				时间				

2. 教师评价标准（50%）（见表3-45）

表3-45　教师评价标准表

任务名称					任务编号				
班级			姓名		学号				
评价项目		评价标准			评价结果				分项评分
					优	良	中	差	
考勤（15%）	迟到	无迟到、早退、旷课现象			5	4	3	0	
	早退				5	4	3	0	
	旷课				5	4	3	0	
工作任务完成情况（30%）	加工工艺	能独立制订任务所规定零件的数控加工工艺			5	4	3	0	
	程序编制	格式正确，代码使用正确，与工艺对应性好，整体优化			5	4	3	0	
	操作规范	对刀规范，无加工碰撞与干涉，对加工过程中出现的异常情况做出正确处理			5	4	3	0	
	零件加工质量	达到图样要求的精度、表面粗糙度和有关技术要求			10	8	5	0	
	职业素质	着装整齐规范，遵守课堂纪律，在工作中劳动态度端正，精神面貌好，团结协作，遵守安全操作规程，无安全事故；及时保养、维护和清扫设备			5	4	3	0	
任务报告（5%）	完成时间	按时完成			2	1	0	0	
	报告环节	内容正确、任务（项目）报告环节完整，书写整齐、字体工整			3	2	1	0	
综合评价结果									
教师					时间				

注：教师评价表由教师填写，学生不准填写。

3. 讨论评价标准（10%）（见表3-46）

表3-46 讨论评价标准表

评价项目	评价标准	评价结果				分项评分
		优	良	中	差	
参与程度（2%）	积极讨论、积极寻找解决方案	2	1	0.5	0	
是否完成一定的任务（2%）	担任一个角色促进任务的完成	2	1	0.5	0	
小组汇报情况（2%）	组内轮流派人汇报交流，汇报者口齿清楚、声音洪亮、条理清晰	2	1	0.5	0	
讨论结果（4%）	讨论结果思路清晰、理由充分、结果可行	4	3	2	1	
合计（总分）						

4. 实训鉴定（表3-47）

表3-47 实训鉴定表

自我鉴定	通过本任务学习同学们收获有： 学生签名：＿＿＿＿＿＿ ＿＿＿＿年＿＿月＿＿日
指导教师鉴定	指导教师签名：＿＿＿＿＿＿ ＿＿＿＿年＿＿月＿＿日

知识拓展

一、影响产品质量的9M因素

现代质量管理专家菲根鲍姆认为，影响质量的基本因素有九个方面或称之为“9M”，即市场（Markets）、资金（Money）、管理（Management）、人（Men）、激励（Motivation）、材料（Materials）、机器和机械化（Machine and Mechanization）、现代信息方法（Modern Information Methods）、产品规格要求（Mounting Product Requirement），以上每一个方面对当代产品工业生产或服务的质量都有影响，而影响的程度因产品的具体情况不同而异。

二、影响工序质量的5M1E因素

（1）人　生产过程是在人的控制下完成的，所以人是影响质量最关键的因素。要抓产品质量，先要抓产品质量意识。让产品质量意识深入人心，深入每一个生产环节，这是控制产品质量的第一步。

（2）机器　机器设备、工夹具的精度和维护保养状况等。设备则是优质物料被正常使用的一个保证。“质量是企业的生命，设备是质量的生命！”要保证设备的正确维护和保养，保证设备的安全性、完好性。

（3）材料　材料的成分、物理性能和化学性能等。材料质量是直接影响产品质量的基本因素。“巧妇难为无米之炊”，再好的人员素质，面对一堆过期的原材料也没有用武之地。对物料质量的控制要做到把好采购关、检验关和使用关。

（4）工艺方法　这里包括加工工艺、工艺装备选择、操作规程等。方法包括整个生产过程中采取的技术方案、工艺流程、工艺衔接、组织措施等。

（5）测试手段　这里包括测量方法、测量工具等。要保证质量首先要根据产品的精度选择合适的测量工具，选择科学的测量方法。

（6）环境条件　工作地点的温度、湿度、照明和清洁条件等。

任务二　加 工 螺 母

一、任务分析

螺母零件如图 3-61 所示，该零件的毛坯尺寸为 30mm×26mm×25mm，需要铣削上下两平面、台阶面、倒角，钻孔、攻螺纹等。

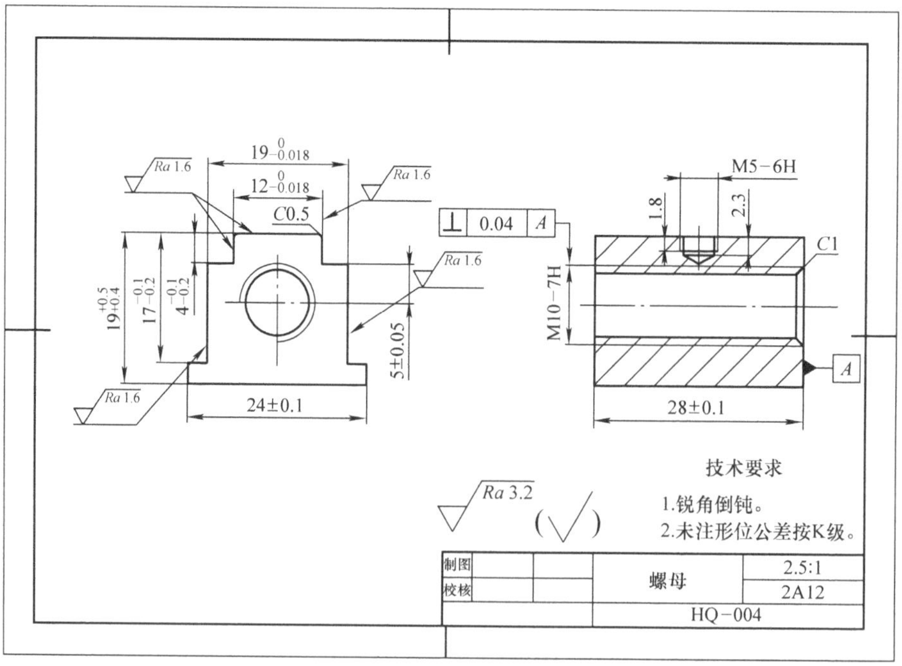

图 3-61　螺母零件

二、制订加工工艺

1. 工艺分析

（1）装夹、定位　螺母零件的所有加工内容均采用机用虎钳装夹，底部用等高垫铁垫起。

（2）工序安排

1）用等高垫铁垫起工件，保证毛坯伸出钳口20mm左右并找正夹紧工件，粗精铣平面后对刀设置坐标系，粗精铣外形、两个台阶面、倒角，钻孔。

2）手工攻螺纹。

3）卸下工件，以上平面为定位面装夹至机用虎钳，根据实测情况粗、精铣上平面，保证零件高度尺寸。

4）卸下工件，将工件立起，找正、设置坐标系，然后孔定位、钻孔。

（3）刀具、量具选择　刀具：上下平面采用 ϕ50mm 面铣刀加工，台阶面外轮廓采用 ϕ10mm 立铣刀粗、精铣，倒角采用 D6.3×90°倒角铣削，两个孔的加工分别采用 ϕ4.1mm、ϕ8.5mm 的钻头加工，M10丝锥加工螺纹孔。量具：0～100mm 游标卡尺、0～100mm 深度尺、千分尺。

（4）合理设计走刀路线　注意确定起刀点、下刀点、抬刀点、加工轨迹。

平面铣：从机用虎钳装夹方向的任何一个外侧下刀，采用行切法，粗铣时为了提高效率，双向加工，精铣时为了保证表面质量，采用单向加工。

台阶铣：由于零件无硬皮，为保证表面质量，粗、精加工采用顺铣方式，进退刀采用切向切入切出方式。

倒角铣削：利用倒角铣刀的几何参数，通过设置Z坐标值与刀具半径 D 值实现倒角尺寸的保证。

（5）确定切削用量　根据工序安排的工艺路线，确定各切削用量见表3-48。

表3-48　切削用量表

序号	加工项目	刀具	背吃刀量 a_p/mm	主轴转速 n/(r/min)	进给量 v_f/(mm/min)
1	铣平面（上下平面）	ϕ50mm 面铣刀	0.3/1（粗铣）	800	240
			0.2（精铣）	1000	150
2	铣台阶	ϕ10mm 立铣刀	≈5（粗铣）	900	180
			17（精铣）	1100	120
3	铣倒角	D6.3×90°倒角铣刀	0.5～1	800	100
4	钻孔	ϕ4.1mm 钻头	—	1000	60
5	钻孔	ϕ8.5mm 钻头	—	750	90
6	攻丝	M10 丝锥	—	300	450

2. 设计走刀路线

台阶加工从毛坯的右下角外部下刀，采用直线切进方式沿台阶轮廓进刀，在台阶左上角处直线退刀，如图 3-62 所示。

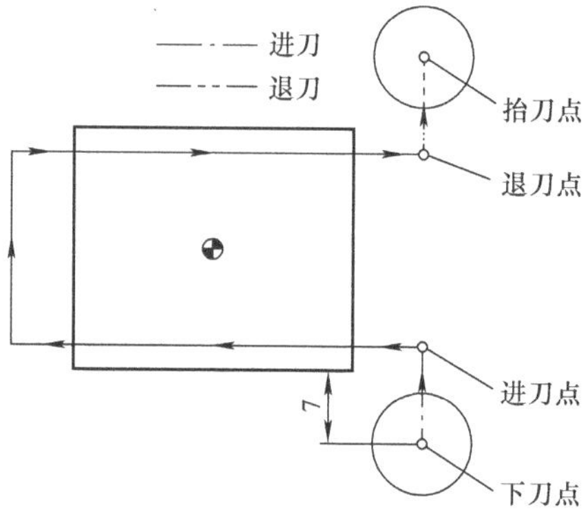

图 3-62 螺母零件走刀路线图

3. 填写工序卡片（见表 3-49）

表 3-49 数控加工工序卡片（学生填写）

零件图号	HQ-004	数控加工工序卡片	机床型号	
零件名称	螺母		机床编号	
零件材料	铝合金		使用夹具	机用虎钳

工步描述

工步编号	工步内容	刀具编号	刀具规格	主轴转速 n /(r/min)	进给速度 v_f /(mm/min)	背吃刀量 a_p /mm	刀具偏置
1							
2							
3							
4							
5							
6							
7							
8							

三、模拟加工

1. 程序编制

选择工件上表面中心处为编程原点，并将坐标偏置设置在 G54 上。

1）台阶铣削的加工参考程序见表 3-50（粗、精铣通过设置刀具半径值实现）。

表 3-50 台阶铣削的加工参考程序

程序		含义
	O0328	程序号
N2	G17 G40 G54 G90；	设置程序初始状态
N4	M3 S900；	主轴以 900r/min 的转速正转
N6	G0 X21. Y-19. Z50.；	刀具快速定位

（续）

程序		含义
N8	Z5.；	刀具快速下刀
N10	G1　Z－17.　F180；	Z 向下刀（可修改 Z 值完两个台阶面及倒角铣削）
N12	G41　D1　Y－9.5.　F180；	加入刀具半径补偿（可修改 D1 值实现两个台阶面粗精铣及倒角铣削）
N14	X－20.；	铣削台阶
N16	Y9.5.；	
N18	X21.；	
N20	G40　Y19.；	退刀并取消半径补偿
N22	Z2.；	Z 向抬刀
N24	G0　Z50.；	Z 向快速退刀
N26	M30；	程序结束

2）螺纹的加工参考程序见表 3-51。

表 3-51　螺纹的加工参考程序

程序		含义
	O0329	程序号
N2	G17　G40　G54　G90；	设置程序初始状态
N8	M29　S400；	指定刚性方式
N6	G0　X0.　Y0.　Z50.；	刀具快速定位
N12	G98　G84　Z－30.　R3.　P2.　F450；	攻螺纹
N30	G80.；	取消螺纹加工循环
N32	G0　Z50.；	Z 向快速退刀
N34	M30；	程序结束

2. 仿真加工

将加工程序输入至数控仿真软件中，并设置毛坯、刀具及坐标偏置等参数，然后利用数控仿真软件完成零件的仿真模拟加工，加工过程中注意观察程序运行状态，及时发现并纠正程序中的错误，以免在后续机床实际加工中出现干涉或撞刀等问题。

四、加工准备

1. 加工准备

1）阅读零件图，检查毛坯尺寸。

2）开机、回参考点。

3）根据数控铣床操作规程进行安全操作。注意一人操作，其他同学观察。

4）工件找正装夹。

2. 对刀，设定工件坐标系

（1）X、Y 轴对刀　将寻边器装好后安装到主轴上，分别寻边 X 轴和 Y 轴两侧，通过相对坐标值的设置找到零件中心位置。最后在坐标系设置界面中输入 X 值和 Y 值完成 X 轴和 Y 轴的对刀操作。

（2）Z 轴对刀

1）取下寻边器，装上 ϕ50mm 面铣刀。

2）MDI 方式输入“M03S700”并按“程序运行”键使主轴正转。

3）手轮方式移动刀具接近零件，并控制铣刀轻轻接触工件上表面，相对坐标 Z 值清零。

4）移动铣刀离开工件，并用手轮方式分层铣削上平面至 Z－0.5。切换至手动方式，进给倍率调整至 200mm/min 左右，然后手动控制 X 轴和 Y 轴对零件上平面进行铣削。

5）完成上平面铣削后，抬起刀具并取下，换上 ϕ10mm 立铣刀，设定 Z 值。

3. 输入程序

输入加工参考程序（略）。

4. 校验程序

校验程序的正确性（略）。

五、加工工件

1. 粗铣下层台阶

在刀补界面 D1 值对应位置输入“5.8”（单边预留 0.8mm 加工余量），然后在编辑方式调用“O0328”外轮廓加工程序，再切换至程序运行状态，打开单段执行功能，控制好进给倍率和主轴倍率，按循环启动按钮，并注意观察刀具运动情况，防止撞刀和意外，待刀具正常切削后，可关闭单段功能，但要时刻注意程序运行情况。

2. 半精铣和精铣下层台阶

粗铣完成后，在刀补界面 D1 值对应位置输入“5.4”（预留 0.4mm 精加工余量），然后按“循环启动”键，完成外轮廓的半精加工。

待程序运行结束后，手动移动工作台至便于工件测量的位置，用千分尺测量长宽尺寸，并依此计算出实际的刀补值，输入至刀补 D 值中，然后按循环启动键，完成上层台阶的精加工（见图 3-63）。

图 3-63　精铣下层台阶

精加工完成后需及时测量实际尺寸，以确定尺寸是否超差。

3. 粗铣上层台阶

在刀补界面 D1 值对应位置输入“2.3”（单边预留 0.8mm 加工余量），然后在编辑方式调用“O0328”外轮廓加工程序，将“N10　G1　Z—17.　F180;”中的 Z 值改为“－4.”，再切换至程序运行状态，按“循环启动”键，进行粗铣上层台阶。

4. 半精铣和精铣上层台阶

粗铣完成后，在刀补界面 D1 值对应位置输入“1.9”（预留 0.4mm 精加工余量），然后按“循环启动”键，完成外轮廓的半精加工。

待程序运行结束后，手动移动工作台至便于工件测量的位置，用千分尺测量长宽尺寸，并依此计算出实际的刀补值，输入至刀补 D 值中，然后按“循环启动”键，完成上层台阶的精加工（见图 3-64）。

精加工完成后需及时测量实际尺寸，以确定尺寸是否超差。

5. 铣倒角

取下 ϕ10mm 立铣刀，换上 D6.3×90°倒角铣刀，用 Z 轴设定器对刀并输入坐标值，刀补值按“$D=\phi d/2+Z_1$”公式计算“D1 =2”，Z 值按“$Z=C+Z_1$”公式计算“Z = -1.5”然后按“循环启动”键完成倒角加工（见图 3-65）。

图 3-64 精铣上层台阶

图 3-65 铣倒角

6. 孔加工

（1）孔定位 取下倒角铣刀，装上中心钻，设定 Z 值，起动主轴，利用手轮钻深 3mm 左右的中心孔（见图 3-66）。

（2）钻孔 取下中心钻，装上 ϕ4.1mm 钻头，设定 Z 值，起动主轴，利用手轮钻深 2.3mm 左右的孔（见图 3-67）。

图 3-66 钻中心孔

图 3-67 钻孔

（3）手工攻螺纹　利用 M5 丝锥攻螺纹，螺纹深度为 1.8mm 左右。

7. 铣削下平面，保证高度

以上步骤完成后，松开机用虎钳，卸下工件，清理毛刺。然后掉头，使已加工平面朝下来装夹工件，主轴换上 ϕ50mm 面铣刀，手动铣削平面至图样规定的高度尺寸（见图 3-68）。

8. 加工螺纹孔

1）松开平口钳，卸下工件，清理毛刺，然后垂直找正并装夹工件，主轴换上基准工具确定 X 和 Y 轴坐标，将工件坐标置于孔的中心（见图 3-69）。

图 3-68　保证总高度

图 3-69　对刀

2）取下基准工具，换上中心钻，设定 Z 值，起动主轴，利用手轮钻深 3mm 左右的中心孔（见图 3-70）。

3）取下中心钻，装上 ϕ8.5mm 钻头，设定 Z 值，起动主轴，利用手轮钻通孔（见图 3-71）。

图 3-70　钻中心孔

图 3-71　钻孔

4）取下钻头，装上 D6.3×90°倒角铣刀，设定 Z 值，利用手轮铣倒角 $C1$（见图 3-72）。

5）取下钻头，利用丝锥夹头装上 M10 丝锥，设定 Z 值，调用“O0329”程序，加工螺纹（见图 3-73）。

图 3-72 铣倒角

图 3-73 攻螺纹

9. 加工完成

松开夹具，卸下工件，清理机床，如图 3-74 所示。

【注意】

用面铣刀保证工件总高度时，由于采用的是大直径面铣刀，可不用编写加工程序，直接手动方式铣削即可，但一定要注意选择合适的进给倍率和控制刀具的位置及进给方向。

图 3-74 清理机床

任务考评

一、零件加工质量检测标准

螺母零件评分标准见表 3-52。

表 3-52 螺母零件评分标准

班级		姓名	学号		加工日期和时间		总分	
项目及配分	序号	技术要求	配分	评分标准		学生、小组自测	教师检测	得分
尺寸检测	1	长度（24 ±0.1） mm	5	超差 0.02 扣 1 分				
	2	宽度（28 ±0.1） mm	5	超差 0.02 扣 1 分				
	3	高度 $19^{+0.5}_{+0.4}$mm	5	超差 0.02 扣 1 分				
	4	台阶宽度 $12^{\ 0}_{-0.018}$mm	5	超差 0.01 扣 2 分				
	5	台阶宽度 $19^{\ 0}_{-0.018}$mm	5	超差 0.01 扣 2 分				
	6	台阶深度 $4^{-0.1}_{-0.2}$mm	5	超差 0.02 扣 1 分				
	7	台阶深度 $17^{-0.1}_{-0.2}$mm	5	超差 0.02 扣 1 分				
	8	螺纹 M10 －7H	5	超差不得分				

（续）

项目及配分	序号	技术要求	配分	评分标准	学生、小组自测	教师检测	得分
尺寸检测	9	螺纹位置（5 ± 0.05）mm	3	超差 0.01 扣 1 分			
	10	螺纹 M5 － 6H	5	超差不得分			
	11	有效深度 1.8mm	2	超差 0.01 扣 1 分			
	12	形位公差 ⊥ 0.04 A	2	超差 0.01 扣 2 分			
	13	倒角 *C*0.5mm	2	超差不得分			
	14	倒角 *C*1mm	2	超差不得分			
	15	表面粗糙度 *Ra*3.2μm	2	每降一级加 1 分			
	16	表面粗糙度 *Ra*1.6μm	2	每降一级扣 1 分			
编程	17	加工工序卡	10	不合理每处扣 1 分			
	18	程序正确、简单、规范	10	每错一处扣 1 分			
操作	19	机床操作规范	5	出错一次扣 1 分			
	20	工件、刀具装夹正确	5	出错一次扣 1 分			
安全文明生产	21	安全操作	5	安全事故停止操作			
	22	整理机床、维护保养	5	酌情扣分			
合计			100				

二、过程评价

1. 自评和互评标准（40%）（见表 3-53）

表 3-53　自评和互评标准表

任务名称				任务编号			
班级		姓名		学号			
评价项目	评价标准	评价结果				分项评分	
		优	良	中	差		
职业素养（自评）（10%）	按照要求出勤，着装整齐规范，遵守课堂纪律，在工作中态度端正，精神面貌好，团结协作，遵守安全操作规程，无安全事故	10	8	5	0		
工艺编制、编程与基本操作（自评）（10%）	刀具选择正确，工艺制订合理，程序编写正确	10	8	5	0		
机床操作能力（自评）（5%）	工件安装和找正方法正确，对刀操作规范，机床操作熟练，及时保养、维护和清扫设备	5	3	2	0		
零件加工质量（互评）（10%）	尺寸精度，表面质量符合图样要求，量具使用熟练规范	10	8	5	0		
日常作业完成情况（自评）（5%）	按时、认真完成	5	3	2	0		
综合评价结果							
组长		时间					

2. 教师评价标准（50%）（见表 3-54）

表 3-54　教师评价标准表

<table>
<tr><td colspan="2">任务名称</td><td colspan="2"></td><td colspan="2">任务编号</td><td colspan="3"></td></tr>
<tr><td colspan="2">班级</td><td>姓名</td><td></td><td colspan="2">学号</td><td colspan="3"></td></tr>
<tr><td colspan="2" rowspan="2">评价项目</td><td colspan="2" rowspan="2">评价标准</td><td colspan="4">评价结果</td><td rowspan="2">分项评分</td></tr>
<tr><td>优</td><td>良</td><td>中</td><td>差</td></tr>
<tr><td rowspan="3">考勤（15%）</td><td>迟到</td><td colspan="2" rowspan="3">无迟到、早退、旷课现象</td><td>5</td><td>4</td><td>3</td><td>0</td><td></td></tr>
<tr><td>早退</td><td>5</td><td>4</td><td>3</td><td>0</td><td></td></tr>
<tr><td>旷课</td><td>5</td><td>4</td><td>3</td><td>0</td><td></td></tr>
<tr><td rowspan="5">工作任务完成情况（30%）</td><td>加工工艺</td><td colspan="2">能独立制订任务所规定零件的数控加工工艺</td><td>5</td><td>4</td><td>3</td><td>0</td><td></td></tr>
<tr><td>程序编制</td><td colspan="2">格式正确，代码使用正确，与工艺对应性好，整体优化</td><td>5</td><td>4</td><td>3</td><td>0</td><td></td></tr>
<tr><td>操作规范</td><td colspan="2">对刀规范，无加工碰撞与干涉，对加工过程中出现的异常情况做出正确处理</td><td>5</td><td>4</td><td>3</td><td>0</td><td></td></tr>
<tr><td>零件加工质量</td><td colspan="2">达到图样要求的精度、表面粗糙度和有关技术要求</td><td>10</td><td>8</td><td>5</td><td>0</td><td></td></tr>
<tr><td>职业素质</td><td colspan="2">着装整齐规范、遵守课堂纪律，在工作中劳动态度端正，精神面貌好，团结协作，遵守安全操作规程，无安全事故；及时保养、维护和清扫设备</td><td>5</td><td>4</td><td>3</td><td>0</td><td></td></tr>
<tr><td rowspan="2">任务报告（5%）</td><td>完成时间</td><td colspan="2">按时完成</td><td>2</td><td>1</td><td>0</td><td>0</td><td></td></tr>
<tr><td>报告环节</td><td colspan="2">内容正确、任务（项目）报告环节完整，书写整齐、字体工整</td><td>3</td><td>2</td><td>1</td><td>0</td><td></td></tr>
<tr><td colspan="4">综合评价结果</td><td colspan="4"></td><td></td></tr>
<tr><td colspan="2">教师</td><td colspan="2"></td><td>时间</td><td colspan="4"></td></tr>
</table>

注：教师评价表由教师填写，学生不准填写。

3. 讨论评价标准（10%）（见表 3-55）

表 3-55　讨论评价标准表

<table>
<tr><td rowspan="2">评价项目</td><td rowspan="2">评价标准</td><td colspan="4">评价结果</td><td rowspan="2">分项评分</td></tr>
<tr><td>优</td><td>良</td><td>中</td><td>差</td></tr>
<tr><td>参与程度（2%）</td><td>积极讨论、积极寻找解决方案</td><td>2</td><td>1</td><td>0.5</td><td>0</td><td></td></tr>
<tr><td>是否完成一定的任务（2%）</td><td>担任一个角色促进任务的完成</td><td>2</td><td>1</td><td>0.5</td><td>0</td><td></td></tr>
<tr><td>小组汇报情况（2%）</td><td>组内轮流派人汇报交流，汇报者口齿清楚、声音洪亮、条理清晰</td><td>2</td><td>1</td><td>0.5</td><td>0</td><td></td></tr>
<tr><td>讨论结果（4%）</td><td>讨论结果思路清晰、理由充分、结果可行</td><td>4</td><td>3</td><td>2</td><td>1</td><td></td></tr>
<tr><td colspan="2">合计（总分）</td><td colspan="4"></td><td></td></tr>
</table>

4. 实训鉴定（见表3-56）

表3-56 实训鉴定表

自我鉴定	通过本任务学习，同学们的收获有： 学生签名：________ ______年___月___日
指导教师鉴定	 指导教师签名：________ ______年___月___日

任务三　加工活钳体

一、任务分析

活钳体零件如图3-75所示。该零件毛坯尺寸为44mm×32mm×22mm，需要铣削外形、矩形槽、台阶面、倒角以及钻孔，其中矩形槽需要与螺母零件间隙配合，要求精度高、表面粗糙度值小。

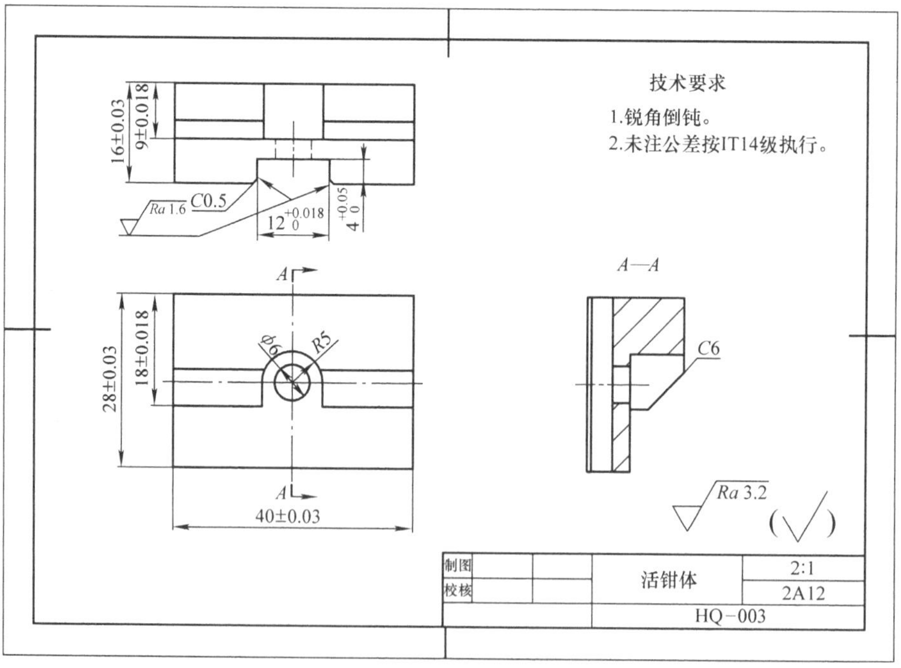

图3-75　活钳体零件

二、制订加工工艺

1. 工艺分析

（1）装夹、定位 该零件加工需要上下平面分别做定位面进行两次装夹，均采用机用虎钳加等高垫铁的方式完成定位和装夹操作。

（2）工序安排 加工顺序根据“基面先行，先粗后精”的原则，考虑到该零件需要与基本体零件及螺母零件进行装配，因此制订工序步骤如下。

1）毛坯底面（44mm×32mm）用等高垫铁垫起，保证毛坯伸出钳口17mm并找正夹紧工件，粗、精铣平面后对刀设置坐标系，粗、精铣40mm×28mm矩形外轮廓及宽12mm矩形槽，铣*C*0.5倒角。

2）卸下工件，以上平面为定位面装夹在机用虎钳上，根据实测情况粗、精铣上平面，保证零件高度尺寸；对刀设置坐标系，粗、精铣台阶面及*R*5mm凹槽，钻ϕ6mm孔，铣*C*6倒角。

（3）刀具、量具选择 刀具：上下平面采用ϕ50mm面铣刀加工，外轮廓采用ϕ12mm立铣刀粗精铣，矩形槽及台阶面和*R*5mm凹槽采用ϕ10mm立铣刀粗、精铣，用ϕ6mm钻头钻孔，用ϕ10mm倒角铣刀加工倒角。量具：0～150mm游标卡尺、0～150mm深度尺、千分尺、内测千分尺。

（4）合理设计走刀路线 注意确定起刀点、下刀点、抬刀点、加工轨迹。

平面铣：自机用虎钳装夹方向的任何一个外侧下刀，采用行切法，粗铣时为了提高效率，双向加工，精铣时为了保证表面质量，采用单向加工。

轮廓铣：由于零件无硬皮，为保证表面质量，粗、精加工采用顺铣方式，进退刀采用沿切向直线切入切出方式。

钻孔：由于孔精度要求较低，零件材料较易加工，可采用钻头直接钻削方式。

（5）确定切削用量 根据工序安排的工艺路线，确定各切削用量见表3-57。

表3-57 切削用量表

序号	加工项目	刀具	背吃刀量a_p/mm	主轴转速n/（r/min）	进给量v_f/（mm/min）
1	铣上平面	ϕ50mm面铣刀	0.3/1（粗铣）	800	240
			0.2（精铣）	1000	150
2	铣外轮廓及台阶面	ϕ12mm立铣刀	≈8（粗铣）	900	240
			16/9（精铣）	1100	150
3	铣矩形槽	ϕ10mm立铣刀	≈4（粗铣）	1000	200
			4（精铣）	1200	120
4	钻孔	ϕ6mm钻头	—	1000	80
5	铣倒角	D6.3×90°倒角铣刀	0.5～1	800	100
6	铣倒角	D30×90°倒角铣刀	≈3（粗铣）	600	150
			0.2（精铣）	800	100

2. 设计走刀路线

外轮廓加工从轮廓右上角处下刀，矩形槽加工从上边中心处下刀，均在材料外部采用沿垂向直线方式进退刀，如图3-76a所示；台阶面铣削从右侧下刀，并在材料外部采用沿垂向直线方式进退刀，如图 3-76b 所示。

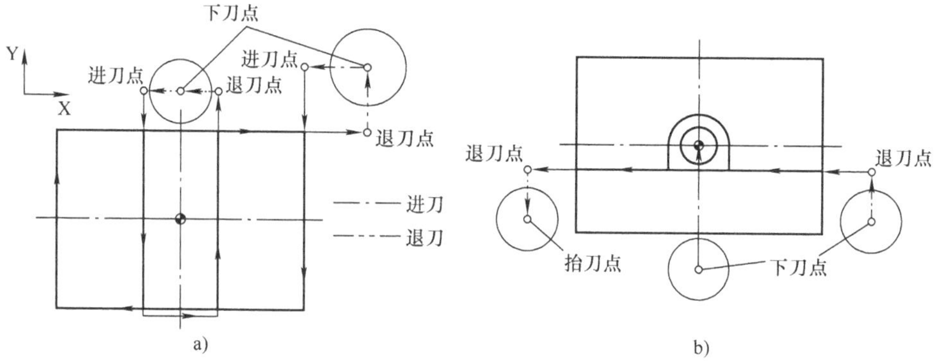

图 3-76　走刀路线图

a）外轮廓及矩形槽铣削进退刀　b）台阶面铣削进退刀

3. 填写数控加工工序卡片（见表 3-58）

表 3-58　数控加工工序卡片（学生填写）

零件图号	HQ－003	数控加工工序卡片	机床型号	
零件名称	活钳体		机床编号	
零件材料	铝合金		使用夹具	机用虎钳

工步描述							
工步编号	工步内容	刀具编号	刀具规格	主轴转速 n /(r/min)	进给速度 v_f /(mm/min)	背吃刀量 a_p /mm	刀具偏置
1							
2							
3							
4							
5							
6							
7							
8							

三、模拟加工

1. 程序编制

选择工件上表面的中心处为编程原点，并将坐标偏置设置在 G54 上。

1）外轮廓铣削的加工参考程序见表 3-59（粗、精铣通过设置刀具半径值实现）。

表 3-59　外轮廓铣削的加工参考程序

程序		含义
	O0330	程序号
N2	G17　G40　G54　G90；	设置程序初始状态
N4	M3　S900；	主轴以 900r/min 的转速正转
N6	G0　X28.　Y22.　Z50.；	刀具快速定位
N8	Z5.；	刀具快速下刀
N10	G1　Z－10.　F150；	Z 向下刀（可修改此值完成粗铣的分层铣削）
N12	G41　D1　X20.　F220；	加入刀具半径补偿

（续）

程序		含义
N14	Y－14.；	铣削外轮廓，设置各倒圆角参数
N16	X－20.；	
N18	Y14.；	
N20	X28.；	
N22	G40 G1 Y22.；	取消半径补偿
N24	Z2.；	Z向抬刀
N26	G0 Z50.；	Z向快速退刀
N28	M30；	程序结束

2）矩形槽铣削的加工参考程序见表3-60。

表3-60 矩形槽铣削的加工参考程序

程序		含义
	O0331	程序号
N2	G17 G40 G54 G90；	设置程序初始状态
N4	M3 S1000；	主轴以1000r/min的转速正转
N6	G0 X0. Y20. Z50.；	刀具快速定位
N8	Z5.；	刀具快速下刀
N10	G1 Z－4.03 F80；	Z向下刀
N12	G41 D1 X－6. F200；	加入刀具半径补偿
N14	Y－15.；	铣削矩形槽
N16	X6.；	
N18	Y20.；	
N20	G40 G1 X0.；	取消半径补偿
N22	Z2.；	Z向抬刀
N24	G0 Z50.；	Z向快速退刀
N26	M30；	程序结束

3）铣削台阶面的加工参考程序见表3-61。

表3-61 铣削台阶面的加工参考程序

程序		含义
	O0332	程序号
N2	G17 G40 G54 G90；	设置程序初始状态
N4	M3 S1000；	主轴以1000r/min的转速正转
N6	G0 X28. Y－12. Z50.；	刀具快速定位
N8	Z5.；	刀具快速下刀
N10	G1 Z－9. F200；	Z向下刀
N12	G41 D1 Y－4.；	加入刀具半径补偿
N14	X－28.；	铣削台阶面
N16	G40 G1 X－12.；	取消半径补偿
N18	Z5.；	Z向抬刀
N20	M00；	程序暂停，手动抬刀测量工件并输入刀补值，然后重新运行程序实现精加工

（续）

程序		含义
N22	X0.；	刀具定位
N24	G1　Z－9.；	Z 向下刀
N26	Y0.；	铣削 *R*5mm 凹槽
N28	Z2.	Z 向抬刀
N30	G0　Z50.；	Z 向快速退刀
N32	M30；	程序结束

2. 仿真加工

将加工程序输入至数控仿真软件中，并设置毛坯、刀具及坐标偏置等参数，然后利用数控仿真软件完成零件的仿真模拟加工，加工过程中注意观察程序运行状态，及时发现并纠正程序中的错误，以免在后续机床实际加工中出现干涉或撞刀等问题。

四、加工准备

1. 加工准备

1）阅读零件图，检查毛坯尺寸。

2）开机、回参考点。

3）根据数控铣床操作规程进行安全操作，注意一人操作，其他同学观察。

4）工件找正装夹。

2. 对刀，设定工件坐标系

（1）X、Y 轴对刀　将寻边器装好后安装到主轴上，分别在寻 X 向和 Y 向两侧边，通过相对坐标值的设置找到零件中心位置，如图 3-77 所示。最后在坐标系设置界面中输入 X 值和 Y 值完成 X 轴和 Y 轴的对刀操作。

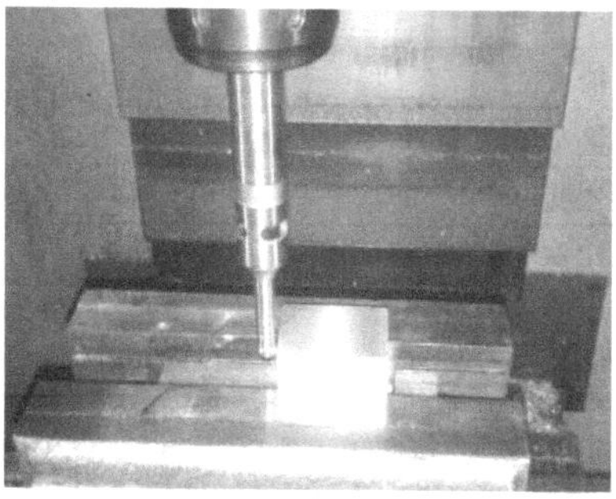

a)

b)

图 3-77　X、Y 轴对刀

a）X 向寻边　b）Y 向寻边

（2）Z 轴对刀

1）取下寻边器，装上 ϕ50mm 面铣刀。

2）MDI 方式输入“M03S700”并按“程序运行”键使主轴正转。

3）手轮方式移动刀具接近零件，并控制铣刀轻轻接触零件上平面。

4）移动铣刀沿 Y 向离开零件，Z 向用手轮下降 0.3mm 左右。

5）切换至手动方式，进给倍率调整至 200mm/min 左右，然后手动控制 X 轴和 Y 轴对零件上平面进行铣削。

6）完成上平面铣削后，抬起刀具并取下，换上 ϕ12mm 立铣刀，并将 Z 轴设定器放于工件上平面上。

7）手轮移动 Z 轴下刀，轻轻接触 Z 轴设定器，待指示灯亮后，反向移动 Z 轴一格，然后将手轮倍率调至 0.01 档位，再控制手轮向 Z 负方向移动，待指示灯亮后，表示当前 Z 坐标为 Z50，将此值输入至坐标系设置界面中的 Z 轴参数里完成 Z 轴对刀。

3. 输入程序

输入加工参考程序（略）。

4. 校验程序

把工件坐标系的 Z 轴朝正方向平移 50mm ，方法是在 00 G54 的 Z 中设为 50，按下“循环启动”键，降低进给速度，检查刀具运动是否正确。

五、加工工件

1. 粗铣外轮廓

在刀补界面 D1 值对应位置输入“6.8”（单边预留 0.8mm 加工余量），然后在编辑方式调用“O0330”外轮廓加工程序，切换至程序运行状态，打开单段执行功能，控制好进给倍率和主轴倍率，按“循环启动”键，并注意观察刀具运动情况，防止撞刀和意外，待刀具正常切削后，可关闭单段功能，但要时刻注意程序运行情况。

2. 半精铣和精铣外轮廓

粗铣完成后，在刀补界面 D1 值对应位置输入“6.4”（预留 0.4mm 精加工余量），然后按“循环启动”键，完成外轮廓的半精加工。

待程序运行结束后，手动移动工作台至便于工件测量的位置，用千分尺测量长宽尺寸，并依此计算出实际的刀补值，输入至刀补 D 值中，然后按循环启动键，完成外轮廓的精加工（见图 3-78）。

精加工完成后需及时测量实际尺寸，以确定尺寸是否超差。

3. 粗、精铣矩形槽

取下 ϕ12mm 立铣刀，换上 ϕ10mm 立铣刀，用 Z 轴设定器对刀并输入坐标值，调用“O0331”矩形槽加工程序，采用粗铣→半精铣→精铣的步骤完成矩形槽的粗、精铣削，如图 3-79 所示。

4. 铣削 *C*0.5 倒角

取下 ϕ10mm 立铣刀，换上 D6.3 × 90°倒角铣刀，Z 轴设定器对刀并输入坐标值，修改“O0331”程序中 N10 程序段的“Z－4.03”为“Z－1.5”，并将半径补偿 D 值修改为“2”，然后按“循环启动”键完成倒角加工，如图 3-80 所示。

5. 铣削下平面，保证高度

以上步骤完成后，松开机用虎钳，卸下工件，清理毛刺，然后已加工平面朝下装夹找正工件，主轴换上 ϕ63mm 面铣刀，手动铣削平面至图样规定的高度尺寸。

6. 粗精铣台阶面及 *R*5mm 凹槽

1）主轴换上光电式寻边器，分别沿 X 轴和 Y 轴找到工件中心，对刀设置坐标系。

2）取下寻边器，换上 ϕ10mm 立铣刀，用 Z 轴设定器完成 Z 轴对刀。

3）调用“O0332”台阶面铣削加工程序，按粗精铣的步骤完成台阶面及 *R*5mm 凹槽的加工，如图 3-81 所示。

图 3-78　精铣外轮廓

图 3-79　矩形槽铣削

图 3-80　铣削 *C*0.5 倒角

图 3-81　铣台阶面及 *R*5 凹槽

7. 钻 ϕ6mm 孔

主轴取下 ϕ10mm 立铣刀并换上 ϕ6mm 钻头，用手动方式完成钻孔加工，如图 3-82 所示。

8. 铣 *C*6 倒角

主轴取下 ϕ6mm 钻头并换上 D30×90°倒角铣刀，将半径补偿 D 值修改为“3”，然后分别修改“O0332”程序中 N10 程序段的“Z－9.”为“Z－4.”、“Z－6.8”和“Z－7.”，并依次运行程序完成 *C*6 倒角的铣削加工，如图 3-83 所示。

图 3-82　钻 ϕ6 孔

图 3-83　铣 *C*6 倒角

9. 加工完成

松开夹具，卸下工件，清理机床。

【注意】

对于大倒角的铣削加工，由于去除材料较多，可以采用 Z 向分层下刀铣削的方式完成，以有效降低刀具的磨损和机床振动，提高倒角表面质量。

任务考评

一、零件加工质量检测标准

活钳体零件评分标准见表 3-62。

表 3-62　活钳体零件评分标准

班级		姓名	学号		加工日期和时间		总分	
项目及配分	序号	技术要求	配分	评分标准		学生、小组自测	教师检测	得分
尺寸检测	1	长度（40 ±0.03）mm	6	超差 0.01 扣 1 分				
	2	宽度（28 ±0.03）mm	6	超差 0.01 扣 1 分				
	3	高度（16 ±0.03）mm	6	超差 0.01 扣 1 分				
	4	矩形槽宽度 $12^{+0.018}_{0}$ mm	6	超差 0.01 扣 2 分				
	5	矩形槽深度 $4^{+0.05}_{0}$ mm	6	超差 0.01 扣 1 分				
	6	*C*0.5 倒角	4	超差不得分				
	7	台阶面宽（18 ±0.018）mm	6	超差 0.01 扣 1 分				
	8	台阶面深（9 ±0.018）mm	6	超差 0.01 扣 1 分				
	9	凹槽 *R*5mm	4	超差不得分				
	10	内孔直径 ϕ6mm	2	超差不得分				
	11	*C*6 倒角	4	超差不得分				
	12	表面粗糙度 *Ra*1.6μm	4	超差不得分				
编程	13	加工工序卡	10	不合理每处扣 1 分				
	14	程序正确、简单、规范	10	每错一处扣 1 分				
操作	15	机床操作规范	5	出错一次扣 1 分				
	16	工件、刀具装夹正确	5	出错一次扣 1 分				
安全文明生产	17	安全操作	5	安全事故停止操作				
	18	整理机床、维护保养	5	酌情扣分				
合计			100					

二、过程评价

1. 自评和互评标准（40%）（见表3-63）

表3-63 自评和互评标准表

任务名称				任务编号		
班级		姓名		学号		
评价项目	评价标准	评价结果				分项评分
		优	良	中	差	
职业素养（自评）（10%）	按照要求出勤，着装整齐规范，遵守课堂纪律，在工作中态度端正，精神面貌好，团结协作，遵守安全操作规程，无安全事故	10	8	5	0	
工艺编制、编程与基本操作（自评）（10%）	刀具选择正确，工艺制订合理，程序编写正确	10	8	5	0	
机床操作能力（自评）（5%）	工件安装和找正方法正确，对刀操作规范，机床操作熟练，及时保养、维护和清扫设备	5	3	2	0	
零件加工质量（互评）（10%）	尺寸精度，表面质量符合图样要求，量具使用熟练规范	10	8	5	0	
日常作业完成情况（自评）（5%）	按时、认真完成	5	3	2	0	
综合评价结果						
组长		时间				

2. 教师评价标准（50%）（见表3-64）

表3-64 教师评价标准表

任务名称						任务编号	
班级			姓名			学号	
评价项目		评价标准	评价结果				分项评分
			优	良	中	差	
考勤（15%）	迟到	无迟到、早退、旷课现象	5	4	3	0	
	早退		5	4	3	0	
	旷课		5	4	3	0	
工作任务完成情况（30%）	加工工艺	能独立制订任务所规定零件的数控加工工艺	5	4	3	0	
	程序编制	格式正确，代码使用正确，与工艺对应性好，整体优化	5	4	3	0	
	操作规范	对刀规范，无加工碰撞与干涉，对加工过程中出现的异常情况做出正确处理	5	4	3	0	
	零件加工质量	达到图样要求的精度、表面粗糙度和有关技术要求	10	8	5	0	
	职业素质	着装整齐规范，遵守课堂纪律，在工作中态度端正，精神面貌好，团结协作，遵守安全操作规程，无安全事故；及时保养、维护和清扫设备	5	4	3	0	

（续）

评价项目		评价标准	评价结果				分项评分
			优	良	中	差	
任务报告（5%）	完成时间	按时完成	2	1	0	0	
	报告环节	内容正确、任务（项目）报告环节完整，书写整齐、字体工整	3	2	1	0	
综合评价结果							
教师			时间				

注：教师评价表由教师填写，学生不准填写。

3. 讨论评价标准（10%）（见表3-65）

表3-65 讨论评价标准表

评价项目	评价标准	评价结果				分项评分
		优	良	中	差	
参与程度（2%）	积极讨论、积极寻找解决方案	2	1	0.5	0	
是否完成一定的任务（2%）	担任一个角色促进任务的完成	2	1	0.5	0	
小组汇报情况（2%）	组内轮流派人汇报交流，汇报者口齿清楚、声音洪亮、条理清晰	2	1	0.5	0	
讨论结果（4%）	讨论结果思路清晰、理由充分、结果可行	4	3	2	1	
合计（总分）						

4. 实训鉴定（见表3-66）

表3-66 实训鉴定表

自我鉴定	通过本任务学习，同学们的收获有： 学生签名：__________ ______年____月____日
指导教师鉴定	指导教师签名：__________ ______年____月____日

任务四　加工底座

一、任务分析

底座零件如图 3-84 所示，该零件的毛坯尺寸为 75mm × 55mm × 15mm，需要铣削上下两面、外形、左右两凹槽，钻两个 ϕ5mm 的孔以及铣削两个 ϕ10mm 的沉头孔，其中两孔需要和基本体上孔装配，位置精度要求较高。

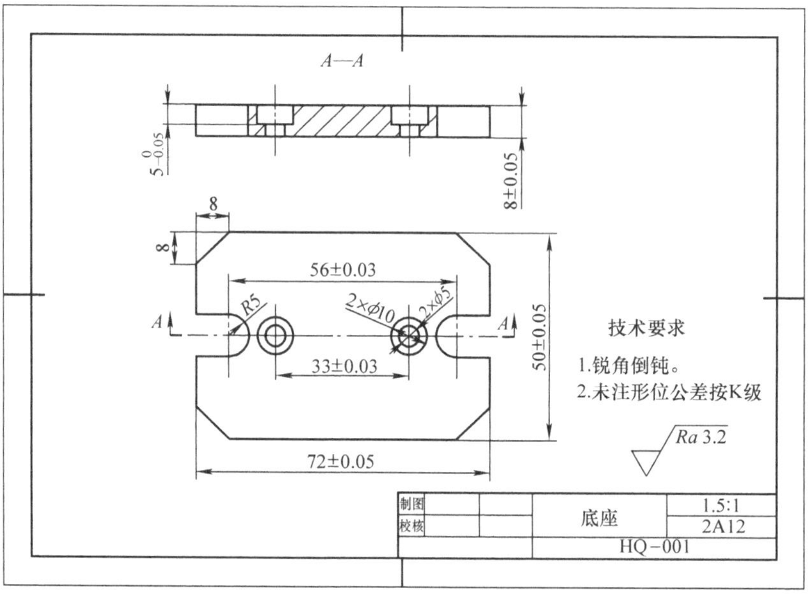

图 3-84　底座零件

二、制订加工工艺

1. 工艺分析

（1）装夹、定位　该零件所有的加工内容，均采用机用虎钳装夹，底部用等高垫铁垫起。

（2）工序安排　加工顺序根据“基面先行，先粗后精”的原则，考虑到该零件需要铣削外轮廓形状，因此制订工序步骤如下。

1）用等高垫铁垫起工件，保证毛坯伸出钳口 9mm 左右并找正夹紧工件，粗、精铣平面后对刀设置坐标系，粗、精铣外轮廓，铣削两凹槽，钻孔，铣削沉孔。

2）卸下工件，以上平面为定位面用机用虎钳装夹，根据实测情况粗、精铣上平面，保证零件高度尺寸。

（3）刀具、量具选择　刀具：上下平面采用 ϕ50mm 面铣刀加工，外轮廓采用 ϕ10mm 立铣刀粗、精铣，两凹槽采用 ϕ10mm 立铣刀一次加工成形，2 × ϕ5mm 和 2 × ϕ9mm 孔采用中心钻定位，用 ϕ5mm 钻头钻孔，用 ϕ10mm 的立铣刀铣沉孔。量具：0 ~ 100mm 游标卡尺、

0～100mm 深度尺、千分尺、内测千分尺。

（4）合理设计走刀路线　注意确定起刀点、下刀点、抬刀点、加工轨迹。

平面铣：自机用虎钳装夹方向的任何一个外侧下刀，采用行切法，粗铣时为了提高效率，双向加工，精铣时为了保证表面质量，采用单向加工。

轮廓铣：由于零件无硬皮，为保证表面质量，粗、精加工采用顺铣方式，进退刀采用圆弧切入切出方式。

（5）确定切削用量　根据工序安排的工艺路线，确定各切削用量见表 3-67。

表 3-67　切削用量

序号	加工项目	刀具	背吃刀量 a_p/mm	主轴转速 n/(r/min)	进给量 v_f/(mm/min)
1	铣上平面	ϕ50mm 面铣刀	0.5（粗铣）	500	300
			0.2（精铣）	700	200
2	铣外轮廓	ϕ10mm 立铣刀	5（粗铣）	1000	240
			10（精铣）	1200	150
3	铣削两凹槽	ϕ10mm 立铣刀	10	1000	100
4	钻孔	ϕ5mm 钻头	—	800	70
5	铣沉头孔	ϕ10mm 立铣刀	—	1000	100

2. 设计走刀路线

外轮廓加工从轮廓上方的中点处进刀，采用圆弧切入切出方式进退刀，走刀路线如图 3-85 所示。

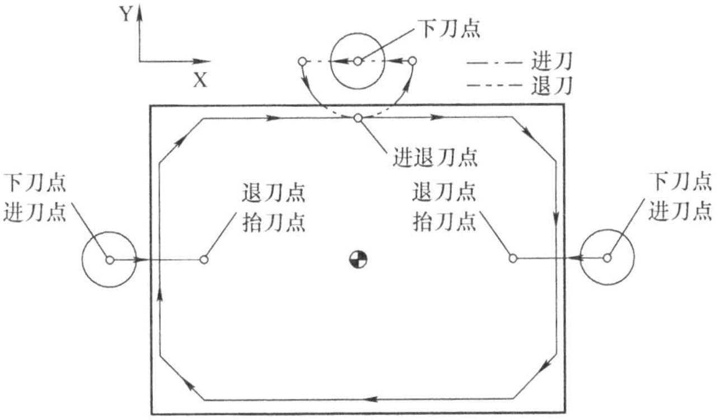

图 3-85　走刀路线图

3. 填写工序卡片（见表 3-68）

表 3-68　数控加工工序卡片（学生填写）

零件图号	TQ－001	数控加工工序卡片	机床型号	
零件名称	底座		机床编号	
零件材料	铝合金		使用夹具	机用虎钳

工步描述

工步编号	工步内容	刀具编号	刀具规格	主轴转速 n/(r/min)	进给速度 v_f/(mm/min)	背吃刀量 a_p/mm	刀具偏置
1							
2							

（续）

工步编号	工步内容	刀具编号	刀具规格	主轴转速 n /(r/min)	进给速度 v_f /(mm/min)	背吃刀量 a_p /mm	刀具偏置
3							
4							
5							
6							
7							
8							

三、模拟加工

1. 程序编制

选择工件上表面中心处为编程原点，并设置为G54。

1）外轮廓铣削的加工参考程序　见表3-69（粗、精铣通过设置刀具半径值实现）。

表3-69　外轮廓铣削的加工参考程序

程序		含义
	O0333	程序号
N2	G17　G40　G54　G90；	设置程序初始状态
N4	M3　S1000；	主轴以1000r/min的转速正转
N6	G0　X0.　Y35.　Z50.；	刀具快速定位
N8	Z5.；	刀具快速下刀
N10	G1　Z－10.　F100；	Z向下刀（可修改此值完成粗铣的分层铣削）
N12	G41　D1　X－10.　F240；	加入刀具半径补偿
N14	G3　X0.　Y25.　R10.；	圆弧切向进刀
N16	G1　X28.；	铣削外轮廓
N18	X36. Y17.；	
N20	Y－17.；	
N22	X28. Y－25.；	
N24	X－28.；	
N26	X－36. Y－17.；	
N28	Y17.；	
N30	X－28. Y25.；	
N32	X0.；	

（续）

程序		含义
N34	G3 X10. Y35. R10. ;	圆弧切向退刀
N36	G40 G1 X0. ;	取消半径补偿
N38	Z2. ;	Z 向抬刀
N40	G0 Z50. ;	Z 向快速退刀
N42	M30;	程序结束

2）铣削两凹槽的加工参考程序见表 3-70。

表 3-70 铣削两凹槽的加工参考程序

程序		含义
	O0334	程序号
N2	G17 G40 G54 G90;	设置程序初始状态
N4	M3 S1000;	主轴以 1000r/min 的转速正转
N6	G0 X-45. Y0. Z50. ;	刀具快速定位
N8	Z5. ;	刀具快速下刀
N10	G1 Z-10. F100;	Z 向下刀（可修改此值完成粗铣的分层铣削）
N12	X-28. ;	铣削左边凹槽
N14	Z5. F500;	抬刀
N16	G0 X45. ;	快速定位
N18	G1 Z-10. F100;	Z 向下刀（可修改此值完成粗铣的分层铣削）
N20	X28. ;	铣削右边凹槽
N22	Z5. F500;	Z 向抬刀
N24	G0 Z50. ;	Z 向快速退刀
N26	M30;	程序结束

3）钻孔、铣沉孔的加工参考程序见表 3-71。

表 3-71 钻孔、铣沉孔的加工参考程序

程序		含义
	O0335	程序号
N2	G17 G40 G54 G90;	设置程序初始状态
N4	M3 S800;	主轴以 800r/min 的转速正转
N6	G0 X0. Y0. Z50. ;	刀具快速定位
N8	G99 G81 X-16.5 Y20. Z-12. R3. F80;	设定 G81 参数并钻第一个孔，将 Z 值改为 -5 铣削沉孔
N10	X16.5;	钻第二个孔
N12	G80 G0 Z50. ;	取消钻孔循环，Z 向快速退刀
N14	M30;	程序结束

2. 仿真加工

将加工程序输入至数控仿真软件中，并设置毛坯、刀具及坐标偏置等参数，然后利用数控仿真软件完成零件的仿真模拟加工，加工过程中注意观察程序运行状态，及时发现并纠正程序中的错误，以免在后续机床实际加工中出现干涉或撞刀等问题。

四、加工准备

1. 加工准备

1）阅读零件图，检查毛坯尺寸。

2）开机、回参考点。

3）根据数控铣床操作规程进行安全操作，注意一人操作，其他同学观察。

4）工件找正装夹。

2. 对刀，设定工件坐标系

（1）X、Y 轴对刀　将寻边器装好后安装到主轴上，分别沿 X 向和 Y 向两侧寻边，通过相对坐标值的设置找到零件中心位置，如图 3-86 所示。最后在坐标系设置界面中输入 X 值和 Y 值，完成 X 轴和 Y 轴的对刀操作。

a)　　b)

图 3-86　X、Y 轴对刀

a）X 向寻边　b）Y 向寻边

（2）Z 轴对刀

1）取下寻边器，装上 ϕ50mm 面铣刀。

2）MDI 方式输入“M03S500”并按“程序运行”键使主轴正转。

3）手轮方式移动刀具接近零件，并控制铣刀轻轻接触零件上平面。

4）移动铣刀沿 Y 向离开零件，Z 向用手轮下降 0.5mm 左右。

5）切换至手动方式，进给倍率调整至 200mm/min 左右，然后手动控制 X 轴和 Y 轴对零件上平面进行铣削。

6）完成上平面铣削后，抬起刀具并取下，换上 ϕ10mm 立铣刀，并将 Z 轴设定器放于工件上平面上。

7）手轮移动 Z 轴下刀，轻轻接触 Z 轴设定器，待指示灯亮后，反向移动 Z 轴一格，然后将手轮倍率调至 0.01 档位，再控制手轮向 Z 负方向移动，待指示灯亮后（见图 3-87），表示当前 Z 坐标为 Z50，将此值输入至坐标系设置界面中的 Z 轴参数框内，完成 Z 轴对刀。

3. 输入程序

输入加工参考程序（略）。

4. 校验程序

把工件坐标系的Z轴朝正方向平移50mm，方法是在00 G54的Z中设为50，按下“循环启动”键，降低进给速度，检查刀具运动是否正确。

图3-87 Z轴对刀

五、加工工件

1. 粗铣外轮廓

在刀补界面D1值对应位置输入“5.6”（单边预留0.6mm加工余量），然后在编辑方式调用“O0333”外轮廓加工程序，切换至程序运行状态，打开单段执行功能，控制好进给倍率和主轴倍率，按“循环启动”按钮，并注意观察刀具运动情况，防止撞刀和意外，待刀具正常切削后，可关闭单段功能，但要时刻注意程序运行情况。

2. 半精铣和精铣外轮廓

粗铣完成后，在刀补界面D1值对应位置输入“5.3”（预留0.3mm精加工余量），然后按“循环启动”键，完成外轮廓的半精加工。

待程序运行结束后，手动移动工作台至便于工件测量的位置，用千分尺测量长宽尺寸，并依此计算出实际的刀补值，输入至刀补D值中，然后按“循环启动”键，完成外轮廓的精加工（见图3-88）。

精加工完成后需及时测量实际尺寸，以确定尺寸是否超差。

3. 铣削两侧凹槽

刀具不变，调用“O0334”内轮廓加工程序，铣削两侧凹槽（见图3-89）。

图3-88 精铣外轮廓

图3-89 铣削两侧凹槽

4. 孔的加工

（1）孔定位 取下ϕ10mm立铣刀，将快换夹头装上中心钻并安装至主轴上，Z轴对刀在G55中设定坐标值，调用“O0335”钻孔程序，将程序中的“G54”改成“G55”，将G81

指令中的“Z－12.”改为“Z－3.”，然后运行程序完成中心钻的孔定位加工（见图3-90）。

（2）钻孔　取下快换夹头上的中心钻，换上 ϕ5mm 钻头，Z 轴对刀在 G55 中设定坐标值，将“O0335”程序中的“Z－3.”改回“Z－12.”，然后运行程序完成钻孔加工（见图3-91）。

图3-90　钻中心孔

图3-91　钻孔

（3）铣沉孔　取下快换夹头，换回 ϕ10mm 立铣刀，Z 轴对刀设定坐标值，将“O0335”程序中的“S800”改为“S300”，“G55”改成“G54”，G81 指令中的“Z－12.”改为“Z－5.”，然后运行程序完成沉孔加工（见图3-92）。

5. 铣削下平面，保证高度

以上步骤完成后，松开机用虎钳，卸下工件，清理毛刺，然后已加工平面朝下装夹工件，主轴换上 ϕ50mm 面铣刀，手动铣削平面至图样规定的高度尺寸（见图3-93）。

图3-92　铣沉孔

图3-93　保证总高度

6. 加工完成

松开夹具，卸下工件，清理机床（见图3-94）。

图3-94　清理机床

【注意】

1）钻削 ϕ5mm 孔时，要考虑钻尖的影响，下刀尽量深一些。

2）铣削左右两侧凹槽时，由于切削刃负荷很大，所以进给速度不能过大，防止崩刀。

任务考评

一、零件加工质量检测标准

底座零件评分标准见表3-72。

表 3-72 底座零件评分标准

班级		姓名		学号		加工日期和时间		总分	
项目及配分	序号	技术要求		配分	评分标准		学生、小组自测	教师检测	得分
尺寸检测	1	长度72 $^{+0.05}_{-0.05}$mm		6	超差0.01扣1分				
	2	宽度50 $^{+0.05}_{-0.05}$mm		6	超差0.01扣1分				
	3	高度8 $^{+0.05}_{-0.05}$mm		6	超差0.01扣1分				
	4	孔径 ϕ10mm（2处）		6	超差不得分				
	5	孔径 ϕ5mm（2处）		6	超差不得分				
	6	沉孔深度5 $^{0}_{-0.05}$mm（2处）		6	超差0.01扣2分				
	7	孔距33 $^{+0.03}_{-0.03}$mm		6	超差0.01扣2分				
	8	孔距56 $^{+0.03}_{-0.03}$mm		6	超差0.01扣2分				
	9	斜线长度8mm（4处）		4	超差不得分				
	10	圆角半径 R5mm（2处）		4	超差不得分				
	11	表面粗糙度 Ra1.6μm		4	每降一级扣1分				
编程	12	加工工序卡		10	不合理每处扣1分				
	13	程序正确、简单、规范		10	每错一处扣1分				
操作	14	机床操作规范		5	出错一次扣1分				
	15	工件、刀具装夹正确		5	出错一次扣1分				
安全文明生产	16	安全操作		5	安全事故停止操作				
	17	整理机床、维护保养		5	酌情扣分				
合计				100					

二、过程评价

1. 自评和互评标准（40%）（见表3-73）

表 3-73 自评和互评标准表

任务名称			任务编号			
班级		姓名		学号		
评价项目	评价标准	评价结果				分项评分
		优	良	中	差	
职业素养（自评）（10%）	按照要求出勤，着装整齐规范，遵守课堂纪律，在工作中态度端正，精神面貌好，团结协作，遵守安全操作规程，无安全事故	10	8	5	0	
工艺编制、编程与基本操作（自评）（10%）	刀具选择正确，工艺制订合理，程序编写正确	10	8	5	0	

（续）

评价项目	评价标准	评价结果				分项评分
		优	良	中	差	
机床操作能力（自评）（5%）	工件安装和找正方法正确，对刀操作规范，机床操作熟练，及时保养、维护和清扫设备	5	3	2	0	
零件加工质量（互评）（10%）	尺寸精度，表面质量符合图样要求，量具使用熟练规范	10	8	5	0	
日常作业完成情况（自评）（5%）	按时、认真完成	5	3	2	0	
综合评价结果						
组长		时间				

2. 教师评价标准（50%）（见表3-74）

表3-74　教师评价标准表

任务名称				任务编号				
班级		姓名		学号				
评价项目		评价标准	评价结果				分项评分	
			优	良	中	差		
考勤（15%）	迟到	无迟到、早退、旷课现象	5	4	3	0		
	早退		5	4	3	0		
	旷课		5	4	3	0		
工作任务完成情况（30%）	加工工艺	能独立制订任务所规定零件的数控加工工艺	5	4	3	0		
	程序编制	格式正确，代码使用正确，与工艺对应性好，整体优化	5	4	3	0		
	操作规范	对刀规范，无加工碰撞与干涉，对加工过程中出现的异常情况做出正确处理	5	4	3	0		
	零件加工质量	达到图样要求的精度、表面粗糙度和有关技术要求						
	职业素质	着装整齐规范，遵守课堂纪律，在工作中态度端正，精神面貌好，团结协作，遵守安全操作规程，无安全事故；及时保养、维护和清扫设备	5	4	3	0		
任务报告（5%）	完成时间	按时完成	2	1	0	0		
	报告环节	内容正确、任务（项目）报告环节完整，书写整齐、字体工整	3	2	1	0		
综合评价结果								
教师			时间					

注：教师评价表由教师填写，学生不准填写。

3. 讨论评价标准（10%）（见表3-75）

表3-75 讨论评价标准表

评价项目	评价标准	评价结果				分项评分
		优	良	中	差	
参与程度（2%）	积极讨论、积极寻找解决方案	2	1	0.5	0	
是否完成一定的任务（2%）	担任一个角色促进任务的完成	2	1	0.5	0	
小组汇报情况（2%）	组内轮流派人汇报交流，汇报者口齿清楚、声音洪亮、条理清晰	2	1	0.5	0	
讨论结果（4%）	讨论结果思路清晰、理由充分、结果可行	4	3	2	1	
合计（总分）						

4. 实训鉴定（见表3-76）

表3-76 实训鉴定表

自我鉴定	通过本任务学习，同学们的收获有： 学生签名：＿＿＿＿＿＿ ＿＿＿＿年＿＿月＿＿日
指导教师鉴定	指导教师签名：＿＿＿＿＿＿ ＿＿＿＿年＿＿月＿＿日

任务五 数控车削加工零件*

一、任务分析

虎钳模型有两个零件需要用数控车床加工，需要交给数控车削组完成，如图3-95、图3-96所示。

1. 丝杠零件图样

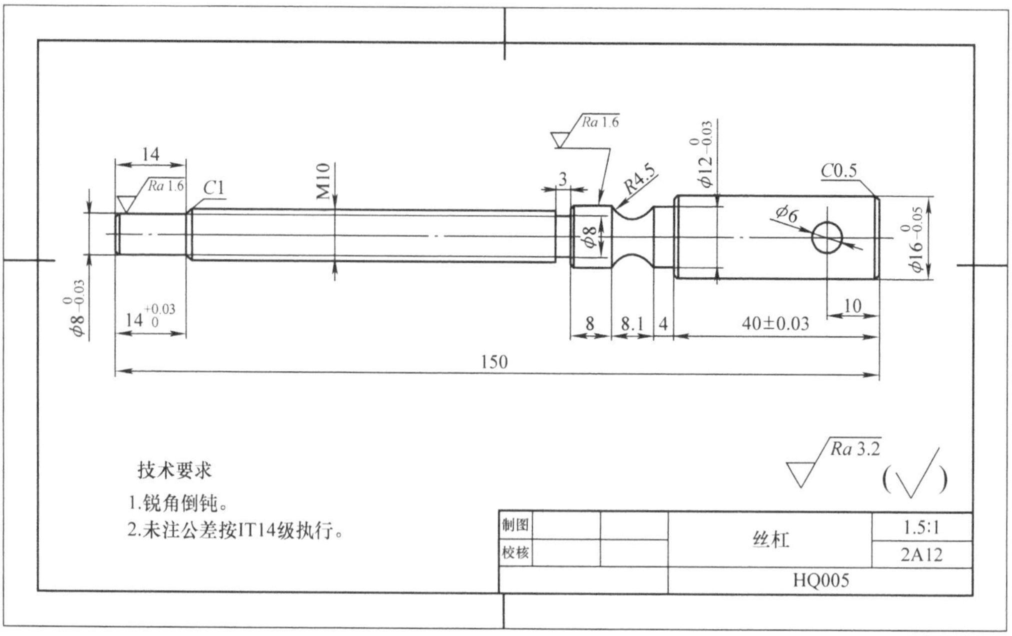

图 3-95　丝杠图样

2. 手柄零件图样

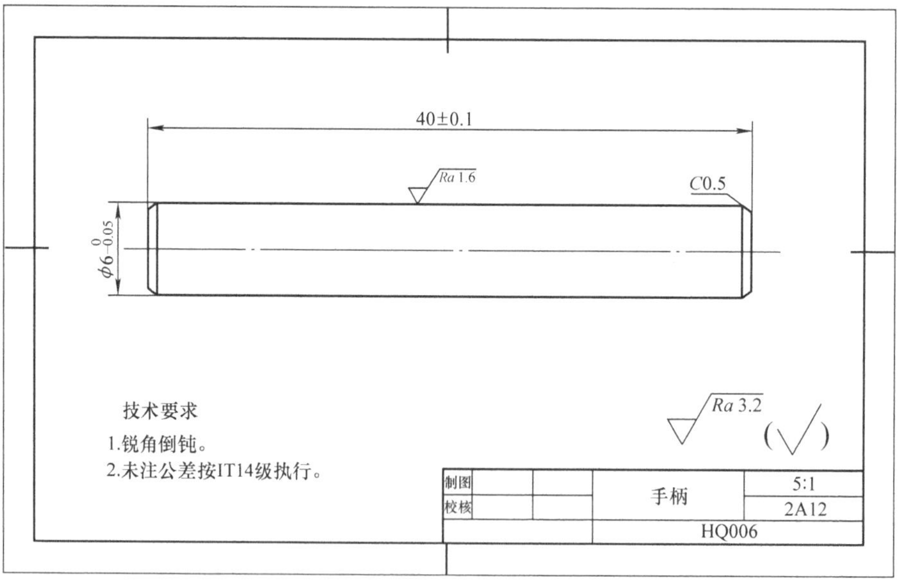

图 3-96　手柄图样

二、附图

1. 铣削零件实物图（见图 3-97）

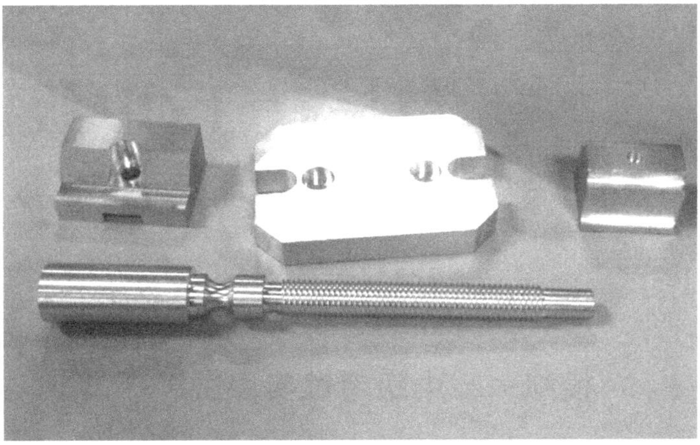

图 3-97 铣削零件实物图

2. 虎钳总装图（见图 3-98）

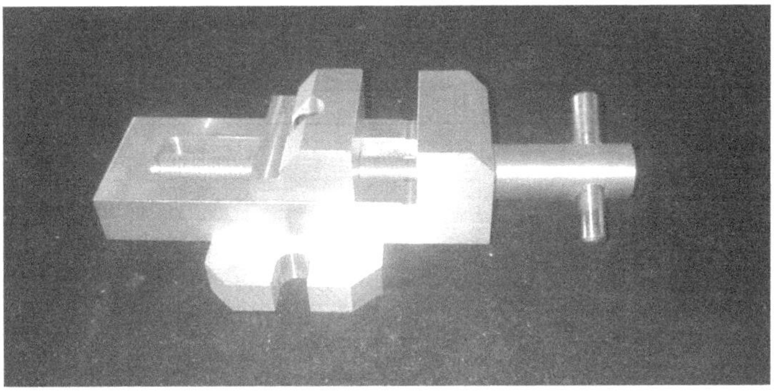

图 3-98 虎钳总装图

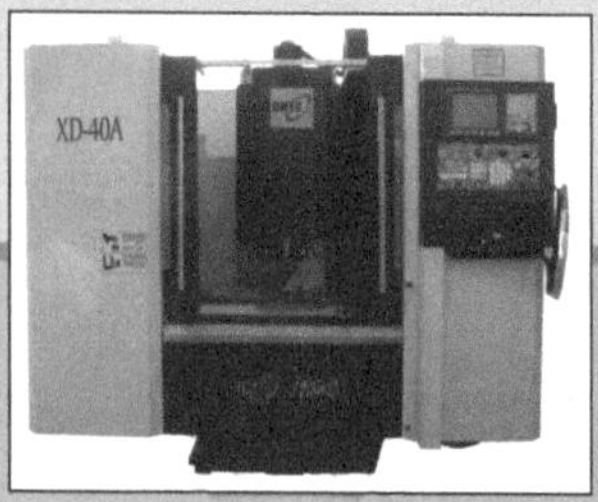

单元四

数控铣工(中级)技能考试

模拟一　中级考试实操试题一

任务描述

学校组织数控铣工技能等级考试，需要在 240min 内完成图 4-1 所示零件加工。任务内容如下。

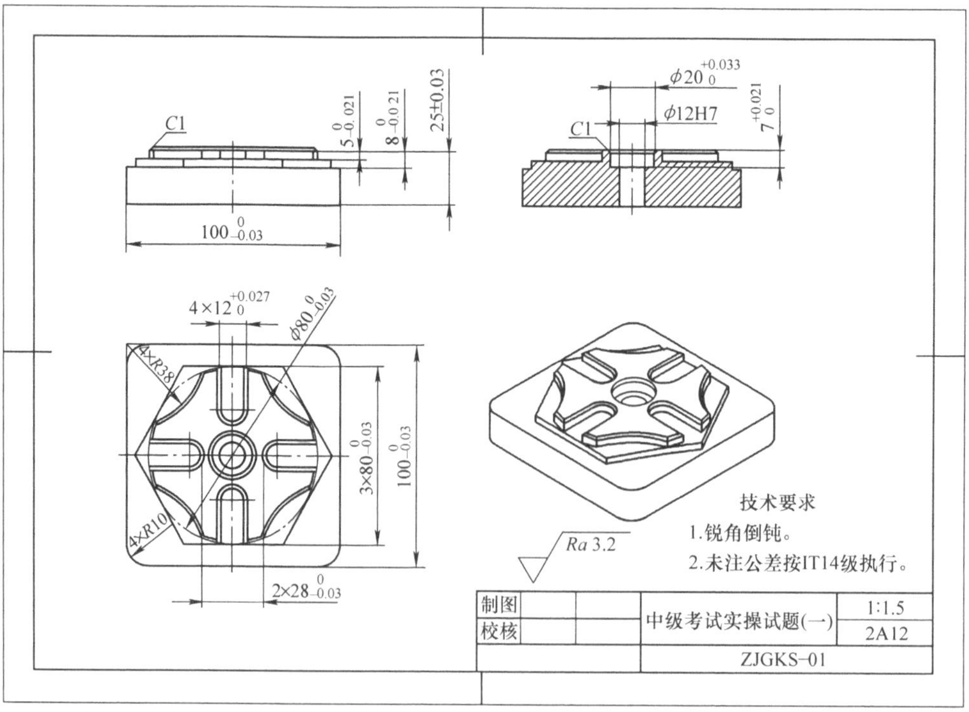

图 4-1　中级考试实操试题（一）

1）合理制订零件的数控铣削加工工艺。

2）独立完成零件加工程序编制及零件加工。

3）按评分标准要求达到 60 分以上。

任务准备

（1）场地、设备、夹具、工具、量具准备　①数控车间或实训室；②数控铣床 5 台，FANUC 0i 系统或华中系统；③夹具：机用虎钳；④工具：虎钳扳手、等高垫铁、油石、寻边器、杠杆表、磁力表座、卸刀座和扳手等；⑤刀具：面铣刀 ϕ50mm，立铣刀 ϕ10mm、ϕ12mm 等，键槽铣刀 ϕ8mm、ϕ10mm，钻头 ϕ11.8mm，铰刀 ϕ12H7，中心钻，倒角铣刀；⑥量具：内测千分尺、外径千分尺、深度千分尺、游标卡尺、ϕ12H7 光滑塞规等。

（2）材料准备　毛坯：毛坯尺寸为 110mm × 110mm × 30mm，毛坯材料为铝合金（2A12）。

任务实施

合理选择刀具及切削参数，制订零件的加工工艺，填写表 4-1 工艺卡片。

表 4-1　数控加工工序卡片

<table>
<tr><td colspan="2">零件图号</td><td colspan="2"></td><td colspan="2" rowspan="3">数控加工工序卡片</td><td>机床型号</td><td></td></tr>
<tr><td colspan="2">零件名称</td><td colspan="2"></td><td>机床编号</td><td></td></tr>
<tr><td colspan="2">零件材料</td><td colspan="2"></td><td>使用夹具</td><td></td></tr>
<tr><td colspan="8">工步描述</td></tr>
<tr><td>工步编号</td><td>工步内容</td><td>刀具编号</td><td>刀具规格</td><td>主轴转速 n /(r/min)</td><td>进给速度 v_f /(mm/min)</td><td>背吃刀量 a_p /mm</td><td>刀具偏置</td></tr>
<tr><td>1</td><td></td><td></td><td></td><td></td><td></td><td></td><td></td></tr>
<tr><td>2</td><td></td><td></td><td></td><td></td><td></td><td></td><td></td></tr>
<tr><td>3</td><td></td><td></td><td></td><td></td><td></td><td></td><td></td></tr>
<tr><td>4</td><td></td><td></td><td></td><td></td><td></td><td></td><td></td></tr>
<tr><td>5</td><td></td><td></td><td></td><td></td><td></td><td></td><td></td></tr>
<tr><td>6</td><td></td><td></td><td></td><td></td><td></td><td></td><td></td></tr>
<tr><td>7</td><td></td><td></td><td></td><td></td><td></td><td></td><td></td></tr>
<tr><td>8</td><td></td><td></td><td></td><td></td><td></td><td></td><td></td></tr>
</table>

任务考评

零件评分标准见表 4-2。

表 4-2　中级考试实操试题（一）评分标准

总分		姓名		日期	加工时长	
项目	序号	技术要求	配分	评分标准	检测结果	得分
外轮廓	1	长度 $100_{-0.03}^{0}$mm	5	超差 0.01 扣 1 分		
	2	宽度 $100_{-0.03}^{0}$mm	5	超差 0.01 扣 1 分		
	3	高度（25 ±0.03）mm	5	超差 0.01 扣 1 分		
	4	六边形 $3\times80_{-0.03}^{0}$mm	5	超差 0.01 扣 1 分		
	5	直径 $\phi80_{-0.03}^{0}$mm	5	超差 0.01 扣 1 分		
	6	宽度 $2\times28_{-0.03}^{0}$mm	5	超差 0.01 扣 1 分		
深度	7	深度 $5_{-0.021}^{0}$mm	3	超差 0.01 扣 1 分		
	8	深度 $8_{-0.021}^{0}$mm	3	超差 0.01 扣 1 分		
	9	深度 $7_{0}^{+0.021}$mm	3	超差 0.01 扣 1 分		
内轮廓	10	槽宽 $4\times12_{0}^{+0.027}$mm	5	超差 0.01 扣 1 分		
	11	孔径 $\phi12_{0}^{+0.033}$mm	5	超差 0.01 扣 1 分		
	12	内孔 ϕ12H7	6	超差不得分		
圆弧	13	圆弧 4 × *R*38mm	4	超差不得分		
	14	圆角 4 × *R*10mm	4	超差不得分		
倒角	15	倒角 *C*1	2	超差不得分		
表面质量	16	表面粗糙度 *Ra*3.2μm	3	每处降一级扣 1 分		
	17	锐角倒钝	2	未处理不得分		
编程	18	加工工序卡	5	不合理每处扣 1 分		
	19	程序正确、简单、规范	5	每错一处扣 1 分		
操作	20	机床操作规范	5	出错一次扣 1 分		
	21	工件、刀具装夹正确	5	出错一次扣 1 分		
安全文明生产	22	安全操作	5	安全事故停止操作		
	23	整理机床、维护保养	5	酌情扣分		
合计			100			

模拟二 中级考试实操试题二

任务描述

学校组织数控铣工技能等级考试，需要在 240min 内完成图 4-2 零件加工。任务内容如下。

1）合理制订零件的数控铣削加工工艺。

2）独立完成零件加工程序编制及零件加工。

3）按评分标准要求达到 60 分以上。

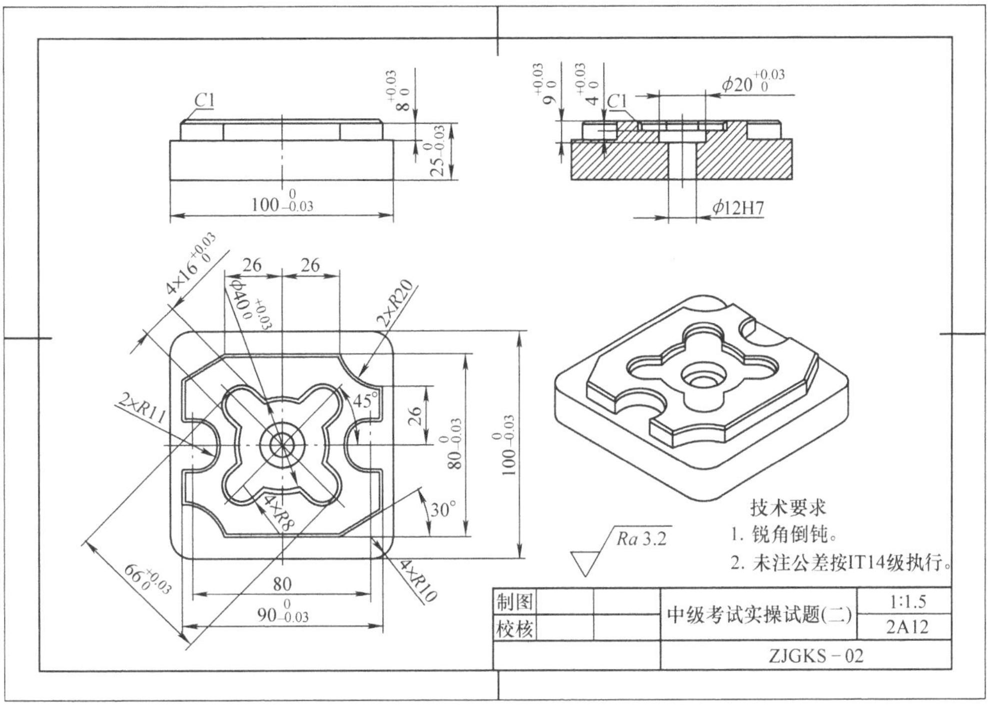

图 4-2 中级考试实操试题（二）

任务准备

（1）场地、设备、夹具、工具、量具准备 ①数控车间或实训室；②数控铣床 5 台，FANUC 0i 系统或华中系统；③夹具：机用虎钳；④工具：虎钳扳手、等高垫铁、油石、寻边器、杠杆表、磁力表座、卸刀座和扳手等；⑤刀具：面铣刀 ϕ50mm，立铣刀 ϕ10mm、ϕ12mm 等，键槽铣刀 ϕ8mm、ϕ10mm，钻头 ϕ11.8mm，铰刀 ϕ12H7，中心钻，倒角铣刀；⑥量具：内测千分尺、外径千分尺、深度千分尺、游标卡尺、ϕ12H7 光滑塞规等。

（2）材料准备 毛坯：毛坯尺寸为 110mm × 110mm × 30mm，毛坯材料为铝合金（2A12）。

任务实施

合理选择刀具及切削参数，制订零件的加工工艺，填写表 4-3 工艺卡片。

表 4-3　数控加工工序卡片

零件图号		数控加工工序卡片			机床型号		
零件名称					机床编号		
零件材料					使用夹具		
工步描述							
工步编号	工步内容	刀具编号	刀具规格	主轴转速 n /(r/min)	进给速度 v_f /(mm/min)	背吃刀量 a_p /mm	刀具偏置
1							
2							
3							
4							
5							
6							
7							
8							

任务考评

零件评分标准见表 4-4。

表 4-4　中级考试实操试题（二）评分标准

总分		姓名		日期		加工时长
项目	序号	技术要求	配分	评分标准	检测结果	得分
外轮廓	1	$100_{-0.03}^{0}$ mm	4	超差 0.01 扣 1 分		
	2	$100_{-0.03}^{0}$ mm	4	超差 0.01 扣 1 分		
	3	$90_{-0.03}^{0}$ mm	4	超差 0.01 扣 1 分		
	4	$\phi80_{-0.03}^{0}$ mm	4	超差 0.01 扣 1 分		
	5	30°	4	超差 0.01 扣 1 分		
高/深度	6	$25_{-0.03}^{0}$ mm	4	超差 0.01 扣 1 分		
	7	$8_{0}^{+0.03}$ mm	3	超差 0.01 扣 1 分		
	8	$4_{0}^{+0.03}$ mm	3	超差 0.01 扣 1 分		
	9	$9_{0}^{+0.03}$ mm	3	超差 0.01 扣 1 分		

（续）

项目	序号	技术要求	配分	评分标准	检测结果	得分
内轮廓	10	$4\times16^{+0.03}_{0}$mm	4	超差0.01扣1分		
	11	$66^{+0.03}_{0}$mm	4	超差0.01扣1分		
	12	$\phi40^{+0.03}_{0}$mm	4	超差0.01扣1分		
	13	$\phi20^{+0.03}_{0}$mm	4	超差0.01扣1分		
	14	ϕ12H7	6	超差不得分		
圆弧	15	2×R11mm	2	超差不得分		
	16	2×R20mm	2	超差不得分		
	17	4×R8mm	2	超差不得分		
	18	4×R10mm	2	超差不得分		
倒角	19	C1两处	2	超差不得分		
表面质量	20	表面粗糙度Ra3.2μm	3	每处降一级扣1分		
	21	锐角倒钝	2	未处理不得分		
编程	22	加工工序卡	5	不合理每处扣1分		
	23	程序正确、简单、规范	5	每错一处扣1分		
操作	24	机床操作规范	5	出错一次扣1分		
	25	工件、刀具装夹正确	5	出错一次扣1分		
安全文明生产	26	安全操作	5	安全事故停止操作		
	27	整理机床、维护保养	5	酌情扣分		
合计			100			

模拟三　中级考试实操试题三

任务描述

学校组织数控铣工技能等级考试，需要在240min内完成图4-3零件加工。任务内容如下。

1）合理制订零件的数控铣削加工工艺。

2）独立完成零件加工程序编制及零件加工。

3）按评分标准要求达到60分以上。

任务准备

（1）场地、设备、夹具、工具、量具准备　①数控车间或实训室；②数控铣床5台，FANUC 0i系统或华中系统；③夹具：机用虎钳；④工具：虎钳扳手、等高垫铁、油石、寻边器、杠杆表、磁力表座、卸刀座和扳手等；⑤刀具：面铣刀ϕ50mm，立铣刀ϕ10mm、ϕ12mm等，键槽铣刀ϕ8mm、ϕ10mm，钻头ϕ11.8mm，铰刀ϕ12H7，中心钻，倒角铣刀；⑥量具：内测千分尺、外径千分尺、深度千分尺、游标卡尺、ϕ12H7光滑塞规等。

（2）材料准备　毛坯：毛坯尺寸为110mm×110mm×30mm，毛坯材料为铝合金（2A12）。

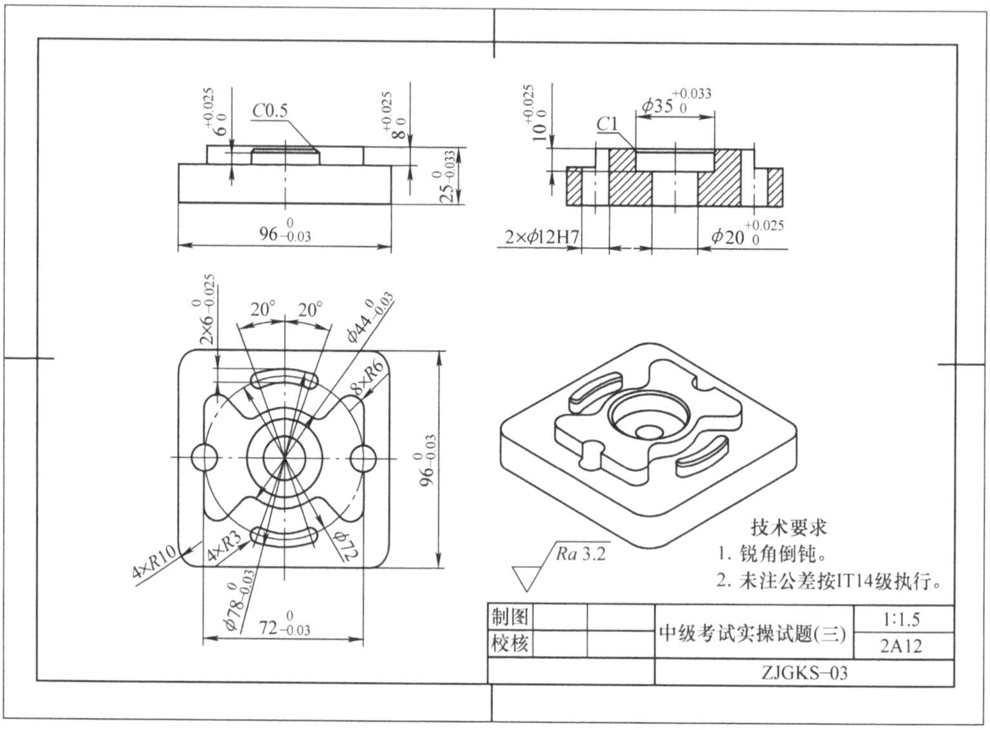

图 4-3　中级考试实操试题（三）

任务实施

合理选择刀具及切削参数，制订零件的加工工艺，填写表 4-5 工艺卡片。

表 4-5　数控加工工序卡片

零件图号		数控加工工序卡片	机床型号	
零件名称			机床编号	
零件材料			使用夹具	

工步描述							
工步编号	工步内容	刀具编号	刀具规格	主轴转速 n /(r/min)	进给速度 v_f /(mm/min)	背吃刀量 a_p /mm	刀具偏置
1							
2							
3							
4							
5							
6							
7							
8							

任务考评

零件评分标准见表4-6。

表4-6 中级考试实操试题（三）评分标准

班级		姓名		日期		加工时长	
项目	序号	技术要求	配分	评分标准	检测结果	得分	
外轮廓	1	$96_{-0.03}^{0}$mm	4	超差0.01扣1分			
	2	$96_{-0.03}^{0}$mm	4	超差0.01扣1分			
	3	$72_{-0.03}^{0}$mm	4	超差0.01扣1分			
	4	$\phi44_{-0.03}^{0}$mm	4	超差0.01扣1分			
	5	$\phi78_{-0.03}^{0}$mm	4	超差0.01扣1分			
	6	$2\times6_{-0.025}^{0}$mm	6	超差0.01扣1分			
高/深度	7	$25_{-0.033}^{0}$mm	4	超差0.01扣1分			
	8	$6_{0}^{+0.025}$mm	3	超差0.01扣1分			
	9	$8_{0}^{+0.025}$mm	3	超差0.01扣1分			
	10	$10_{0}^{+0.025}$mm	3	超差0.01扣1分			
内轮廓	11	$\phi35_{0}^{+0.033}$mm	4	超差0.01扣1分			
	12	$\phi20_{0}^{+0.025}$mm	4	超差0.01扣1分			
	13	$2\times\phi12$H7	8	超差不得分			
圆弧	14	$8\times R6$mm	2	超差不得分			
	15	$4\times R35$mm	2	超差不得分			
	16	$4\times R10$mm	2	超差不得分			
倒角	17	*C*1	2	超差不得分			
	18	*C*0.5	2	超差不得分			
表面质量	19	表面粗糙度 *Ra*3.2μm	3	每处降一级扣1分			
	20	锐角倒钝	2	未处理不得分			
编程	21	加工工序卡	5	不合理每处扣1分			
	22	程序正确、简单、规范	5	每错一处扣1分			
操作	23	机床操作规范	5	出错一次扣1分			
	24	工件、刀具装夹正确	5	出错一次扣1分			
安全文明生产	25	安全操作	5	安全事故停止操作			
	26	整理机床、维护保养	5	酌情扣分			
合计			100				

模拟四　中级考试实操试题四

任务描述

学校组织数控铣工技能等级考试，需要在240min内完成图4-4零件加工。任务内容如下。

1）合理制订零件的数控铣削加工工艺。

2）独立完成零件加工程序编制及零件加工。

3）按评分标准要求达到60分以上。

任务准备

（1）场地、设备、夹具、工具、量具准备　①数控车间或实训室；②数控铣床5台，FANUC 0i系统或华中系统；③夹具：机用虎钳；④工具：虎钳扳手、等高垫铁、油石、寻边器、杠杆表、磁力表座、卸刀座和扳手等；⑤刀具：面铣刀 ϕ63mm，立铣刀 ϕ10mm、ϕ12mm等，键槽铣刀 ϕ8mm、ϕ10mm，钻头 ϕ11.8mm，铰刀 ϕ12H7，中心钻，倒角铣刀；⑥量具：内测千分尺、外径千分尺、深度千分尺、游标卡尺、ϕ12H7光滑塞规等。

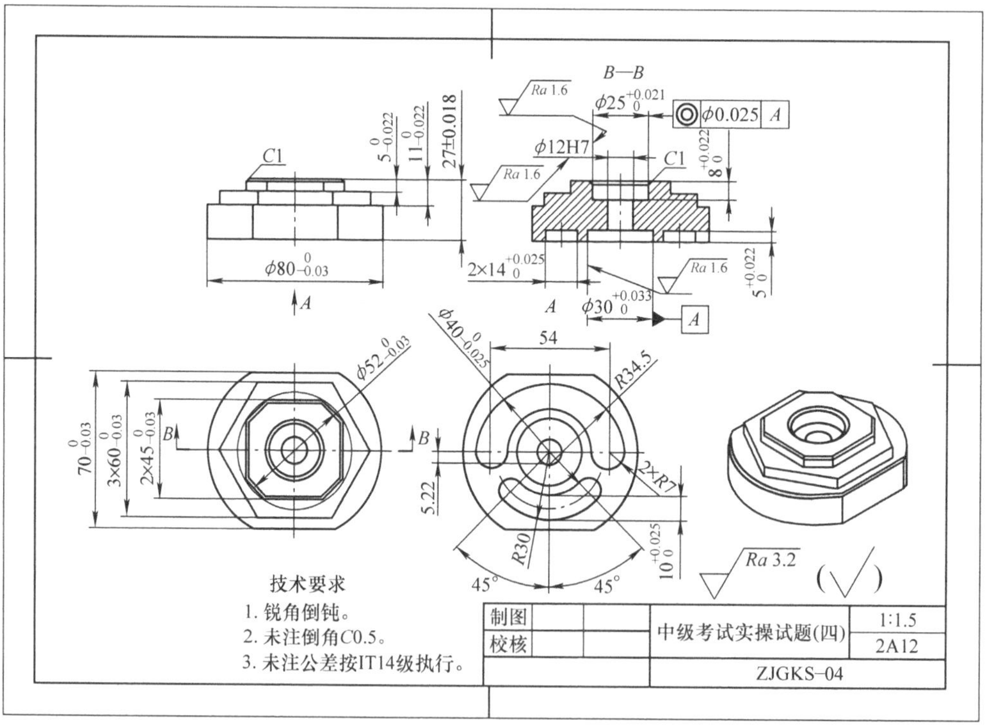

图4-4　中级考试实操试题（四）

（2）材料准备　毛坯：毛坯尺寸为 ϕ85mm × 30mm，毛坯材料为铝合金（2A12）。

任务实施

合理选择刀具及切削参数，制订零件的加工工艺，填写表4-7工艺卡片。

表 4-7　数控加工工序卡片

零件图号		数控加工工序卡片	机床型号	
零件名称			机床编号	
零件材料			使用夹具	

工步描述							
工步编号	工步内容	刀具编号	刀具规格	主轴转速 n /(r/min)	进给速度 v_f /(mm/min)	背吃刀量 a_p /mm	刀具偏置
1							
2							
3							
4							
5							
6							
7							

任务考评

零件评分标准见表 4-8。

表 4-8　中级考试实操试题（四）评分标准

总分		姓名		日期		加工时长	

项目	序号	技术要求	配分	评分标准	检测结果	得分
外轮廓	1	$\phi80_{-0.03}^{\ 0}$ mm	3	超差 0.01 扣 1 分		
	2	$70_{-0.03}^{\ 0}$ mm	3	超差 0.01 扣 1 分		
	3	$3\times60_{-0.03}^{\ 0}$ mm	3	超差 0.01 扣 1 分		
	4	$\phi52_{-0.03}^{\ 0}$ mm	3	超差 0.01 扣 1 分		
	5	$2\times45_{-0.03}^{\ 0}$ mm	3	超差 0.01 扣 1 分		
高/深度	6	(27 ±0.018) mm	3	超差 0.01 扣 1 分		
	7	$5_{-0.022}^{\ 0}$ mm	3	超差 0.01 扣 1 分		
	8	$11_{-0.022}^{\ 0}$ mm	3	超差 0.01 扣 1 分		
	9	$8_{\ 0}^{+0.022}$ mm	3	超差 0.01 扣 1 分		
	10	$5_{\ 0}^{+0.022}$ mm	3	超差 0.01 扣 1 分		
内轮廓	11	$\phi25_{\ 0}^{+0.021}$ mm	3	超差 0.01 扣 1 分		
	12	$\phi30_{\ 0}^{+0.033}$ mm	3	超差 0.01 扣 1 分		
	13	$\phi40_{-0.025}^{\ 0}$ mm	3	超差 0.01 扣 1 分		
	14	ϕ12H7	5	超差不得分		
	15	$2\times14_{\ 0}^{+0.025}$ mm	3	超差 0.01 扣 1 分		
	16	$10_{\ 0}^{+0.025}$ mm	3	超差 0.01 扣 1 分		

（续）

项目	序号	技术要求	配分	评分标准	检测结果	得分
圆弧	17	2×*R*7mm	2	超差不得分		
	18	2×*R*5mm	2	超差不得分		
	19	*R*30mm	2	超差不得分		
	20	*R*34.5mm	2	超差不得分		
倒角	21	*C*1	1	超差不得分		
	22	*C*0.5	1	超差不得分		
几何公差	23	◎ ϕ0.025 *A*	4	超差0.01扣1分		
表面质量	24	表面粗糙度 *Ra*1.6μm	2	每处降一级扣1分		
	25	表面粗糙度 *Ra*3.2μm	2	每处降一级扣1分		
	26	锐角倒钝	2	未处理不得分		
编程	27	加工工序卡	5	不合理每处扣1分		
	28	程序正确、简单、规范	5	每错一处扣1分		
操作	29	机床操作规范	5	出错一次扣1分		
	30	工件、刀具装夹正确	5	出错一次扣1分		
安全文明生产	31	安全操作	5	安全事故停止操作		
	32	整理机床、维护保养	5	酌情扣分		
合计			100			

模拟五　中级考试实操试题五

任务描述

学校组织数控铣工技能等级考试，需要在240min内完成图4-5零件加工。任务内容如下。

1）合理制订零件的数控铣削加工工艺。

2）独立完成零件加工程序编制及零件加工。

3）按评分标准要求达到60分以上。

任务准备

（1）场地、设备、夹具、工具、量具准备　①数控车间或实训室；②数控铣床5台，FANUC 0i系统或华中系统；③夹具：机用虎钳；④工具：虎钳扳手、等高垫铁、油石、寻边器、杠杆表、磁力表座、卸刀座和扳手等；⑤刀具：面铣刀 ϕ50mm，立铣刀 ϕ10mm、ϕ12mm等，键槽铣刀 ϕ8mm、ϕ10mm，钻头 ϕ8mm，中心钻，倒角铣刀；⑥量具：内测千分尺、外径千分尺、深度千分尺、游标卡尺等。

（2）材料准备　毛坯：毛坯尺寸为 ϕ85mm×30mm，毛坯材料为铝合金（2A12）。

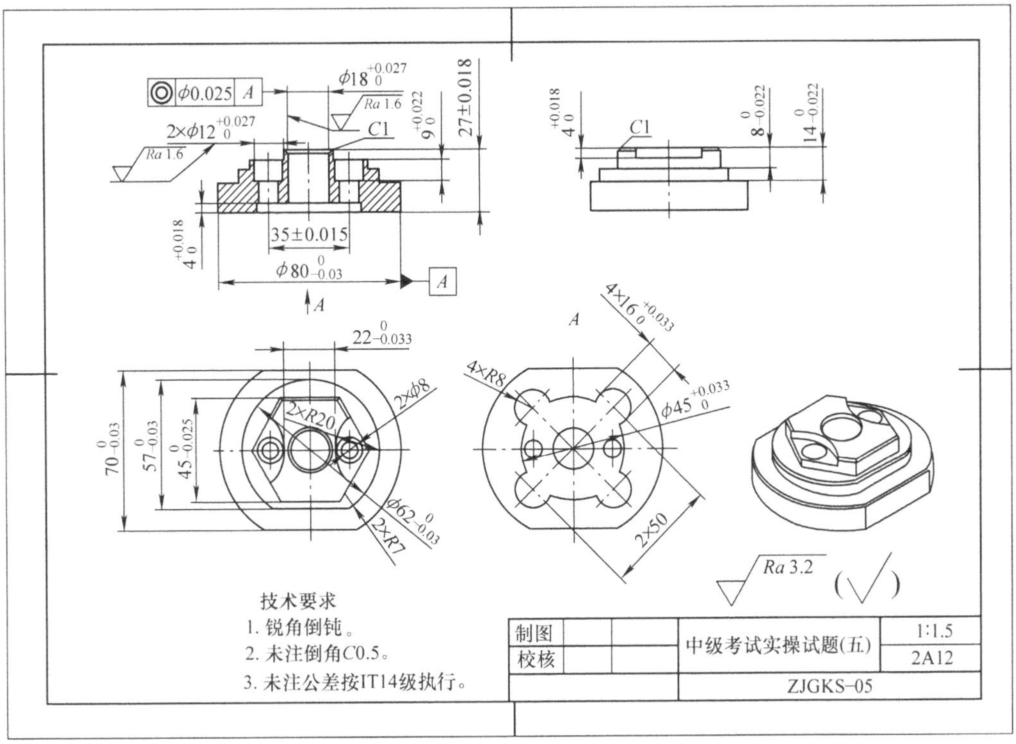

图 4-5　中级考试实操试题（五）

任务实施

合理选择刀具及切削参数，制订零件的加工工艺，填写表 4-9 工艺卡片。

表 4-9　数控加工工序卡片

零件图号		数控加工工序卡片			机床型号		
零件名称					机床编号		
零件材料					使用夹具		
工步描述							
工步编号	工步内容	刀具编号	刀具规格	主轴转速 n /(r/min)	进给速度 v_f /(mm/min)	背吃刀量 a_p /mm	刀具偏置
1							
2							
3							
4							
5							
6							
7							
8							

任务考评

零件评分标准见表 4-10。

表 4-10　中级考试实操试题（五）评分标准

总分		姓名		日期		加工时长
项目	序号	技术要求	配分	评分标准	检测结果	得分
外轮廓	1	$\phi 80_{-0.03}^{0}$ mm	3	超差 0.01 扣 1 分		
	2	$70_{-0.03}^{0}$ mm	3	超差 0.01 扣 1 分		
	3	$57_{-0.03}^{0}$ mm	3	超差 0.01 扣 1 分		
	4	$\phi 62_{-0.03}^{0}$ mm	3	超差 0.01 扣 1 分		
	5	$45_{-0.025}^{0}$ mm	3	超差 0.01 扣 1 分		
	6	$22_{-0.033}^{0}$ mm	3	超差 0.01 扣 1 分		
高/深度	7	（27 ±0.018） mm	3	超差 0.01 扣 1 分		
	8	$8_{-0.022}^{0}$ mm	3	超差 0.01 扣 1 分		
	9	$14_{-0.022}^{0}$ mm	3	超差 0.01 扣 1 分		
	10	$4_{0}^{+0.018}$ mm（2 处）	3	超差 0.01 扣 1 分		
	11	$9_{0}^{+0.022}$ mm	3	超差 0.01 扣 1 分		
内轮廓	12	$\phi 18_{0}^{+0.027}$ mm	3	超差 0.01 扣 1 分		
	13	$2\times\phi 12_{0}^{+0.027}$ mm	3	超差 0.01 扣 1 分		
	14	$\phi 45_{0}^{+0.033}$ mm	3	超差 0.01 扣 1 分		
	15	$4\times 16_{0}^{+0.033}$ mm	3	超差 0.01 扣 1 分		
	16	$2\times\phi 8$mm	3	超差 0.01 扣 1 分		
圆弧	17	$2\times R20$mm	2	超差不得分		
	18	$2\times R7$mm	2	超差不得分		
	19	$4\times R8$mm	2	超差不得分		
倒角	20	$C1$	2	超差不得分		
	21	$C0.5$	2	超差不得分		
几何公差	22	◎ $\phi 0.025$ A	4	超差 0.01 扣 1 分		
表面质量	23	表面粗糙度 $Ra1.6\mu m$	3	每处降一级扣 1 分		
	24	表面粗糙度 $Ra3.2\mu m$	3	每处降一级扣 1 分		
	25	锐角倒钝	2	未处理不得分		
编程	26	加工工序卡	5	不合理每处扣 1 分		
	27	程序正确、简单、规范	5	每错一处扣 1 分		
操作	28	机床操作规范	5	出错一次扣 1 分		
	29	工件、刀具装夹正确	5	出错一次扣 1 分		
安全文明生产	30	安全操作	5	安全事故停止操作		
	31	整理机床、维护保养	5	酌情扣分		
合计			100			

模拟六　中级考试实操试题六

任务描述

学校组织数控铣工技能等级考试，需要在 240min 内完成图 4-6 零件加工。任务内容如下。

1）合理制订零件的数控铣削加工工艺。

2）独立完成零件加工程序编制及零件加工。

3）按评分标准要求达到 60 分以上。

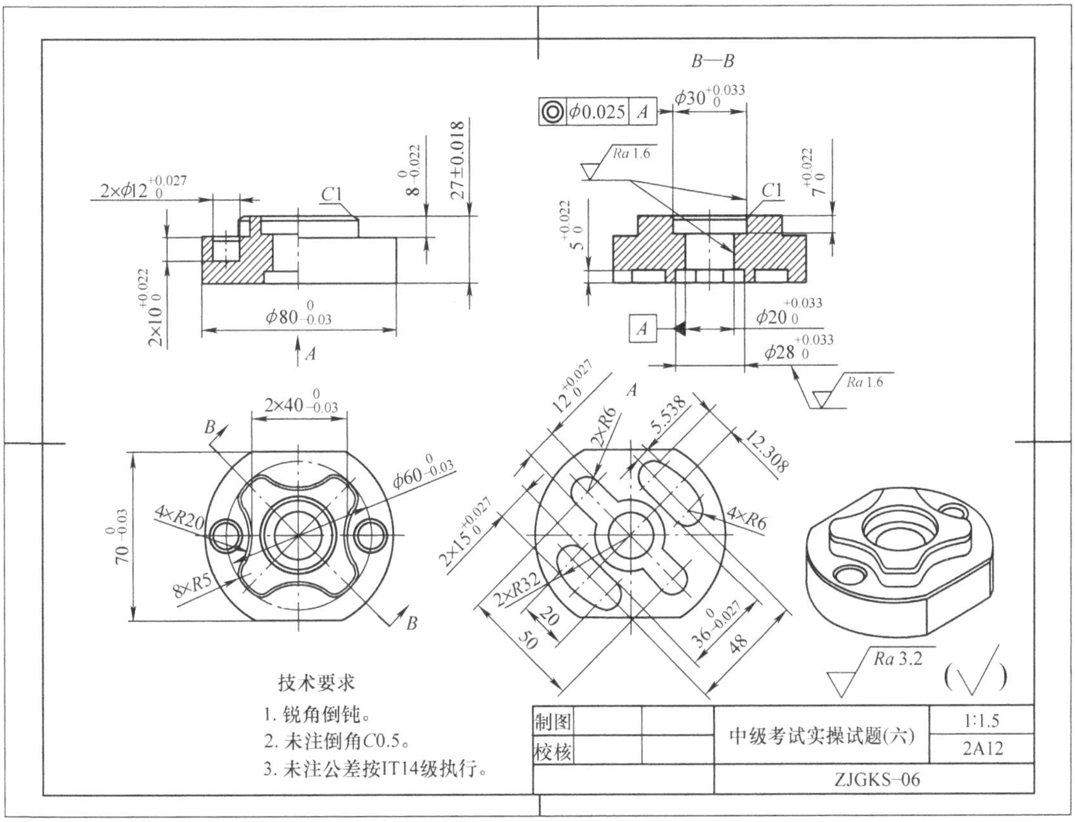

图 4-6　中级考试实操试题（六）

任务准备

（1）场地、设备、夹具、工具、量具准备　①数控车间或实训室；②数控铣床 5 台，FANUC 0i 系统或华中系统；③夹具：机用虎钳；④工具：虎钳扳手、等高垫铁、油石、寻边器、杠杆表、磁力表座、卸刀座和扳手等；⑤刀具：面铣刀 ϕ50mm，立铣刀 ϕ10mm、ϕ12mm 等，键槽铣刀 ϕ8mm、ϕ10mm，钻头 ϕ10mm，中心钻，倒角铣刀；⑥量具：内测千分尺、外径千分尺、深度千分尺、游标卡尺等。

（2）材料准备　毛坯：毛坯尺寸为 ϕ85mm × 30mm，毛坯材料为铝合金（2A12）。

任务实施

合理选择刀具及切削参数，制订零件的加工工艺，填写表 4-11 工艺卡片。

表 4-11　数控加工工序卡片

零件图号		数控加工工序卡片			机床型号		
零件名称					机床编号		
零件材料					使用夹具		
工步描述							
工步编号	工步内容	刀具编号	刀具规格	主轴转速 n /（r/min）	进给速度 v_f /（mm/min）	背吃刀量 a_p /mm	刀具偏置
1							
2							
3							
4							
5							
6							
7							
8							

任务考评

零件评分标准见表 4-12。

表 4-12　中级考试实操试题（六）评分标准

总分		姓名		日期		加工时长	
项目	序号	技术要求	配分	评分标准	检测结果	得分	
外轮廓	1	$\phi80_{-0.03}^{\ 0}$ mm	3	超差 0.01 扣 1 分			
	2	$70_{-0.03}^{\ 0}$ mm	3	超差 0.01 扣 1 分			
	3	$2\times40_{-0.025}^{\ 0}$ mm	3	超差 0.01 扣 1 分			
	4	$\phi60_{-0.03}^{\ 0}$ mm	3	超差 0.01 扣 1 分			
高/深度	5	（27 ± 0.018）mm	3	超差 0.01 扣 1 分			
	6	$8_{-0.022}^{\ 0}$ mm	2	超差 0.01 扣 1 分			
	7	$2\times10_{0}^{+0.022}$ mm	2	超差 0.01 扣 1 分			
	8	$7_{0}^{+0.022}$ mm	2	超差 0.01 扣 1 分			
	9	$5_{0}^{+0.022}$ mm	2	超差 0.01 扣 1 分			

（续）

项目	序号	技术要求	配分	评分标准	检测结果	得分
内轮廓	10	$\phi30^{+0.033}_{0}$mm	3	超差0.01扣1分		
	11	$\phi20^{+0.033}_{0}$mm	3	超差0.01扣1分		
	12	$\phi28^{+0.033}_{0}$mm	3	超差0.01扣1分		
	13	$2\times\phi12^{+0.027}_{0}$mm	3	超差0.01扣1分		
	14	$12^{+0.027}_{0}$mm	3	超差0.01扣1分		
	15	$2\times15^{+0.027}_{0}$mm	3	超差0.01扣1分		
	16	$36^{0}_{-0.027}$mm	3	超差0.01扣1分		
圆弧	17	$4\times R20$mm	2	超差不得分		
	18	$8\times R5$mm	2	超差不得分		
	19	$4\times R6$mm	2	超差不得分		
	20	$2\times R32$mm	2	超差不得分		
	21	$2\times R6$mm	2	超差不得分		
倒角	22	$C1$	2	超差不得分		
	23	$C0.5$	2	超差不得分		
几何公差	24	◎ $\phi0.025$ A	4	超差0.01扣1分		
表面质量	25	表面粗糙度 $Ra1.6\mu m$	3	每处降一级扣1分		
	26	表面粗糙度 $Ra3.2\mu m$	3	每处降一级扣1分		
	27	锐角倒钝	2	未处理不得分		
编程	28	加工工序卡	5	不合理每处扣1分		
	29	程序正确、简单、规范	5	每错一处扣1分		
操作	30	机床操作规范	5	出错一次扣1分		
	31	工件、刀具装夹正确	5	出错一次扣1分		
安全文明生产	32	安全操作	5	安全事故停止操作		
	33	整理机床、维护保养	5	酌情扣分		
合计			100			

单元五

数控铣工（中级）理论考试试题（含答案）

一、选择题

1. “NC”的含义是（　　）。

A. 数字控制　B. 计算机数字控制　C. 网络控制　D. 模拟控制

2. G00 指令移动速度值是（　　）。

A. 机床参数指定　B. 数控程序指定　C. 操作面板指定　D. 工件尺寸指定

3. 滚珠丝杠螺母机构的特点是（　　）。

A. 摩擦阻力大　B. 不能自锁　C. 有爬行现象　D. 自锁

4. 数控系统所规定的最小设定单位就是（　　）。

A. 数控机床的运动精度　B. 机床的加工精度

C. 脉冲当量　D. 数控机床的传动当量

5. 钻孔一般属于（　　）。

A. 精加工　B. 半精加工

C. 粗加工　D. 半精加工和精加工

6. 加工曲线轮廓时，对于有刀具半径补偿的数控系统，只需按照（　　）的轮廓曲线编程。

A. 刀具左补偿　B. 刀具右补偿　C. 被加工工件　D. 刀具中心

7. 确定夹紧力方向时，应尽可能使夹紧力方向垂直于（　　）。

A. 主要定位　B. 辅助定位　C. 止推定位　D. 非定位

8. 在下列条件中，单件生产的工艺特征是（　　）。

A. 广泛使用专用设备　B. 有详细的工艺特征

C. 广泛采用夹具进行安装定位　D. 使用通用刀具和万能量具

9. 在切削铸铁等脆性金属时，一般（　　）。

A. 加以冷却为主的切削液　B. 加以润滑为主的切削液

C. 不加切削液　D. 加以任何种类的切削液

10. 在圆柱面上铣削封闭的键槽时要限制工件的自由度有（　　）。

A. 三个自由度　B. 六个自由度　C. 四个自由度　D. 五个自由度

11. 在液压系统中，节流阀的作用是控制油在液压管道内的（　　）。

A. 流量大小　　B. 流动方向　　C. 流动速度　　D. 管中压力

12. 轴、孔配合中，有相对运动时，可选（　　）。

A. 间隙配合　　B. 过盈配合　　C. 过渡配合　　D. 过渡或过盈配合

13. 数控机床由主轴进给镗削内孔时，床身导轨与主轴若不平行，会使加工件的孔出现的误差是（　　）。

A. 锥度　　B. 圆柱度　　C. 圆度　　D. 直线度

14. 工艺基准包括工序基准、定位基准、测量基准和（　　）。

A. 装配基准　　B. 设计基准　　C. 粗基准　　D. 精基准

15. 刀具材料中，YG 类硬质合金用于加工（　　）。

A. 铸铁　　B. 铝材　　C. 钢材　　D. 塑料

16. 材料弯曲变形后（　　）长度增长。

A. 外层　　B. 中性层　　C. 内层　　D. 次内层

17. 数控加工的批量生产中，当本道工序定位基准与上道工序已加工表面不重合时，就难以保证本道工序将要加工表面与上道工序已加工表面之间的（　　）。

A. 表面质量　　B. 位置精度　　C. 尺寸精度　　D. 形状精度

18. 下列指令中（　　）是准备功能。

A. M02　　B. G91　　C. T0101　　D. S600

19. 为了提高钢的强度、硬度和耐磨性，可以采用（　　）热处理方法。

A. 淬火　　B. 完全退火　　C. 回火　　D. 调质

20. 高碳钢碳的质量分数为（　　）。

A. <0.25%　　B. 0.15%～0.25%　　C. 0.25%～0.60%　　D. ≥0.60%

21. 用圆柱形铣刀铣削平面，其平面度的大小主要取决于（　　）。

A. 铣刀的圆柱度　　B. 铣刀刀齿的锋利程度

C. 铣削用量的选择　　D. 铣刀螺旋角的大小

22. 用平口钳装夹长方体工件时，可消除工件（　　）个自由度。

A. 3　　B. 4　　C. 5　　D. 6

23. 铣削球面时，造成球面表面粗糙度达不到要求的原因是（　　）。

A. 工作台调整不当　　B. 对刀不准确

C. 工件与夹具不同轴　　D. 铣削量过大，圆周进给不均匀

24. 对切削温度影响最大的参数是（　　）。

A. 切削深度　　B. 进给量　　C. 切削速度　　D. 切削厚度

25. 数控加工中为保证多次安装后表面上的轮廓位置及尺寸协调，常采用（　　）原则。

A. 基准重合　　B. 基准统一　　C. 自为基准　　D. 互为基准

26. 加工中心上孔的位置精度由（　　）保证。

A. 机床的定位精度　　B. 刀具的尺寸精度

C. 机床的 Z 轴运动精度　　D. 刀具的角度

27. 数控精铣时，下列说法正确的是（　　）。

A. 较大的吃刀量　　B. 较高的主轴转速

C. 较低的主轴转速　　D. 较大的进给速度

28. 数控铣床上，在不考虑进给丝杠间隙的情况下，为提高加工质量，宜采用（　　）。

A. 外轮廓顺铣、内轮廓逆铣　　B. 外轮廓逆铣、内轮廓顺铣

C. 内、外轮廓均为顺铣　　D. 内、外轮廓均为逆铣

29. 进给伺服系统对（　　）不产生影响。

A. 进给速度　　B. 运动位置　　C. 加工精度　　D. 主轴转速

30. 对于闭环的进给伺服系统，可采用（　　）作为检测装置。

A. 增量式编码　　B. 绝对式编码　　C. 圆光栅　　D. 长光栅

31. 要做好数控机床的维护与保养工作，必须（　　）清除导轨副和防护装置的切屑。

A. 每周　　B. 每小时　　C. 每天　　D. 每月

32. 通常用球刀加工比较平缓的曲面时，表面粗糙度的值不会很小，这是因为（　　）而造成的。

A. 行距不够密　　B. 步距太小

C. 球刀切削刃不太锋利　　D. 球刀尖部的切削速度几乎为零

33. 直流伺服电动机的 PWM 调整法具有调整范围宽的优点，是因为（　　）。

A. 采用大功率晶体管　　B. 电机电枢的电流脉冲小，接近纯直流

C. 采用桥式电路　　D. 脉冲开关频率固定

34. FANUC 系统中，程序段 G04 P1000 中，P 指令是（　　）。

A. 子程序号　　B. 缩放比例　　C. 暂停时间　　D. 循环参数

35. 下列哪个轮廓要素在数控加工编程前不需要对零件的几何特征进行分析（　　）。

A. 平面　　B. 直线　　C. 轴线　　D. 曲线

36. 下列哪一个指令不能设立工件坐标系（　　）。

A. G54　　B. G92　　C. G55　　D. G91

37. FANUC 数控系统操作面板方式键中，显示报警和用户信息的是（　　）。

A. POS　　B. OPR. /ALARM　　C. MENU/OFSET　　D. AUXGRAPH

38. 系统程序存放在（　　）中。

A. 只读存储器　　B. 随机存储器中　　C. CPU　　D. 软盘

39. 刀库和自动换刀装置称为（　　）。

A. NC　　B. CNC　　C. ATC　　D. APC

40. 一般而言，增大工艺系统的（　　）才能有效地降低振动强度。

A. 刚度　　B. 强度　　C. 精度　　D. 硬度

41. 高速切削时应使用（　　）类刀柄。

A. BT40　　B. CAT40　　C. JT40　　D. HSK63A

42. 在磨一个轴套时，先以内孔为基准磨外圆，再以外圆为基准磨内孔，这是遵循（　　）的原则。

A. 基准重合　　B. 基准统一　　C. 自为基准　　D. 互为基准

43. 用水平仪检验机床导轨的直线度时，若把水平仪放在导轨的右端；气泡向右偏 2 格；若把水平仪放在导轨的左端，气泡向左偏 2 格，则此导轨是（　　）状态。

A. 中间凸　　B. 中间凹　　C. 不凸不凹　　D. 扭曲

44. 钢的含碳量越高，淬火后的（　　）。
A. 塑性不变　B. 塑性越高　C. 硬度越低　D. 塑性越低
45. 开环控制伺服系统中的伺服电动机多采用（　　）。
A. 步进电动机　B. 直流电动机　C. 交流电动机　D. 测速发电机
46. 正火是将钢加热到一定温度，保温一定时间，然后以（　　）形式冷却的一种热处理艺。
A. 随炉冷却　B. 在空气中冷却　C. 在油中冷却　D. 在水中冷却
47. 数控机床上可使用脉冲编码器检测（　　）。
A. 位置　B. 速度　C. 角度　D. 位置和速度
48. 确定数控机床坐标轴时，一般应先确定（　　）。
A. X 轴　B. Y 轴　C. Z 轴　D. A 轴
49. 在高温下能够保持刀具材料切削性能的能力称为（　　）。
A. 硬度　B. 耐热性　C. 耐磨性　D. 强度和韧性
50. 公制螺纹的牙型角是（　　）。
A. 55　B. 30　C. 60　D. 45
51. 切削时的切削热大部分由（　　）传散出去。
A. 刀具　B. 工件　C. 切屑　D. 空气
52. 下列叙述中，（　　）不属于数控编程的基本步骤。
A. 分析样图，确定加工工艺过程　B. 数值计算
C. 编写零件加工程序单　D. 确定机床坐标系
53. 数控机床有不同的运动形式，需要考虑工件与刀具相对运动关系及坐标系方向，编写程序时，采用（　　）的原则。
A. 刀具固定不动，工件移动　B. 工件固定不动，刀具移动
C. 分析机床运动关系后，再根据实际情况　D. 无所谓
54. 数控机床的旋转轴之一 B 轴是绕（　　）直线轴旋转的轴。
A. X 轴　B. Y 轴　C. Z 轴　D. W 轴
55. 按照机床运动的控制轨迹分类，加工中心属于（　　）。
A. 点位控制　B. 直线控制　C. 轮廓控制　D. 远程控制
56. 适合用于机身铸造件材料的为（　　）。
A. 球墨铸铁　B. 普通碳素钢　C. 灰铸铁　D. 碳素结构钢
57. 数控机床要求在（　　）进给运动下不爬行，有高的灵敏度。
A. 停止　B. 高速　C. 低速　D. 匀速
58. （　　）伺服系统的控制精度最高。
A. 开环　B. 半闭环　C. 闭环　D. 混合环
59. 在轮廓加工中，当零件轮廓有拐角时，刀具容易产生“超程”，解决的办法是再编程时，在接近拐角前适当地（　　）进给速度，过拐角后再逐渐恢复。
A. 增加　B. 降低　C. 不变　D. 任意
60. 高温回火后得到的组织为（　　）。
A. 回火贝氏体　B. 回火奥氏体　C. 回火马氏体　D. 回火索氏体

61. 镜像切削编程功能的优点是（　　）。

A. 可以提高加工精度　　B. 简化编程

C. 操作方便　　D. 可以提高加工效率

62. 选择粗加工切削用量时，首先考虑选择尽可能大的（　　），以减少进给次数。

A. 切削深度　　B. 进给速度　　C. 切削速度　　D. 主轴转速

63. 对于箱体类零件，其加工顺序一般为（　　）。

A. 先孔后面，基准面先行　　B. 先孔后面，基准面后行

C. 先面后孔，基准面先行　　D. 先面后孔，基准面后行

64. 螺纹的公称直径是指（　　）。

A. 螺纹的小径　　B. 螺纹的中径　　C. 螺纹的大径　　D. 螺纹分度圆直径

65. 只将机件的某一部分向基本投影面投射所得的视图称为（　　）。

A. 基本视图　　B. 局部视图　　C. 斜视图　　D. 旋转视图

66. 在公差带图中，一般取靠近零线的那个偏差为（　　）。

A. 上偏差　　B. 下偏差　　C. 基本偏差　　D. 自由偏差

67. GCr15SiMn 是（　　）。

A. 高速钢　　B. 中碳钢　　C. 轴承钢　　D. 不锈钢

68. V 带传动是利用带作为中间挠性件，依靠带与带轮之间的（　　）来传递运动和动力。

A. 结合　　B. 摩擦力　　C. 压力　　D. 相互作用

69. 对切削抗力影响最大的是（　　）。

A. 工件材料　　B. 切削深度　　C. 进给量　　D. 切削速度

70. 在数控机床上，考虑工件的加工精度要求，刚度和变形等因素，可按（　　）划分工序。

A. 粗、精加工　　B. 所用刀具　　C. 定位方式　　D. 加工部位

71. 根据工件的加工要求，可允许进行（　　）。

A. 欠定位　　B. 过定位　　C. 不完全定位　　D. 不定位

72. 测量零件已加工表面的尺寸和位置所使用的基准为（　　）。

A. 定位基准　　B. 测量基准　　C. 装配基准　　D. 工艺基准

73. 高速钢刀具切削温度超过 550～600℃时，刀具材料会发生金相变化，使刀具迅速磨损，这种现象称为（　　）。

A. 退火　　B. 再结晶　　C. 相变　　D. 非常规磨损

74. YG8 硬质合金，牌号中的数字 8 表示（　　）含量的百分数。

A. 碳化钨　　B. 钴　　C. 碳化钛　　D. 碳化钽

75. 刀具的耐用度是指刀具在两次重磨之间（　　）的总和。

A. 切削次数　　B. 切削时间　　C. 磨损度　　D. 装拆次数

76. 刀具位置偏置指刀具沿一定方向，相对于（　　）伸长或缩短一定距离。

A. 刀具长度　　B. 编程距离　　C. 刀具直径　　D. 刀具半径

77. 孔加工循环加工通孔时，一般刀具还要伸长超过（　　）一段距离，主要是保证全部孔深都加工到尺寸，钻削时还应考虑钻头钻尖对孔深的影响。

A. 初始平面　B. R 点平面　C. 零件表面　D. 工件底平面

78. 数控加工中心的固定循环功能适用于（　　）。

A. 曲面形状加工　B. 平面形状加工　C. 孔系加工　D. 槽的加工

79. 在机床各坐标轴的终端设置有极限开关，由机床参数设置的行程称为（　　）。

A. 硬极限　B. 软极限　C. 安全行程　D. 极限行程

80. CNC 闭环系统的反馈信号来自（　　）。

A. 工作台　B. 伺服电动机　C. 主轴　D. 滚珠丝杠轴

81. 编排数控机床加工工艺时，为了提高加工精度，采用（　　）。

A. 精密专用夹具　B. 一次装夹多工序集中　C. 流水线作业　D. 工序分散加工法

82. 采用手动夹紧装置时，夹紧机构必须具有（　　）性。

A. 导向　B. 自锁　C. 平稳　D. 伸缩

83. 数控机床加工调试中遇到问题想停机应先停止（　　）。

A. 切削液　B. 主运动　C. 进给运动　D. 辅助运动

84. 可以用来制作切削工具的材料是（　　）。

A. 低碳钢　B. 中碳钢　C. 高碳钢　D. 镍铬钢

85. 数控车床与卧式车床相比在结构上差别最大的部件是（　　）。

A. 主轴箱　B. 床身　C. 进给传动　D. 刀架

86. 有些高速钢铣刀或硬质合金铣刀的表面涂敷一层 Tie 或 Tin 等物质，其目的是(　　)。

A. 使刀具更美观　B. 提高刀具的耐磨性

C. 切削时降低刀具的温度　D. 抗冲击

87. 机械零件的真实大小是以图样上的（　　）为依据。

A. 比例　B. 公差范围　C. 技术要求　D. 尺寸数值

88. 数控车床能进行螺纹加工，其主轴上一定安装了（　　）。

A. 测速发电机　B. 脉冲编码器　C. 温度控制器　D. 光电管

89. 世界上第一台数控机床是（　　）年研制出来的。

A. 1930　B. 1947　C. 1952　D. 1958

90. 工件定位时，下列哪一种定位是不允许存在的（　　）。

A. 完全定位　B. 欠定位　C. 不完全定位　D. 不定位

91. 精基准尽可能选用（　　）作为定位基准，以避免引起的定位误差。

A. 工艺基准　B. 设计基准　C. 装配基准　D. 工序基准

92. 数控车床试运行时，G00 指令运行正常，但执行到 G01 指令时，进给便停止了，光标停在 G01 程序段，显示器无报警，可能原因是：（　　）。

A. 系统处于 G99 状态，而主轴没开　B. 进给倍率被转到了 0

C. A 和 B 都不对　D. A 和 B 都有可能

93. DNC 系统是指（　　）。

A. 自适应控制　B. 计算机直接控制系统　C. 柔性制造系统　D. 计算机数控系统

94. 在（50，50）坐标点，钻一个深 10mm 的孔，Z 轴坐标零点位于零件表面上，则指令为（　　）。

A. G85 X50.0 Y50.0 Z－10.0 R0 F50　　B. G81 X50.0 Y50.0 Z－10.0 R0 F50
C. G81 X50.0 Y50.0 Z－10.0 R5.0 F50　　D. G83 X50.0 Y50.0 Z－10.0 R5.0 F50

95. CNC 系统中的 PLC 是（　　）。
A. 可编程序逻辑控制器　　B. 显示器
C. 多微处理器　　D. 环形分配器

96. 数控机床进给系统减少摩擦阻力和动静摩擦之差，是为了提高数控机床进给系统的（　　）。
A. 传动精度　　B. 运动精度和刚度
C. 快速响应性能和运动精度　　D. 传动精度和刚度

97. 数控机床中把脉冲信号转换成机床移动部件运动的组成部分称为（　　）。
A. 控制介质　B. 数控装置　C. 伺服系统　D. 机床本体

98. FMS 是指（　　）。
A. 自动化工厂　B. 计算机数控系统　C. 柔性制造系统　D. 数控加工中心

99. 在“机床锁定”（FEED HOLD）方式下，进行自动运行，（　　）功能被锁定。
A. 进给　B. 刀架转位　C. 主轴　D. 测量功能

100. 在现代数控系统中系统都有子程序功能，并且子程序（　　）嵌套。
A. 只能有一层　B. 可以有限层　C. 可以无限层　D. 不能

101. 交流伺服电动机正在旋转时，如果控制信号消失，则电动机将会（　　）。
A. 立即停止转动　B. 以原转速继续转动　C. 转速逐渐加大　D. 转速逐渐减小

102. 铣刀直径 50mm，铣削铸铁时，其切削速度采用 20m/min，则其主轴每分钟转数约为（　　）。
A. 60　B. 120　C. 240　D. 480

103. 一般情况下多以（　　）强度作为判别金属强度高低的指标。
A. 抗拉　B. 抗压　C. 抗弯　D. 抗剪

104. （　　）的工件不适用于在数控机床上加工。
A. 普通机床难加工　B. 毛坯余量不稳定　C. 精度高　D. 形状复杂

105. 应用插补原理的方法有多种，其中（　　）最常用。
A. 逐点比较法　B. 数字积分法　C. 单步追踪法　D. 有限元法

106. 机床的（　　）控制系统反馈装置一般装在机床移动部件上。
A. 开环　B. 闭环　C. 增环　D. 减环

107. MDI 方式是指（　　）。
A. 执行手动的功能　　B. 执行一个加工程序段
C. 执行某一 G 功能　　D. 执行经操作面板输入的一段指令

108. 数控铣床是一种用途广泛的机床，分有立式和（　　）两种。
A. 卧式　B. 横式　C. 经济式　D. 标准式

109. 数控机床的精度与快速响应性主要取决于（　　）。
A. 数控装置　B. 伺服系统　C. 滚珠丝杠　D. 检测反馈装置

110. FANUC 0i 系统中，程序段 G51　X0　Y0　P1000 中，P 指令是（　　）。
A. 子程序号　B. 缩放比例　C. 暂停时间　D. 循环参数

111. 在数控机床上，铣刀中心的轨迹与工件的实际尺寸之间的距离多用（　　）的方式来设定。

A. 直径补偿　　B. 半径补偿　　C. 相对补偿　　D. 圆弧补偿

112. 以下数控系统中。我国自行研制开发的系统是（　　）。

A. 法那科　　B. 西门子　　C. 三菱　　D. 广州数控

113. 数控机床的后备电池的更换一般在（　　）什么情况下进行。

A. 开机　　B. 关机　　C. 无所谓　　D. 无需更换

114. 下列 FANUC 程序中，表达错误的程序号是（　　）。

A. O006　　B. O666　　C. O666　　D. O66666

115. 程序段前加符号“/”表示（　　）。

A. 程序停止　　B. 程序暂停　　C. 跳跃　　D. 单段运行

116. 数控加工中把除直线与圆之外可以用数学方程式表达的平面轮廓形曲线，称为（　　）。

A. 抛物线　　B. 双曲线　　C. 非圆曲线　　D. 列表曲线。

117. 主轴采用带传动变速时，一般常用（　　）、同步齿形带。

A. 三角带　　B. 多联 V 带　　C. 平型带　　D. O 带

118. 下列平面加工方案中，加工精度最高，表面粗糙度值最小为（　　）。

A. 粗车→半精车→精车　　B. 粗刨→精刨→刮研

C. 粗铣→精铣→磨削→研磨　　D. 粗铣→精铣→刮研

119. 步进电动机转速突变时，若没有加速或减速过程，会导致电动机（　　）。

A. 发热　　B. 不稳定　　C. 丢步　　D. 失控。

120. 在程序的最前面必须标明（　　）。

A. 程序段号　　B. 程序段字　　C. 程序号　　D. 程序号字

121. 精铣时，为了保证获得合乎加工要求的（　　），被切金属层的宽度应尽量一次铣出。

A. 加工精度和表面粗糙度　　B. 尺寸精度

C. 形状精度和位置精度　　D. 加工变形量

122. 粗铣时，由于（　　），为了保证合理铣刀寿命，铣削速度要比精铣时低一些。

A. 产生热量多　　B. 切削力大　　C. 切削功率大　　D. 切削速度快

123. 精铣时限制铣削速度的因素有（　　）。

A. 机床转速　　B. 机床功率　　C. 工艺系统刚度　　D. 加工精度

124. 伺服系统中，有位移检测装置的是（　　）伺服系统。

A. 开环　　B. 半闭环　　C. 闭环　　D. 数字

125. 加工中心带有刀库和自动换刀装置，能自动换刀对工件进行（　　）加工。

A. 多工序　　B. 单工序　　C. 任意　　D. 单工艺

126. 加工中心软件部分包括（　　）程序和控制程序。

A. 系统　　B. 驱动　　C. 汇编　　D. 源

127. 脉冲当量是指相对于每一个（　　），机床移动部件的位移量。

A. 交流信号　　B. 直流信号　　C. 脉冲信号　　D. 模拟信号。

128. 数控铣床的刀具通常是组件，一般由（　　）组成。
A. 刀头、刀柄、拉钉　　B. 刀片、刀体、刀杆
C. 刀体、刀头、刀片　　D. 刀杆、刀片、刀体
129. 以下哪种情况发生通常加工中心并不报警（　　）。
A. 润滑液不足　　B. 指令错误　　C. 机床振动　　D. 超程
130. 在线加工的意义为（　　）。
A. 零件边加工边装夹
B. 加工过程与面板显示程序同步
C. 加工过程为外接计算机在线输送程序到机床
D. 加工过程与互联网同步
131. 在基准制的选择中应优先选用（　　）。
A. 基孔制　　B. 基轴制　　C. 混合制　　D. 配合制
132. 百分表的测量杆移动1mm时，表盘上指针正好回转（　　）。
A. 0.5 周　　B. 1 周　　C. 2 周　　D. 3 周
133. 麻花钻的两个螺旋槽表面就是（　　）。
A. 主后刀面　　B. 副后刀面　　C. 前刀面　　D. 切削刀面
134. 在编制数控加工程序以前，首先应该（　　）。
A. 设计机床夹具　　B. 计算加工尺寸　　C. 计算加工轨迹　　D. 确定工艺过程
135. 控制指令 IF［<条件表达式>］GOTO n 表示若条件成立，则转向（　　）。
A. 下一句　　B. n　　C. n－1　　D. n＋1
136. 数控机床采用伺服电动机实现无级变速，但仍然使用齿轮传动的目的是增大(　　)。
A. 输出转矩　　B. 输出速度　　C. 输入转矩　　D. 输入速度
137. 调质处理就是（　　）的热处理。
A. 淬火＋低温回火　　B. 淬火＋中温回火
C. 淬火＋高温回火　　D. 淬火＋低温回火
138. 铣削平面零件的外表面轮廓时，常采用沿零件轮廓曲线的延长线切向切入和切出零件表面，以便于（　　）。
A. 提高效率　　B. 减少刀具的磨损　　C. 提高精度　　D. 保证零件表面光滑
139. 测量反馈装置的作用是为了（　　）。
A. 提高机床的安全性　　B. 提高机床的使用寿命
C. 提高机床的定位精度和加工精度　　D. 提高机床的灵活性
140. 制定刀具的磨钝标准主要考虑不要使刀具进入（　　）磨损阶段。
A. 初期　　B. 正常　　C. 剧烈　　D. 中间
141. 硬质合金材料的硬度较高，耐磨性好，耐热性高，能耐（　　）的高温。
A. 500～700℃　　B. 800～1000℃　　C. 1500～2000℃　　D. 2000～2500℃
142. 以下哪条指令不是数控系统通电后的状态：（　　）。
A. G40　　B. G00　　C. G80　　D. G41
143. 在半径补偿模式下，机床预读几条程序以确定目标点的位置？（　　）。

A. 一句　　B. 两句　　C. 三句　　D. 四句

144. 在加工一批工件前，先按试切好的工件尺寸，标准件或对刀块等调整确定刀具相对工件定位基准的准确位置，并在保证此准确位置不变的条件下，对一批工件进行加工的属于（　　）。

A. 试切法　　B. 调整法　　C. 定尺寸刀具法　　D. 自动控制法

145. 在铣削过程中，每次进给铣削深度只有 0.1 ~ 1mm 并以较快的进给速度往复进行铣削为（　　）。

A. 分层铣削法　　B. 一次铣准深度法　　C. 阶梯铣削法　　D. 强力铣削法

146. 在加工中心机床上加工箱体，一般一次安装能（　　）。

A. 加工多种表面　　B. 只能加工孔类

C. 加工全部孔和面　　D. 只能加工平面

147. ϕ10H7 铰孔前的底孔直径为（　　）比较合适。

A. ϕ10mm　　B. ϕ9.9mm　　C. ϕ9.5mm　　D. ϕ8mm

148. 新机床验收时，（　　）精度是在机床实际切削状态下进行检验的。

A. 定位精度　　B. 几何精度　　C. 工作精度　　D. 主轴回转精度

149. 感应淬火时，若频率为 50Hz，则淬硬层深度为（　　）。

A. 17.5mm 以上　　B. 26 ~ 48mm　　C. 10 ~ 15mm　　D. 7mm

150. 用来表示机床全部运动传动关系的示意图称为机床的（　　）。

A. 传动系统　　B. 平面展开　　C. 传动示意图　　D. 传动结构图

151. 确定加工方案时，必须考虑该种加工方法所能达到的加工（　　）

A. 尺寸精度　　B. 几何精度　　C. 经济精度　　D. 效率

152. “G00　G01　G02　G03　X100.0…”该指令中实际有效的 G 代码是（　　）。

A. G00　　B. G01　　C. G02　　D. G03

153. 下列指令中，不使机床产生任何运动，但会使机床屏幕显示工件坐标系发生变化的指令是（　　）。

A. G00　X__　Y__　Z__　　B. G01　X__　Y__　Z__

C. G03　X__　Y__　Z__　　D. G92　X__　Y__　Z__

154. FANUC 0i 系统中。指令“G04　X10.0”表示刀具（　　）。

A. 增量移动 10.0mm　　B. 达到绝对坐标点 X10. 处

C. 暂停 10s　　D. 暂停 0.01s

155. 数控加工生产中，对曲面加工常采用（　　）铣刀。

A. 球头　　B. 棒状　　C. 圆鼻　　D. 成形

156. 机床各坐标轴终端设置有极限开关，由极限开关设置的行程称为（　　）。

A. 极限行程　　B. 行程保护　　C. 软极限　　D. 硬极限

157. 孔加工时，选择（　　）方式，Z 是指自 R 点到孔底平面上 Z 点的距离。

A. G91　　B. G90　　C. G98　　D. G99

158. 加工中心的滚珠丝杠的维护检查周期为（　　）。

A. 每周　　B. 每月　　C. 每半年　　D. 每年

159. 铣削加工时，为了减小工件表面粗糙度 *Ra* 值，应该采用（　　）。

A. 顺铣　　B. 逆铣
C. 顺铣和逆铣都一样　　D. 依被加工表面材料决定

160. 数控机床精加工外轮廓时，一般最好沿着轮廓（　　）进刀。
A. 法面　　B. 切向　　C. 45 度方向　　D. 任意方向

161. 数控机床的准停功能主要用于（　　）。
A. 换刀和加工中　　B. 退刀　　C. 换刀和让刀　　D. 测量工件时

162. 钨钴类硬质合金常用来切削铸铁，当切削条件不平稳，冲击振动较大时，应选用含（　　）牌号。
A. Co 较多　　B. Co 较少　　C. TiC 较多　　D. WC 较少

163. 铁素体是碳溶解在（　　）的间隙固溶体。
A. $\alpha-Fe$　　B. $w-Fe$　　C. $m-Fe$　　D. $k-Fe$

164. 灰铸铁的断口（　　）。
A. 呈银白色　　B. 呈石墨黑色　　C. 呈灰色　　D. 呈灰白相间的麻点

165. 中温回火是指加热温度为（　　）。
A. 150～250℃　　B. 350～500℃　　C. 500～650℃　　D. 700～800℃

166. 标准公差用 IT 表示，共有（　　）个等级。
A. 18　　B. 19　　C. 20　　D. 21

167. 基准代号由基准符号、圆圈、连线和（　　）组成。
A. 字母　　B. 数字　　C. 弧线　　D. 三角形

168. 定位销用于工件圆孔定位，其中，长圆柱销限制（　　）个自由度。
A. 10　　B. 12　　C. 4　　D. 9

169. 外径千分尺在使用时，操作错误的是（　　）。
A. 猛力转动测力装置　　B. 先读整数
C. 退尺时要旋转微分筒　　D. 不允许测量粗糙表面

170. 在加工中的日检中，必须每天检查（　　）。
A. 机床主轴润滑系统油标　　B. 空气干燥器
C. 液压系统液压油　　D. 传动轴滚珠丝杠

171. 灰铸铁中的碳主要是以（　　）形式存在。
A. 渗碳体　　B. 片状石墨
C. 渗碳体或球状石墨　　D. 渗碳体或团絮状石墨

172. QT400—18 属于（　　）铸铁的牌号。
A. 球墨　　B. 可锻　　C. 灰　　D. 蠕墨

173. 刀具进入正常磨损阶段后磨损速度（　　）。
A. 骤增　　B. 下降　　C. 无法确定　　D. 趋于不稳定

174. 在运算指令中，形式为#i = #jMOD#k 代表的意义是（　　）。
A. 反三角函数　　B. 平均值　　C. 空　　D. 取余

175. 分析零件图的视图时，根据视图布局，首先找出（　　）。
A. 主视图　　B. 左视图
C. 前视图和后视图　　D. 右视图

176. 高精度孔加工完成后退刀时应采用（　　）。

A. 不停主轴退刀　B. 主轴停后退刀　C. 让刀后退刀　D. 视情况而定

177. 在数控铣床上铣一个正方形零件外轮廓，如果使用的铣刀直径比原来小 2mm，则计算加工后的正方形尺寸（　　）。

A. 小 2mm　B. 小 1mm　C. 大 2mm　D. 大 1mm

178. 使用 G28 回机床 Z 轴参考点的指令合理的是（　　）

A. G28 G91 Z0　B. G28 X0 Y0 Z0　C. G28 G90 Z0　D. G90 G28 X0 Y0

179. 圆弧插补段程序中，若采用半径 R 编程时，从始点到终点存在两条圆弧，用 -R 表示圆弧半径时（　　）

A. 圆弧小于或等于 180°　B. 圆弧大于或等于 180°

C. 圆弧小于 180°　D. 圆弧大于 180°

180. 当长度补偿存入数控机床指定的地址后，下面哪段程序是危险的，并将可能造成严重事故（　　）

A. G90 G54 G0 G43 Z10.0 H1;　B. G90 G54 G0 G43 Z0 H1;

C. G90 G54 G01 G43 Z-2.0 H1 F100;　D. G90 G54 G0 Z10.0;

181. 在使用绝对坐标指令编程时，预先要确定工作坐标系，通过（　　）可以确定当前工作坐标系，该坐标系在机床重开时消失。

A. G50　B. G54　C. G56　D. G92

182. 圆柱铣刀精铣平面时，铣刀直径选用较大值，目的是（　　）

A. 减小铣削时的铣削力矩　B. 增大铣刀的切入和切出长度

C. 减小加工表面粗糙度值　D. 可以采用较大切削速度和进给量

183. 在工件上既有平面需要加工，又有孔需要加工时，可采用（　　）。

A. 粗铣平面→钻孔→精铣平面　B. 先加工平面，后加工孔

C. 先加工孔，后加工平面　D. 先钻孔，再扩孔，最后加工平面

184. 加工一个内轮廓时，常用 G41/G42 来偏置刀具。如果加工出的零件尺寸小于要求尺寸，只能再加工一次，但加工前要进行调整，最简单的调整方法是（　　）。

A. 更换刀具　B. 减小刀具参数中的补偿值

C. 加大刀具参数中的补偿值　D. 修改程序

185. 直线逼近法与相切圆弧法相比较，工件（　　）。

A. 表面光滑　B. 表面连续　C. 表面过渡自然　D. 表面存在夹角

186. 对未经淬火直径较小孔的精加工应采用（　　）。

A. 铰削　B. 镗削　C. 磨削　D. 钻削

187. 过流报警是属于何种类型的报警（　　）。

A. 系统报警　B. 机床报警　C. 伺服单元报警　D. 程序报警

188. 深孔加工必须解决刀具细长刚性差，切屑不易排出和（　　）问题。

A. 设备功率　B. 刀具冷却　C. 刀具振动　D. 刀具进给

189. 粗加工时，切削液以（　　）为主。

A. 煤油　B. 切削油　C. 乳化液　D. 润滑油

190. 用 V 形块定位铣削键槽时，为了减小键的深度尺寸的定位误差，宜选用（　　）。

A. 工序基准为圆柱体中心线　B. 工序基准为圆柱体上素线
C. 工序基准为圆柱体下素线　D. 圆柱表面

191. 在尺寸链中，尺寸链的特征具有（　）。
A. 连续性和封闭性　B. 连续性和关联性
C. 封闭性和关联性　D. 封闭性和间断性

192. 以下选项不符合量块材料特性的是（　）。
A. 线胀系数小　B. 耐磨　C. 高弹性　D. 不易变形

193. 辅助功能中表示无条件程序暂停的指令是（　）。
A. M00　B. M01　C. M02　D. M30

194. 切削的三要素有进给量、切削深度和（　）。
A. 切削厚度　B. 切削速度　C. 进给速度　D. 切削宽度

195. 孔 $\phi25$mm 上偏差 +0.021mm，下偏差 0 与 $\phi25$mm 上偏差 -0.020mm，下偏差 -0.033mm相配合时，其最大间隙是（　）。
A. 0.02mm　B. 0.033mm　C. 0.041mm　D. 0.054mm

196. 数控机床如长期不用时最重要的日常维护工作是（　）。
A. 清洁　B. 干燥　C. 通电　D. 保温

197. 使工件相对于刀具占有一个正确位置的夹具装置称为（　）装置。
A. 夹紧　B. 定位　C. 对刀　D. 调整

198. 伺服电动机是将电脉冲信号转换成（　）的变换驱动部件。
A. 直线位移　B. 数字信号　C. 角位移　D. 模拟信号

199. 铰孔时对孔的（　）的纠正能力较差。
A. 表面粗糙度　B. 尺寸精度　C. 几何精度　D. 位置精度

200. 在加工表面、刀具和切削用量中的切削速度和进给量都不变的情况下，所连续完成的那部分工艺过程称为（　）。
A. 工步　B. 工序　C. 工位　D. 进给

二、判断题

1. 当数控加工程序编制完成后即可进行正式加工。（　）
2. 数控机床是在普通机床的基础上将普通电气装置更换成 CNC 控制装置。（　）
3. 圆弧插补中，对于整圆，其起点和终点相重合，用 R 编程无法定义，所以只能用圆心坐标编程。（　）
4. 插补运动的实际插补轨迹始终不可能与理想轨迹完全相同。（　）
5. 数控机床编程有绝对值和增量值编程，使用时不能将它们放在同一程序段中。（　）
6. 用数显技术改造后的机床就是数控机床。（　）
7. G 代码可以分为模态 G 代码和非模态 G 代码。（　）
8. G00、G01 指令都能使机床坐标轴准确到位，因此它们都是插补指令。（　）
9. 圆弧插补用半径编程时，当圆弧所对应的圆心角大于 180°时半径取负值。（　）

10. 不同的数控机床可能选用不同的数控系统，但数控加工程序指令都是相同的。（　）

11. 数控机床按控制系统的特点可分为开环、闭环和半闭环系统。（　）

12. 在开环和半闭环数控机床上，定位精度主要取决于进给丝杠的精度。（　）

13. 点位控制系统不仅要控制从一点到另一点的准确定位，还要控制从一点到另一点的路径。（　）

14. 常用的位移执行机构有步进电动机、直流伺服电动机和交流伺服电动机。（　）

15. 通常在命名或编程时，不论何种机床，都一律假定工件静止刀具移动。（　）

16. 数控机床适用于单品种，大批量的生产。（　）

17. 一个主程序中只能有一个子程序。（　）

18. 不同结构布局的数控机床有不同的运动方式，但无论何种形式，编程时都认为工件相对于刀具运动。（　）

19. 子程序的编写方式必须是增量方式。（　）

20. 程序段的顺序号，根据数控系统的不同，在某些系统中可以省略的。（　）

21. 数控机床在输入程序时，不论何种系统坐标值不论是整数和小数都不必加入小数点。（　）

22. RS232 主要作用是用于程序的自动输入。（　）

23. Y 坐标的圆心坐标符号一般用 K 表示。（　）

24. 非模态指令只能在本程序段内有效。（　）

25. X 坐标的圆心坐标符号一般用 K 表示。（　）

26. 顺时针圆弧插补（G02）和逆时针圆弧插补（G03）的判别方向是：沿着不在圆弧平面内的坐标轴正方向向负方向看去，顺时针方向为 G02，逆时针方向为 G03。（　）

27. 顺时针圆弧插补（G02）和逆时针圆弧插补（G03）的判别方向是：沿着不在圆弧平面内的坐标轴负方向向正方向看去，顺时针方向为 G02，逆时针方向为 G03。（　）

28. 数控机床按工艺用途分类，可分为数控切削机床、数控电加工机床、数控测量机等。（　）

29. 数控机床按控制坐标轴数分类，可分为两坐标数控机床、三坐标数控机床、多坐标数控机床和五面加工数控机床等。（　）

30. 最常见的 2 轴半坐标控制的数控铣床，实际上就是一台三轴联动的数控铣床。（　）

31. 四坐标数控铣床是在三坐标数控铣床上增加一个数控回转工作台。（　）

32. 数控铣床加工时保持工件切削点的线速度不变的功能称为恒线速度控制。（　）

33. 点位控制的特点是，可以以任意途径达到要计算的点，因为在定位过程中不进行加工。（　）

34. 数控机床的编程方式是绝对编程或增量编程。（　）

35. 经试加工验证的数控加工程序就能保证零件加工合格。（　）

36. 数控机床的镜像功能适用于数控铣床和加工中心。（　）

37. 在数控加工中，如果圆弧指令后的半径遗漏，则圆弧指令作直线指令执行。（　）

38. 在数控机床上加工零件，应尽量选用组合夹具和通用夹具装夹工件。避免采用专用

夹具。 (　　)

39. 保证数控机床各运动部件间的良好润滑就能提高机床寿命。 (　　)

40. 数控机床加工过程中可以根据需要改变主轴速度和进给速度。 (　　)

41. 切削速度增大时，切削温度升高，刀具寿命长。 (　　)

42. 数控机床进给传动机构中采用滚珠丝杠的原因主要是为了提高丝杠精度。 (　　)

43. 同一工件，无论用数控机床加工还是用普通机床加工，其工序都一样。 (　　)

44. 数控机床的定位精度与数控机床的分辨率精度是一致的。 (　　)

45. 固定循环是预先给定一系列操作，用来控制机床的位移或主轴运转。 (　　)

46. 刀具补偿功能包括刀补的建立、刀补的执行和刀补的取消三个阶段。 (　　)

47. 数控铣削机床配备的固定循环功能主要用于钻孔、镗孔、攻螺纹等。 (　　)

48. 编制数控加工程序时一般以机床坐标系作为编程的坐标系。 (　　)

49. 机床参考点是数控机床上固有的机械原点，该点到机床坐标原点在进给坐标轴方向上的距离可以在机床出厂时设定。 (　　)

50. 表面粗糙度高度参数 *Ra* 值越大，表示表面粗糙度要求越高；*Ra* 值越小，表示表面粗糙度要求越低。 (　　)

51. 数控机床的位移检测装置主要有直线型和旋转型。 (　　)

52. 只需根据零件图样进行编程，而不必考虑是刀具运动还是工件运动。 (　　)

53. 两轴联动坐标数控机床只能加工平面零件轮廓，曲面轮廓零件必须是三轴坐标联动的数控机床。 (　　)

54. 进给路线的确定一是要考虑加工精度，二是要实现最短的进给路线。 (　　)

55. 刀位点是刀具上代表刀具在工件坐标系的一个点，对刀时，应使刀位点与对刀点重合。 (　　)

56. 所谓节点计算就是指计算逼近直线或圆弧段与非圆曲线的交点或切点计算。(　　)

57. 粗加工时，限制进给量提高的主要因素是切削力；精加工时，限制进给量提高的主要因素是表面粗糙度。 (　　)

58. 用键槽铣刀和立铣刀铣封闭式沟槽时，均不需事先钻好落刀孔。 (　　)

59. 高速钢与硬质合金相比，具有硬度较高，红硬性和耐磨性较好等优点。 (　　)

60. 铣床主轴的转速越高，则铣削速度越大。 (　　)

61. 硬质合金按其化学成分和使用特性可分为钨钴类（YG）、钨钛钴类（YT）、钨钛钽钴类（YW）、碳化钛基类（YN）四类。 (　　)

62. 切削热来源于切削过程中变形与摩擦所消耗的功。 (　　)

63. 金属材料依次经过切离、挤裂、滑移（塑性变形）、挤压（弹性变形）等四个阶段而形成了切屑。 (　　)

64. YG 类硬质合金中含钴量较高的牌号耐磨性较好，硬度较高。 (　　)

65. 铣削用量选择的次序是：铣削速度、每齿进给量、铣削层宽度，最后是铣削层深度。 (　　)

66. 在立式铣床上加工表面有硬皮的毛坯零件时，应采用逆铣切削。 (　　)

67. 工件使用大平面定位时，必须把定位平面做成微凹形。 (　　)

68. 因为试切法的加工精度较高，所以主要用于大批、大量生产。 (　　)

69. 切削用量中，影响切削温度最大的因素是切削速度。（　）

70. 硬质合金是一种耐磨性好，耐热性高，抗弯强度和冲击韧性都较高的一种刀具材料。（　）

71. 数控机床中 MDI 是机床诊断智能化的英文缩写。（　）

72. 数控机床中 CCW 代表顺时针方向旋转，CW 代表逆时针方向旋转。（　）

73. 一个完整尺寸包含的四要素为尺寸线、尺寸数字、尺寸公差和箭头等四项要素。（　）

74. 高速钢刀具具有良好的淬透性、较高的强度、韧性和耐磨性。（　）

75. 硬质合金是用粉末冶金法制造的合金材料，由硬度和熔点很高的碳化物和金属粘结剂组成。（　）

76. 开环进给伺服系统的数控机床，其定位精度主要取决于伺服驱动元件和机床传动机构精度、刚度和动态特性。（　）

77. 按数控系统操作面板上的 RESET 键后就能消除报警信息。（　）

78. 若普通机床上的一把刀只能加工一个尺寸的孔，而在数控机床这把刀可加工尺寸不同的无数个孔。（　）

79. 数控机床的反向间隙可用补偿来消除，因此对顺铣无明显影响。（　）

80. 公差就是加工零件实际尺寸与图纸尺寸的差值。（　）

81. 配合可以分为间隙配合和过盈配合两种。（　）

82. 更换系统的后备电池时，必须在关机断电情况下进行。（　）

83. 炎热的夏季车间温度高达 35°C 以上，因此要将数控柜的门打开，以增加通风散热。（　）

84. 当数控机床失去对机床参考点的记忆时，必须进行返回参考点的操作。（　）

85. 数控机床在手动和自动运行中，一旦发现异常情况，应立即使用紧急停止按钮。（　）

86. 数控技术是一种自动控制技术。（　）

87. 能进行轮廓控制的数控机床，一般也能进行点位控制和直线控制。（　）

88. 多坐标联动就是将多个坐标轴联系起来进行运动。（　）

89. 加工中心是一种多工序集中的数控机床。（　）

90. 数控机床以 G 代码作为数控语言。（　）

91. 数控机床上的 F、S、T 就是切削三要素。（　）

92. G40 是数控编程中的刀具左补偿指令。（　）

93. 判断刀具左右偏移指令时，必须对着刀具前进方向判断。（　）

94. 同组模态 G 代码可以放在一个程序段中，而且与顺序无关。（　）

95. 在工件上既有平面需要加工，又有孔需要加工时，可采用先加工孔，后加工平面的加工顺序。（　）

96. 测量工件时，必须先去除加工面的毛边再作量测。（　）

97. 游标卡尺之测爪可当作划线针划线。（　）

98. 在执行 G00 指令时，刀具路径不一定为一直线。（　）

附录

参考答案

选择题：

1A；2A；3B；4C；5C；6C；7A；8D；9C；10C；11A；12A；13A；14A；15A；16A；17B；18B；19A；20D；21A；22A；23D；24C；25B；26A；27B；28C；29D；30D；31C；32A；33D；34C；35C；36D；37B；38A；39C；40A；41D；42D；43B；44D；45A；46B；47D；48C；49B；50C；51C；52D；53B；54B；55C；56C；57C；58C；59B；60D；61B；62A；63C；64C；65B；66C；67C；68B；69B；70A；71C；72B；73C；74C；75B；76B；77D；78C；79B；80A；81B；82B；83C；84C；85C；86B；87D；88B；89C；90B；91B；92D；93B；94C；95A；96C；97C；98C；99A；100B；101A；102B；103A；104B；105A；106B；107D；108A；109B；110B；111B；112D；113A；114D；115C；116C；117B；118C；119C；120C；121A；122A；123D；124C；125A；126A；127C；128A；129C；130C；131A；132B；133C；134D；135B；136A；137C；138D；139C；140C；141B；142D；143C；144B；145A；146C；147B；148C；149C；150A；151D；152A；153D；154C；155A；156D；157A；158C；159A；160B；161C；162A；163A；164C；165B；166C；167A；168C；169A；170A；171B；172A；173B；174D；175A；176C；177C；178A；179D；180B；181D；182C；183B；184B；185D；186A；187C；188B；189C；190C；191C；192C；193A；194B；195D；196C；197B；198C；199D；200A

判断题：

1 ×；2 ×；3√；4√；5 ×；6 ×；7√；8 ×；9√；10 ×；11 ×；12√；13 ×；14√；15√；16 ×；17 ×；18 ×；19 ×；20√；21 ×；22√；23 ×；24√；25 ×；26√；27 ×；28√;29 ×；30 ×；31√；32√；33√；34 ×；35 ×；36√；37 ×；38√；39 ×；40√；41 ×；42 ×；43 ×；44 ×；45√；46√；47√；48 ×；49√；50 ×；51√；52√；53 ×；54√；55√；56√；57√；58 ×；59 ×；60 ×；61√；62√；63 ×；64 ×；65 ×；66√；67 ×；68 ×；69√；70 ×；71 ×；72 ×；73 ×；74√；75√；76√；77 ×；78√；79 ×；80 ×；81 ×；82 ×；83 ×；84√；85 ×；86√；87√；88 ×；89√；90 ×；91 ×；92 ×；93√；94 ×；95 ×；96√；97 ×；98√

参考文献

[1] 宋放之，杨伟群，金福吉，等. 国家职业标准《数控铣工》（试行）[M]. 北京：中国劳动社会保障出版社，2005.

[2] 吴明友. 数控铣床培训教程 [M]. 北京：机械工业出版社，2008.

[3] 王荣兴. 加工中心培训教程 [M]. 北京：机械工业出版社，2008.

[4] 尚建伟. 数控加工工艺与编程：铣工分册 [M]. 北京：机械工业出版社，2009.

[5] 彭效润. 数控铣工（高级）[M]. 北京：中国劳动社会保障出版社，2008.

[6] 数控铣削加工技术 [M]. 北京：北京理工大学出版社，2006.

[7] 中国机械工业联合会. GB/T 19660—2005 工业自动化系统与集成　机床数值控制坐标系和运动命名 [S]. 北京：中国标准出版社，2005.

[8] 袁俊泽，刘华明. 孔加工刀具、铣刀、数控机床用工具系统 [M]. 北京：机械工业出版社，2009.

[9] 陈为国，陈昊. FANUC 0i 数控铣削加工编程与操作 [M]. 沈阳：辽宁科学技术出版社，2011.

[10] 孙德茂. 数控机床铣削加工直接编程技术 [M]. 2 版. 北京：机械工业出版社，2013.

[11] 陈建军. 数控铣削与加工中心操作与编程训练及实例 [M]. 北京：机械工业出版社，2008.